NETWORK

使える力が身につく

ネットワークがよくわかる教科書

有限会社インタラクティブリサーチ
福永勇二 著

SB Creative

本書に関するお問い合わせ

この度は小社書籍をご購入いただき誠にありがとうございます。小社では本書の内容に関するご質問を受け付けております。本書を読み進めていただきます中でご不明な箇所がございましたらお問い合わせください。なお、お問い合わせに関しましては以下のガイドラインを設けております。恐れ入りますが、ご質問の際は最初に下記ガイドラインをご確認ください。

●ご質問の前に

小社 Web サイトで「正誤表」をご確認ください。最新の正誤情報を下記の Web ページに掲載しております。

本書サポートページ　https://isbn.sbcr.jp/93804/

上記ページの「正誤情報」のリンクをクリックしてください。なお、正誤情報がない場合、リンクは用意されていません。

●ご質問の際の注意点

- ご質問はメール、または郵便など、必ず文書にてお願いいたします。お電話では承っておりません。
- ご質問は本書の記述に関することのみとさせていただいております。従いまして、○○ページの○○行目というように記述箇所をはっきりお書き沿えください。記述箇所が明記されていない場合、ご質問を承れないことがございます。あらかじめご了承ください。

●ご質問送付先

ご質問については下記のいずれかの方法をご利用ください。

Web ページより

上記のサポートページ内にある「お問い合わせ」をクリックしていただき、ページ内の「お問い合わせ先」にある「書籍の内容について」をクリックすると、メールフォームが開きます。要綱に従ってご質問をご記入の上、送信してください。

郵 送

郵送の場合は下記までお願いいたします。

〒106-0032
東京都港区六本木 2-4-5
SB クリエイティブ　読者サポート係

はじめに

「ネットワークの規格が増えすぎてもう覚え切れない」という悲鳴を耳にしたことがあります。日進月歩のネットワークやコンピュータの世界で翻弄される、最先端のエンジニアからの実感がこもった言葉でした。

はたして、いまからネットワークを学ぶのは難しいことなのでしょうか？　いえ、そんなことはありません。ネットワークという分野の知識が広さと深さの両方向に拡大を続けているのは事実ですが、まず知っておくべきこと、基礎として大切なことは、これまでどおり変わらず存在しています。そこを足がかりにしてネットワークを学び始めれば、誰でも必ずネットワークの仕組みや動作を理解できるようになるはずです。

そのような考え方に立ち、本書は「まず知っておくべきこと」や「基礎として大切なこと」を幅広く取りそろえて、それらの仕組みが見えてくるような構成にしました。そして、たくさんのことを機械的に覚えるのはつらいので、他書にない情報をなるべく取り込みながら、背景や原理にも触れて「ああ、なるほど」と納得しつつ読み進められるよう工夫してみました。

広くて深いネットワークの世界のことを、この1冊ですべて学ぶことはできませんが、これからネットワークを学ぼうとする人が基礎知識を得るための一助になり、そして、目には見えないネットワークの動作をイメージする手がかりになったなら、とてもうれしく思います。

最後に、本書の刊行に向けて最後まで惜しみない助言と支援をくださった、SB クリエイティブの友保氏をはじめとする関係者の皆様に心より感謝申し上げます。

2018 年 9 月　福永 勇二

CONTENTS

CHAPTER 1 コンピュータネットワークの基礎知識

CHAPTER 1 コンピュータネットワークの基礎知識

Computer Networking Basics

この章では、コンピュータネットワークを学習していくうえで押さえておきたい重要な知識や概念について学びます。

本章のキーワード

- LAN
- WAN
- インターネットワーキング
- TCP/IP
- 階層化
- OSI 参照モデル
- TCP/IP 4 階層モデル
- コネクション指向型
- コネクションレス型
- ユニキャスト
- ブロードキャスト
- マルチキャスト
- 物理アドレス
- 論理アドレス
- ホスト
- 伝送媒体
- L2 スイッチ
- ルータ
- L3 スイッチ
- Wi-Fi ルータ
- ビット
- バイト
- 2 進数
- 10 進数
- 16 進数

CHAPTER1
Computer
Networking
Basics

01 コンピュータネットワークの目的と構成

通信とは

そもそも「通信」とはどのような行為でしょうか。基となる英語「telecommunication」は、「tele（遠くの意）」と「communication（伝達の意）」から構成されており、この言葉が「遠くへの伝達」を意味することがわかります。

もう少し現実的な言い方をすれば、通信とは「離れた場所にリアルタイムに情報を伝達すること」です。

コンピュータ同士の通信

コンピュータで行う通信は、**図1-1**に示す3つのステップで行われます。

この動作は一瞬で終わり、送出した情報は、すぐに相手のコンピュータに届きます。このときネットワークでは、**送り出す情報の0と1を電気信号や光や電波に変換し、それを銅線や光ファイバや自由空間などで伝送し、また、それを受信して再び0と1の情報に戻す**、という動作をしています。したがって原理的には、銅線に電流が流れる速度、光ファイバを光が伝わる速度、電波が自由空間を伝わる速度で、それぞれ相手に届くことになります。

図1-1 コンピュータ同士の通信

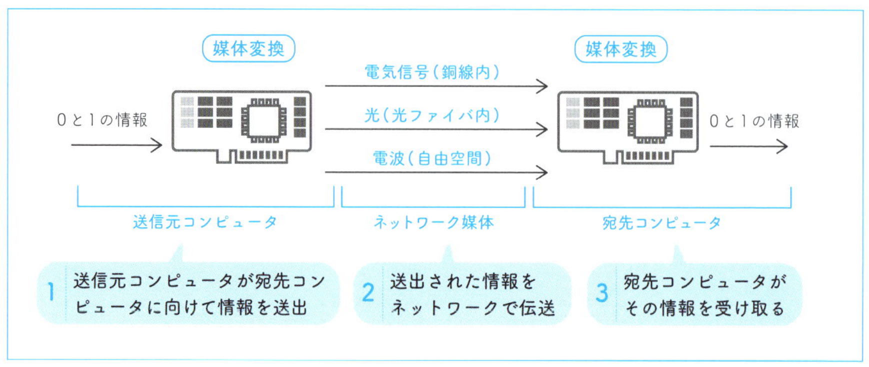

このようなネットワークが単独で伝送できる距離は、利用するネットワーク規格によって異なりますが、いずれにせよ何百kmもの遠距離には延ばせません。もし遠く離れたコンピュータ同士が通信をしたい場合は、途中に何らかの中継の仕組みを置くことでそれを実現します。私たちが普段利用するインターネットは、そのようなやり方で地球全体を覆うネットワークを構成しています。

ネットワークの規模による分類

コンピュータ同士が通信を行うネットワークは、そのカバー範囲によって、大きくLANとWANの2つに分類されます（**図1-2**）*1。

LAN（Local Area Network）（ラン）は、拠点内の通信に用いるネットワークです。LANは個人や組織が自ら設置することが多く、ほぼ100％のケースで、その通信規格にはイーサネット（3章01参照）が使われます。

WAN（Wide Area Network）（ワン）は、拠点と拠点を結ぶ通信に用いるネットワークです。WANは通信事業者が提供する通信サービスを利用するのが一般的で、利用者が設置する必要はありません。

通常、組織の拠点内の通信にはLANを利用し、拠点と外部を接続するためにWANを用います。WANに利用する回線としては、通信事業者が提供する広域イーサネットサービスや閉域接続サービス、また、インターネットVPN（5章14参照）などがあります。

図1-2 LANとWAN

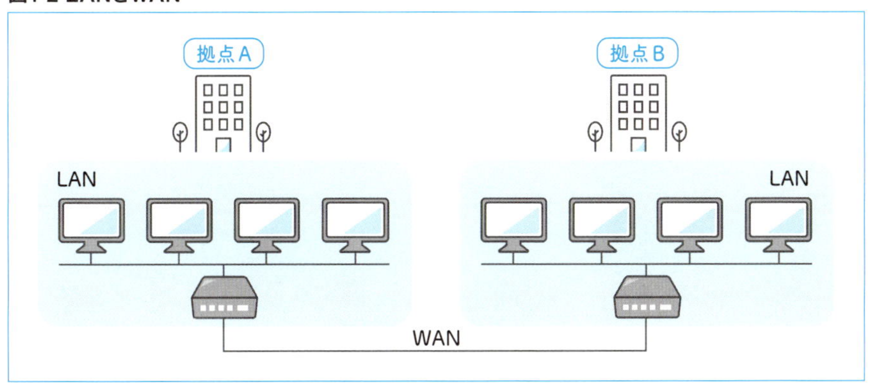

*1―LANとWANの中間的なネットワークとしてMAN（Metropolitan Area Network）という名称が用いられることがあります。本来は都市エリアをカバーする規模のネットワークのことですが、広大な大学キャンパスなどをカバーするネットワークをMANに含めることもあります。

CHAPTER1
Computer Networking Basics

02 インターネットワーキングとは

ネットワークをつなぐ「インターネットワーキング」

通信可能な相手が多ければ多いほどネットワークの利便性は高まります。そのためネットワークに接続するコンピュータ数は次第に増加し、ネットワークの規模は拡大していくのが普通です。

ネットワークの規模を拡大するには、1つのネットワークをそのまま大きく成長させる方法と、さほど大きくない複数のネットワークを次々につないでいく方法が考えられます（**図1-3**）。このうち、後者のアプローチを**インターネットワーキング**と呼びます。

例えば、ある企業のネットワーク、ある大学のネットワーク、ある通信事業者のネットワークを相互につなぐことで、各ネットワークの利用者同士が通信できるようにしたり、部署Aと部署Bのネットワークをつないで相互に通信できるよ

図1-3 ネットワークの規模を拡大する方法

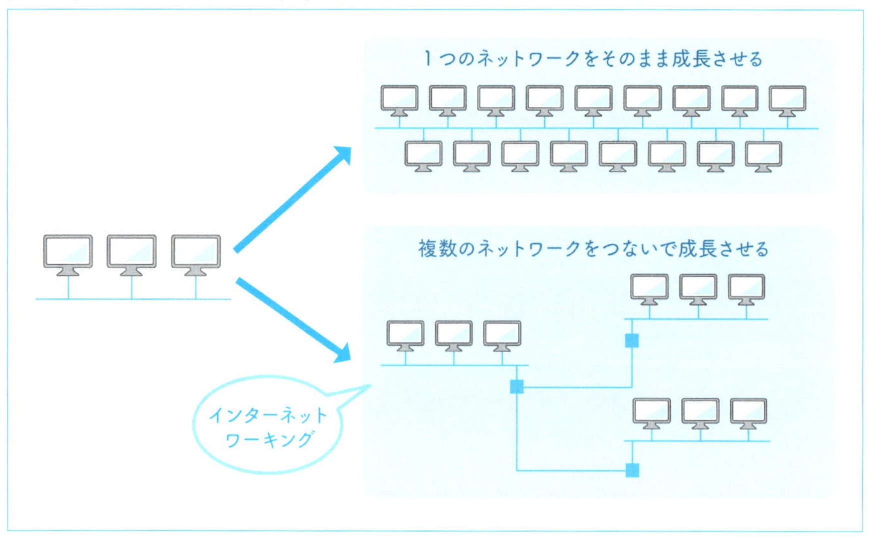

うにしたりするイメージです。私たちが普段使っているインターネットもまた、このインターネットワーキングによって構成されています。

このようなインターネットワーキングには、以下のメリットがあります。

(1) あるネットワークの混雑や渋滞がほかのネットワークに影響を与えない
(2) 各ネットワークはそれぞれが策定する方針で管理できる
(3) あるネットワークでの故障がほかのネットワークに与える影響が少ない

インターネットワーキングに用いられるプロトコルTCP/IP

インターネットワーキングで用いられる代表的なプロトコル（通信手順）が**IP**です。また、これと組み合わせて通信の信頼性を高めるためのプロトコル**TCP**が多く使われます。この両者をまとめて**TCP/IP**と呼びます。多くのコンピュータネットワーク、そしてインターネットにおいて、このTCP/IPが通信の手順として幅広く用いられます。本書でも、このTCP/IPを取り上げます。

COLUMN 「インターネット」という呼称

いま「インターネット」といえば、多くの人が「Webやメールや SNSで日々利用する、あの世界的なネットワーク」のことを思い浮かべますが、実はこの言葉、もともとは「インターネットワーキングにより構成されるネットワーク」という意味の一般名詞でしかありませんでした。それが次第に、そのコンセプトで構成された代表的なネットワークを指す固有名詞としての意味を持つようになり、いまでは固有名詞として使われることのほうが多くなりました。これは「新しい幹線鉄道」という意味の一般名詞だった「新幹線」がいつしか固有名詞として使われるようになったのと同じような現象といえるかもしれません。

CHAPTER1
Computer Networking Basics

03 TCP/IPの概要

プロトコルとは

コンピュータ同士、もしくはコンピュータと機器が通信をするときに、どのようなデータを、どのような順序でやりとりするかを定めたものを**通信プロトコル**、あるいは単に**プロトコル**と呼びます。日本語で通信規約と呼ばれることもあります。

プロトコルの概念をイメージする方法として、それを人と人の会話に例えることがよくあります。誰かとの会話を成立させるために私たちは、空気の振動で伝える音を使い、20Hz～20kHzの可聴周波数帯で、言語を（例えば日本語に）一致させ、広く一般的な語彙を用い、1分間500文字程度の速度で話す、といったことを、無意識ながら相手と行っています。もしこの中に一致しない要素があれば、とたんに意思疎通は困難になるでしょう。コンピュータ同士の通信もこれと同じで、相互にやりとりの方法は一致している必要があり、それを規定したものがプロトコルです。

具体的に、プロトコルが定めるものには**データ形式**と**通信手順**の2つがあります（**図1-4**）。前者はやりとりする情報の形式を、後者はどのような順序で何をやりとりするかを規定します。プロトコルを定めることにより、製造メーカー、OS（Windows、macOS、Android、iOSなど）、アプリケーション（Webブラウザなら、Edge、Chrome、Firefox、Safariなど）、機器（PC、スマートフォン、プリンタ、テレビなど）を問わず、お互いに通信ができるようになります。

図1-4 通信プロトコルが規定するもの

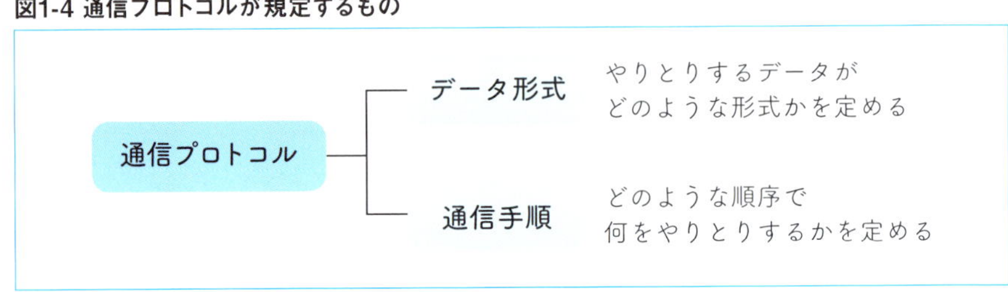

このように様々なコンピュータや機器での通信を可能にするプロトコルは、どのようなコンピュータや機器においても首尾一貫して同じルールに則っている必要があります。それを実現するため、汎用的に使われるプロトコルは、通常、**標準化**という過程を経てその規格が定められます。このような標準化はIETFやIEEEなどの標準化団体において行われ、その成果は世界共通の規格として公表されます。このうちIETF（Internet Engineering Task Force）は、インターネットに関連する通信プロトコルの多くを定める団体で、そこで定めた各種の規格は**RFC（Request For Comments）**と呼ばれる文書としてインターネットで無料公開されています。

TCP/IP

実際のシステムで使われるプロトコルとして、過去にはいくつかのプロトコルが覇権を争う時代もありました。しかし現在では、中核的に用いられるプロトコルは**ほぼTCP/IP**だけといってよい状況です（**図1-5**）。この状況は、Windows、macOS、Linux、Android、iOSなどOSや端末の種類を問わず、またコンピュータ以外の各種機器についても同様です。

ネットワークに関するいろいろな場面で使われるこのTCP/IPという言葉は、TCP（Transmission Control Protocol）というプロトコルと、IP（Internet Protocol）というプロトコルを組み合わせて使用することを意味する単語です。TCPとIPはそれぞれが役割が異なり、TCPは信頼性の高い通信を実現するはたらきを、IPはネットワークの向こうにいる相手まで情報を届けるはたらきを、それぞれ担っています。このようにプロトコルは役割分担する形で階層的に作られ、通常、いくつかのプロトコルを組み合わせて使用します。プロトコルの階層モデルについては次節で説明

図1-5 通信プロトコルの主流はTCP/IPへと収れん

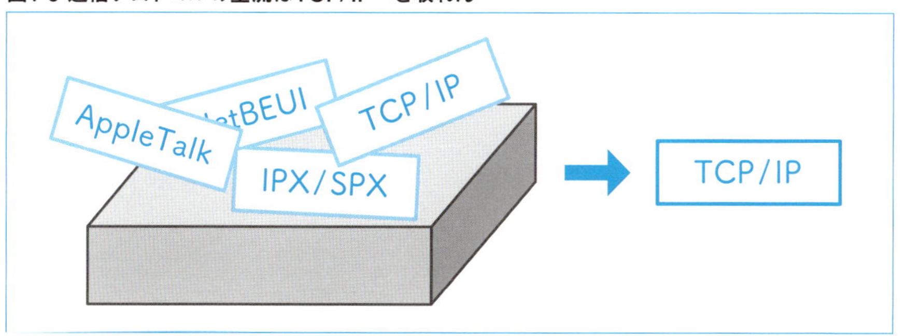

します。

なお、TCP以外では、UDP（User Datagram Protocol）とIPを組み合わせて使用することもよくあります。UDPは処理の軽さや即時性を特徴とする、TCPの仲間のプロトコルで、動画閲覧やIP電話などに使われます。ただしUDP/IPと呼ばれることはあまりなく、TCP/IPと称されるプロトコル群の1つに含まれるのが一般的です。

OSに組み込まれた処理モジュールを確認してみよう

Windowsでは、システムに組み込まれているプロトコル処理モジュールを一覧表示したり、追加・削除したりすることができます。ただし、操作の意味がわからないまま、プロトコルモジュールの設定変更や追加・削除を行うと、ネットワークへ接続できなくなることがあります。確認や設定変更は慎重に行うよう心がけてください。

・Windows の処理モジュールの確認

1. コントロールパネル→［ネットワークと共有センター］→［アダプターの設定の変更］と進むと、PC に装着されているネットワークインタフェースカード（多くの場合、LAN と Wi-Fi の 2 つ）のアイコンが表示される
2. プロトコルを確認したいネットワークインタフェースカードを右クリックして［プロパティ］を選択
3. 開いたダイアログの［この接続は次の項目を使用します］に組み込まれているプロトコルモジュールの一覧が表示される
4. この一覧でプロトコルモジュール（例:［インターネットプロトコルバージョン 4］）を選択した後［プロパティ］をクリックする
5. プロトコルに関する設定（例:IP アドレスなど）を設定する画面が現れる（**図 1-6**）

※もし［プロパティ］ボタンが有効にならない場合は選択したモジュールに設定項目がないことを意味する。Windows でのネットワーク関係の設定には、この画面をよく使用する

6. もし、プロトコルモジュールを削除したいときはプロトコルモジュールを選択してから［削除］ボタンをクリックする
7. また、新しいプロトコルモジュールを組み込みたいときは［インストール］ボタンをクリックする（**図 1-7**）

図1-6 Windowsのプロトコル処理モジュール確認画面

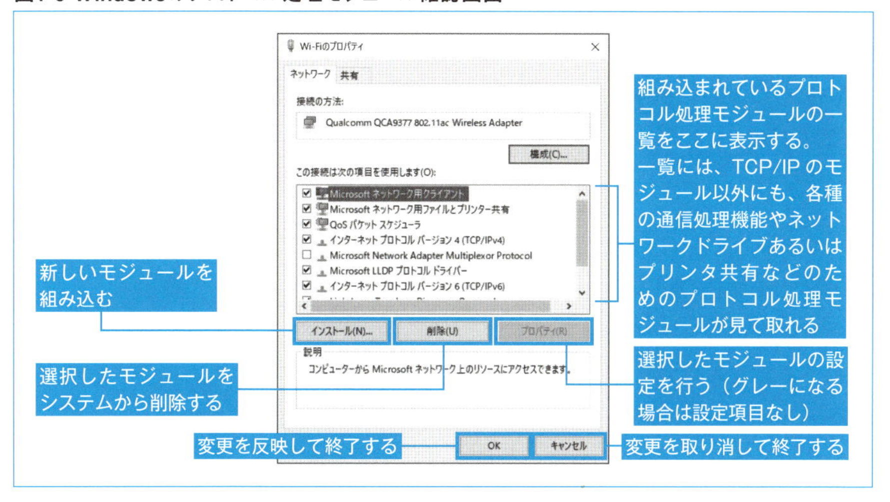

図1-7 新しいモジュールを組み込む様子

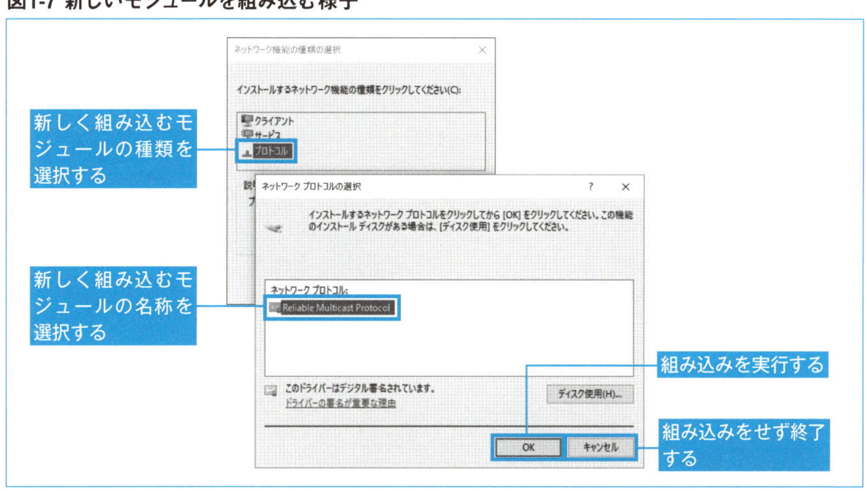

COLUMN　RFC の探し方

RFC を手に入れたいとき、もし「RFC xxxx」といった形で付与された文書番号がわかっていれば、それで検索するとたやすく見つかります。また文書番号がわからないときは「プロトコル名 RFC」と検索すれば見つかるはずです。RFC は古い文書の内容が新しい文書の内容でアップデートされることがよくあるので、最新の RFC（番号の値が大きいもの）を探すのがポイントです。なお、RFC の原文は英語ですが、主要なものについては有志による日本語訳が公開されていることがよくあります。

CHAPTER1
Computer Networking Basics

プロトコルの階層化

階層化が持つ意味

通信に求められる機能――例えば、ホームページを見る――は、1つのプロトコルで実現するのではなく、複数のプロトコルを階層的に組み合わせて実現する形をとります。このとき各プロトコルが提供する機能は、具体的なハードウェアを操作する機能（例：0/1のビットを銅線に送り出す）だったり、抽象的なアプリケーション機能（例：Webサーバにページを要求する）だったりします。

1つのプロトコルで機能全体を作るのではなく、複数のプロトコルを組み合わせて作り上げる一番の理由は、通信でのやりとり全体を1つのプロトコルで定義しようとすると、それが複雑になり過ぎてしまうためです。

例えば、「筆算でかけ算する」という手順を定義することを考えてみましょう（**図1-8**）。この手順を説明するとき、桁の繰り上がりや、乗数の桁位置に合わせて桁をずらして書くことは説明しますが、1桁の値同士をかけ合わせる計算方法までは説明しないのが普通です。もし、それまで説明に含めてしまうと、筆算のかけ算の説明は複雑になり過ぎて、何が本質なのか見えなくなってしまいます。

図1-8 知識の階層化

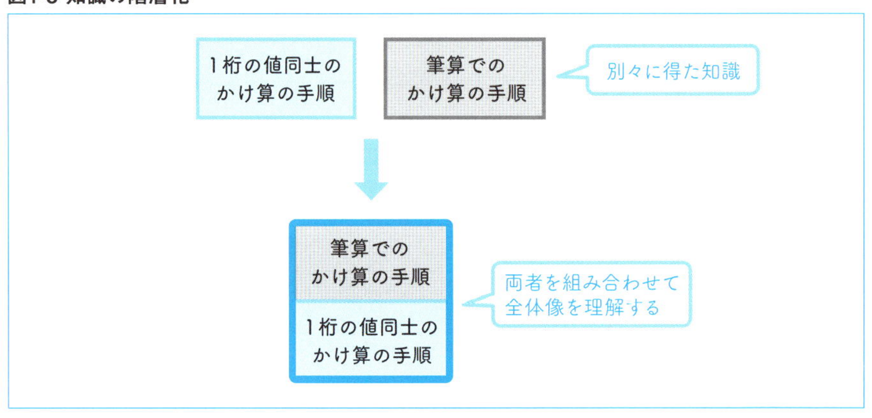

そのため通常は「1桁の値同士のかけ算」と「筆算でのかけ算」は別々に説明して、それら組み合わせる「知識の階層化」が行われます。プロトコルを階層的に組み合わせるのも、これと同じ理由です。

もう1つの理由は、機能の差し替えをたやすくするためです。筆算のかけ算の例でいうと、「1桁の値同士のかけ算」の具体的な手順としては「九九の暗算で値を得る」こともできますし、「電卓の計算で値を得る」こともできます。このどちらも「筆算でのかけ算」の1桁の値同士のかけ算に使うことができ、自由に差し替えることができます（**図1-9**）。このように、利用する手段や処理手順が異なるものを自由に差し替えて、幅広い組み合わせを可能にすることも階層化を行う理由の1つです。

図1-9 階層化は差し替えを容易にする

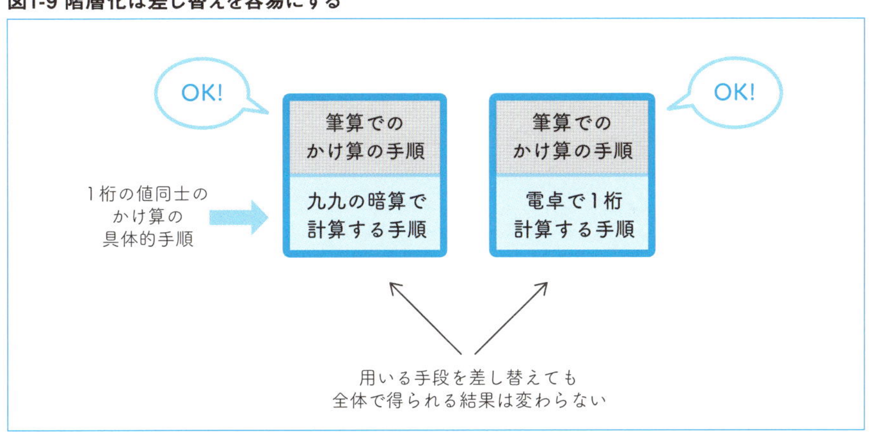

このような階層化の考え方は、通信の「機能の設計」のほかに、その設計から作られるプログラムにも反映されます。先の筆算の例でいえば、「筆算でのかけ算の手順」「九九で暗算する手順」「電卓で計算する手順」の3つの処理プログラムを用意して、1桁の値同士のかけ算をする処理の部分は状況に応じてプログラムを差し替える、といった形です。

階層化の具体例 — OSI参照モデル

階層化は通信手順の設計や実装（プログラム化すること）に有用ですが、そこからさらに一歩踏み込み、どのような層を用意して、どのように階層化すべきかまで示した「階層モデル」が提唱され、実際の設計や実装に用いられています。

その著名なものとして「OSI参照モデル」と「TCP/IP 4階層モデル」があります。

OSI参照モデル（オーエスアイ）はOSI（Open Systems Interconnection：開放型システム間相互接続）と呼ばれるコンピュータネットワーク標準（通信の手順や階層構造などを定義したもの）で用いられた、通信システムを階層的に定義するためのモデルです。OSIそのものは広まらずに廃れてしまいましたが、そこから生まれたOSI参照モデルは、その汎用性から現在でも幅広く使われています。

OSI参照モデルでは、通信に求められる機能を7つの階層（Layer：レイヤ）に分類し、それぞれの名称と役割を**図1-10**のように定義しています。このモデルは、通信に求められる機能を細かく定義しているのが特徴で、そのため、実際にプロトコルを考えるうえでは細分化され過ぎているきらいがあります。

このような階層モデルでは、直接に接する下層の機能を利用して、自層の機能を実現し、それを直接に接する上層に提供する、という考え方をとります。例えば、トランスポート層は、ネットワーク層が作り出す、任意の対象間の通信機能を利用して、そこにエラー訂正や再送などの機能を付加し、それを上層であるセッション層に提供すると考えます。

図1-10 OSI参照モデルの階層構造

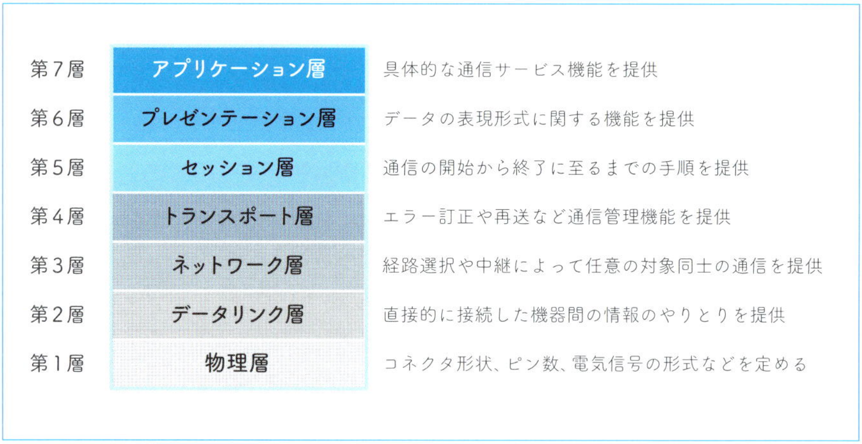

階層	名称	役割
第7層	アプリケーション層	具体的な通信サービス機能を提供
第6層	プレゼンテーション層	データの表現形式に関する機能を提供
第5層	セッション層	通信の開始から終了に至るまでの手順を提供
第4層	トランスポート層	エラー訂正や再送など通信管理機能を提供
第3層	ネットワーク層	経路選択や中継によって任意の対象同士の通信を提供
第2層	データリンク層	直接的に接続した機器間の情報のやりとりを提供
第1層	物理層	コネクタ形状、ピン数、電気信号の形式などを定める

階層化の具体例 ― TCP/IP 4階層モデル

もう1つの階層モデルである**TCP/IP 4階層モデル**は、わずか4層で構成するシンプルなモデルです（**図1-11**）。TCP/IPは現代のネットワークで中核的に用いられる通信手順で、このモデルではTCP/IPが提供する機能を整理して階層化しています。OSI参照モデルのように汎用的なモデルではありませんが、TCP/IPを理解するためには有用です。

図1-11 TCP/IP 4階層モデルの階層構造

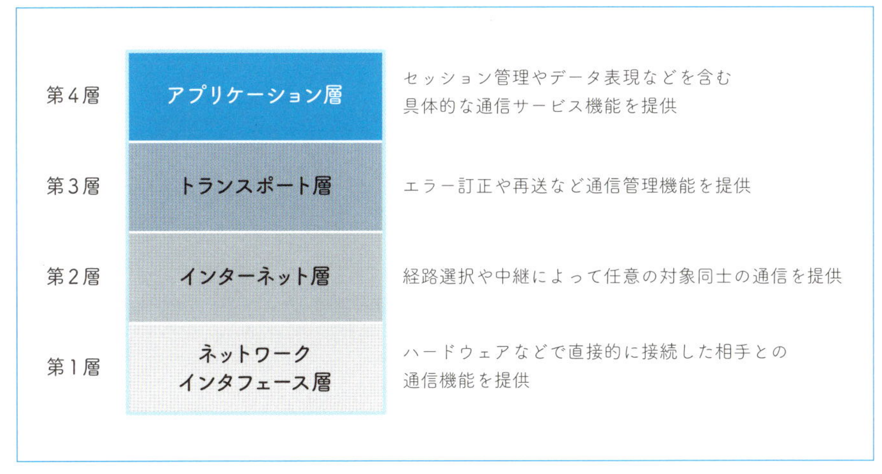

OSI参照モデルとTCP/IP 4階層モデルは、それぞれ独立して策定されたものであるため、各階層の境界は必ずしも一致しませんが、おおよそ**図1-12**のように対応するといわれています。

図1-12 OSI参照モデルとTCP/IP4階層モデルの対応関係

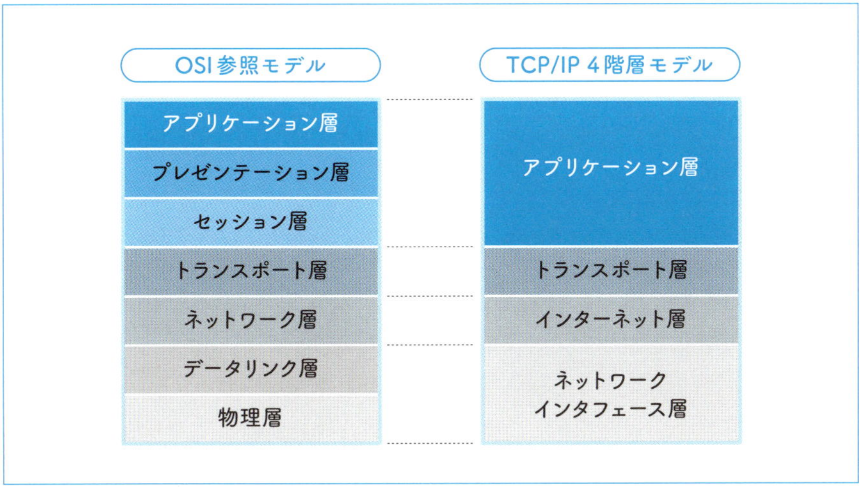

OSI参照モデル	TCP/IP 4階層モデル
アプリケーション層	アプリケーション層
プレゼンテーション層	
セッション層	
トランスポート層	トランスポート層
ネットワーク層	インターネット層
データリンク層	ネットワークインタフェース層
物理層	

CHAPTER1
Computer
Networking
Basics

通信方式

コネクション指向型とコネクションレス型

通信方式は、通信相手と「これから通信を始めよう」と確認し合った後で始めるか、事前の確認なしに始めるかという点で、コネクション指向型とコネクションレス型の2つに分類することができます（**図1-13**）。

図1-13 コネクション指向型とコネクションレス型

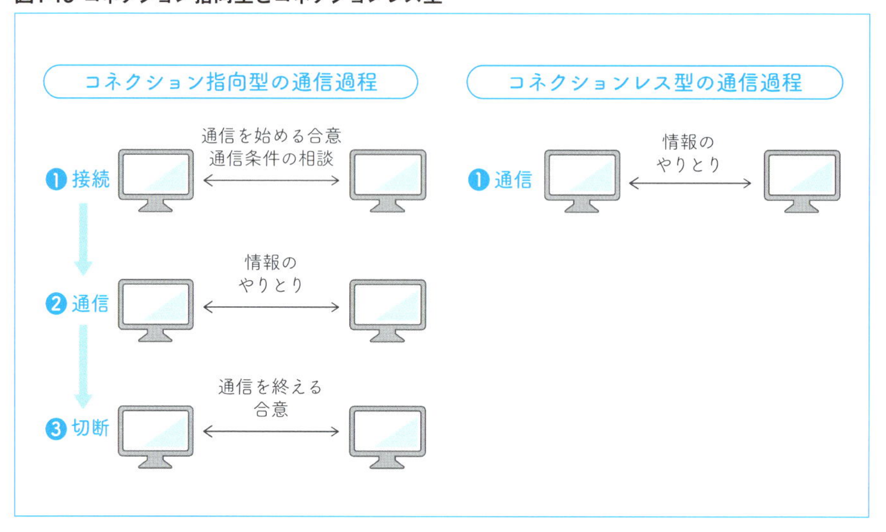

・コネクション指向型

- これから通信を始めることを確認し合った後で始める方式
- 通信を開始する時点から通信相手に届くことが保証される
- 通信終了時も、通信相手との間で通信終了を確認し合ってから終える

・コネクションレス型
- 事前の確認なしで、いつでも通信相手に情報を送ることができる方式
- 通信相手の準備が整っていないと、送った情報を受け取ってもらえない可能性がある
- 通信終了時も、確認し合うことはない

コンピュータ同士の通信は、コネクションレス型が基本です。コンピュータ同士の通信の基本機能を提供するプロトコル（IP）がコネクションレス型のためです。

ただ、IPは階層化されたプロトコルの中で動作しており（1章04参照）、IPの上層で動作するTCPはコネクション指向型の通信を提供しているため、コンピュータの中では、必要に応じてコネクション指向型とコネクションレス型が使い分けられています。

プログラムの内部に見える特徴

コンピュータ同士の通信がコネクション指向型で行われているかどうかは、アプリケーションプログラムの外部から見てもなかなかわかりませんが、プログラムの内部を見ると、よくわかります。

C言語で記述したプログラムで通信を利用する際、一般に**図1-14**の順序で通信機能（関数）を呼び出します。

コネクション指向型のTCPを用いるときは、先にconnect()を呼び出してから、その後、send()を呼び出します。connect()は相手との間で接続（これから通信を始めることの確認）を行う関数です。TCPでは、connect()で接続して、これから通信を始めることの確認をしてから、send()で情報を送信しています。TCPのコネクション指向型の特徴が、よくわかります。

一方、コネクションレス型のUDPを用いるときは、connect()を呼び出すことをせず、いきなりsendto()を呼び出します。sendto()は指定相手に情報を送信するための関数です。事前の接続などをせずに即送信するという、UDPのコネクションレス型の特徴がプログラムには現れています。

図1-14 TCP･UDPの通信処理

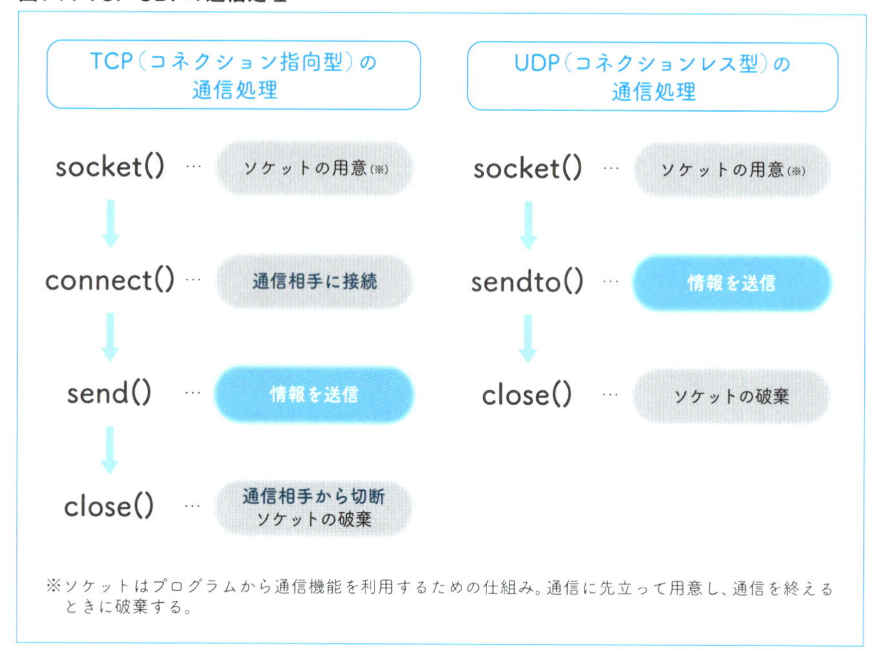

3つのキャスト

通信方式は、一度の通信で情報を送り届ける相手の数によって、次の3つに分類することもできます（**図1-15**）。

・ユニキャスト

1対1での通信形態のこと。ある送信者が送出した情報は、宛先として指定した受信者だけが受信します。ユニキャストは最も汎用的な通信方式で、宛先には相手を特定するアドレスを指定します。

・ブロードキャスト

ある送信者が送り出した情報を、ネットワークに属するすべての対象が受信する形態。ブロードキャストには「放送」の意味があります。ブロードキャストは全対象に対する一括的な問い合わせなどに用い、宛先としてブロードキャスト専用のアドレスを指定します。

図1-15 ユニキャスト・ブロードキャスト・マルチキャスト

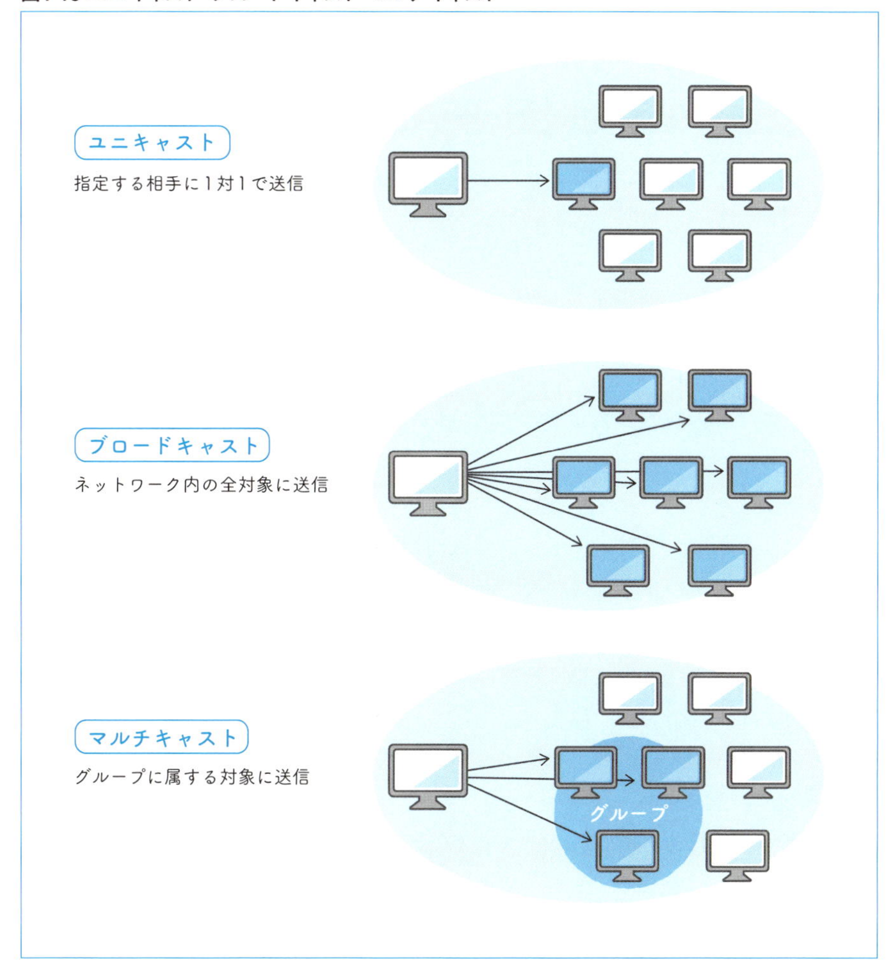

・マルチキャスト

　ある送信者が送出した情報を、グループに属する特定の対象が受信する形態。マルチキャストは特定対象へのストリーミング配信などに用い、宛先としてマルチキャストのグループを表す専用のアドレスを指定します。

CHAPTER1
Computer
Networking
Basics

通信相手を特定するアドレス

アドレスとは

アドレスという言葉は、直訳すると「住所」などの意味を持ちますが、通信においては「通信相手を特定するための識別情報」のことを指します。アドレスは、目的別に異なる複数の体系が使い分けられていて、それぞれ形式や表記法が異なります。

この様子はあなたを特定するための識別情報を例に考えてみると、わかりやすいでしょう。あなたを特定するための識別情報には、住所や名前のほかに、携帯電話番号、電子メールアドレスなどがあり、それぞれ使用目的や形式が異なります。住所は転居により変わりますが、携帯電話番号は転居しても変わりません。また、携帯電話を1台から2台に増やせば、あなたを特定する識別情報は1つから2つに増えます。

アドレスの種類

通信で用いられるアドレスは、大きく2種類に分類されます（**図1-16**）。

図1-16 物理アドレスと論理アドレス

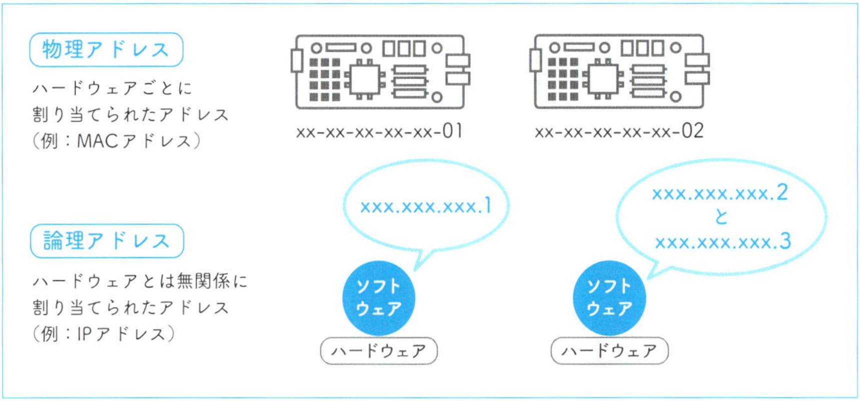

物理アドレス
ハードウェアごとに
割り当てられたアドレス
（例：MACアドレス）

xx-xx-xx-xx-xx-01
xx-xx-xx-xx-xx-02

論理アドレス
ハードウェアとは無関係に
割り当てられたアドレス
（例：IPアドレス）

xxx.xxx.xxx.1
ソフトウェア
ハードウェア

xxx.xxx.xxx.2
と
xxx.xxx.xxx.3
ソフトウェア
ハードウェア

・物理アドレス

ハードウェアに付与されるアドレスのこと。具体的にはネットワークインタフェースカードに与えられ、原則として、カードごとに異なるアドレスが割り当てられます。例えばイーサネット用のネットワークカードには、物理アドレスとしてMACアドレス（3章04参照）が割り当てられています。

・論理アドレス

物理的な実体（ハードウェア）とは無関係に付与されるアドレスのこと。代表的な論理アドレスには、TCP/IPネットワークにつながったコンピュータに割り当てられるIPアドレス（2章05参照）などがあります。

ハードウェアと直接の関係がない論理アドレスを使う意義は、ハードウェア故障時を考えるとわかります（**図1-17**）。もし、物理アドレスしか利用できないと

図1-17 物理アドレスだけを使っていると

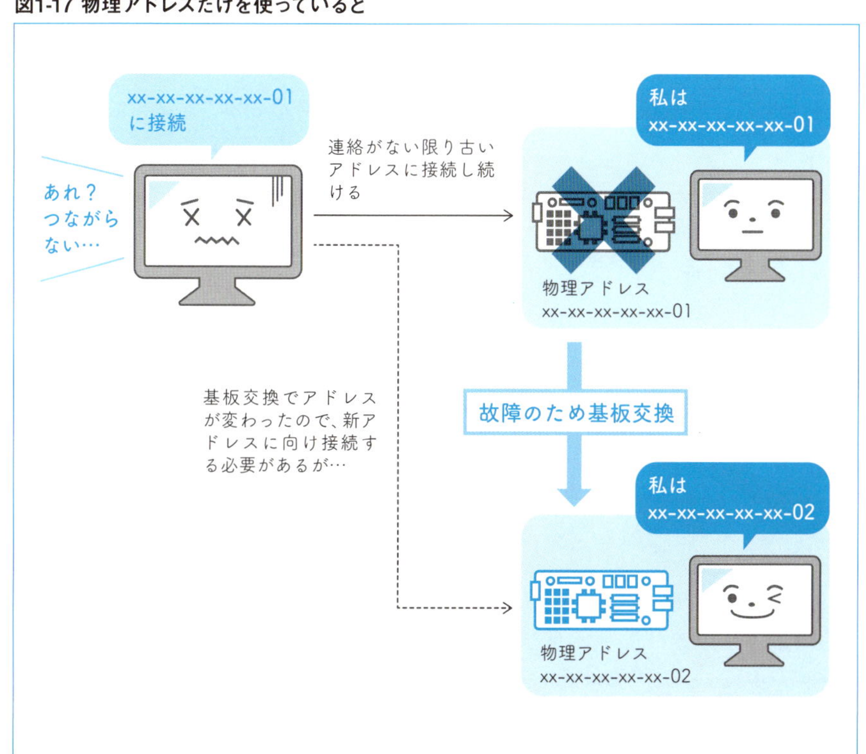

したら、ハードウェアが故障するたびに自分や通信先のアドレスが変わり、それをほかの人にも周知する必要があります。しかし論理アドレスを使用すれば、そのアドレスはハードウェアに直接関連しないため、故障によるハードウェアの交換が発生しても、外部から見た自分のアドレスは変わらずに済みます。

論理アドレスはハードウェアと直接の関係がないため、それだけでは相手を特定することができず、したがって相手に情報を送り届けることができません。そこで、通信相手に情報を送り届けるときは、**論理アドレスと物理アドレスの対応表を用意しておき、論理アドレスから相手の物理アドレスを得て、それに基づいて情報を送り届ける**方法がとられます。前述のようなハードウェア故障が発生したときは、この対応表の中の「故障が発生した機器の論理アドレスに対する物理アドレス」を変更し、最新の対応状態へと更新します。

実物を見て物理アドレスを確認する

ネットワークインタフェースカードに割り当てられた物理アドレス（MACアドレス）は、コンピュータやネットワーク機器の管理画面で確認できるほか、製品によっては本体に直接表示されていることがあります。

図1-18は、USB接続タイプのネットワークインタフェースアダプタ本体に貼り付けたシールに、製品名などに加え、このアダプタ固有のMACアドレスが書かれている様子を示しています。

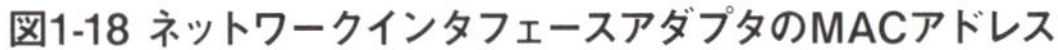

図1-18 ネットワークインタフェースアダプタのMACアドレス

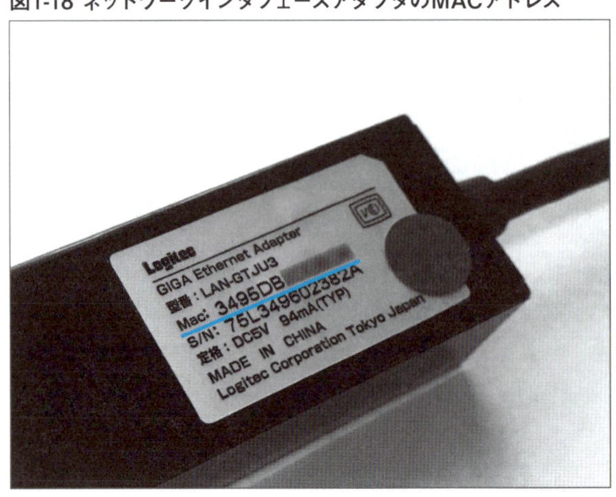

CHAPTER1
Computer Networking Basics

07 ネットワークを構成する要素

ネットワークを構成する要素

ネットワークを構成する要素には多種多様なものがあります。ここでは多くのネットワークで用いられている代表的な構成要素の概要と外観を示します。それぞれの詳細については、本章以降の各項目を参照してください。

・ホスト

ネットワークにつながっていて、ほかの機器と通信を行うことのできる、コンピュータ、スマホ、各種機器などを指します（**図1-19**）[*1]。

・伝送媒体

ネットワークにおいて実際に情報を伝送する媒体を指します（**図1-20**）。有線LANであれば、銅線、光ファイバ、あるいはそれらで作られたLANケーブルがこれに当たります。また無線LANであれば電波がこれに当たります。

図1-19 ホスト

図1-20 伝送媒体

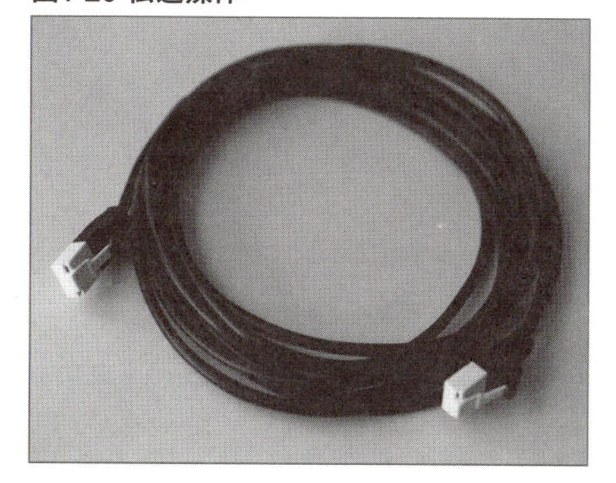

＊**1**―プリンタなどの機器をホストに含む場合と含まない場合がありますが、本書では含むものと位置付けます。

・L2スイッチ

1つのネットワークを構成するために使用する有線LAN用の接続ボックスです（**図1-21**）。ネットワークに参加するコンピュータは、自身のLANポートとL2スイッチのLANポートをLANケーブルで接続します。またL2スイッチ同士をつなぐことで、ネットワークの規模を拡大することもできます。

図1-21 L2スイッチ

YAMAHA SWX2200

・ルータ

L2スイッチで構成したネットワーク同士を接続する機器です（**図1-22**）。インターネットワーキング（1章02参照）を行うときに、ネットワークとネットワークの間に設置され、ネットワーク間の情報中継など中核的な役割を果たします。

図1-22 ルータ

YAMAHA RTX1210

・L3スイッチ

L2スイッチとルータを1つにしたような機能を持ち、コンピュータから延びてくるLANケーブルの接続、VLAN（1つのスイッチの中に仮想的な複数の独立ネットワークを作り出す機能）の設定、VLANで作り出したネットワーク間での情報の中継などを行います（**図1-23**）。近年では規模が大きな組織を中心にL3スイッチがよく用いられます。

図1-23 L3スイッチ

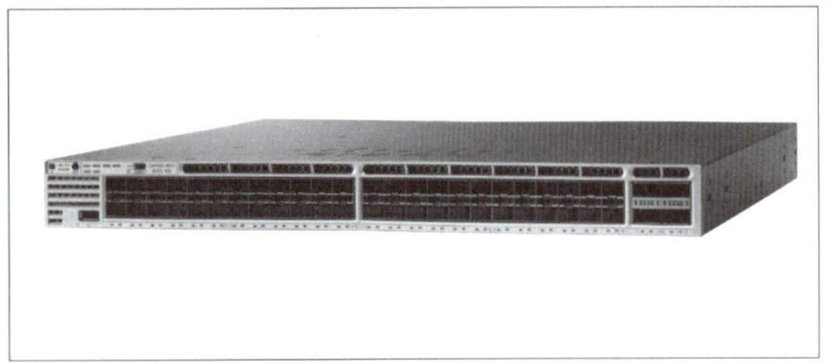

Cisco Catalyst 3850（提供：Cisco Systems, Inc.）

・Wi-Fi ルータ

無線アクセスポイント（無線LANを持つホストからの接続を受け付ける機能）、ルータ、スイッチなどの機能をコンパクトにまとめた機器です（**図1-24**）。主に家庭や小規模な組織で使われます。規模が大きな組織では、無線アクセスポイント（**図1-25**）、ルータ、スイッチを個別の機器として用意するのが一般的です。

図1-24 Wi-Fiルータ

Aterm WG2600HP3（提供：NEC プラットフォームズ株式会社）

図1-25 無線アクセスポイント

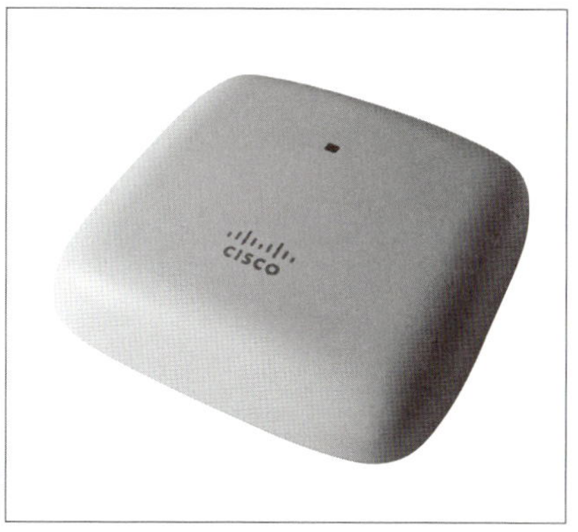

Cisco Aironet 1815i（提供：Cisco Systems, Inc.）

図1-26 各機器の利用イメージ

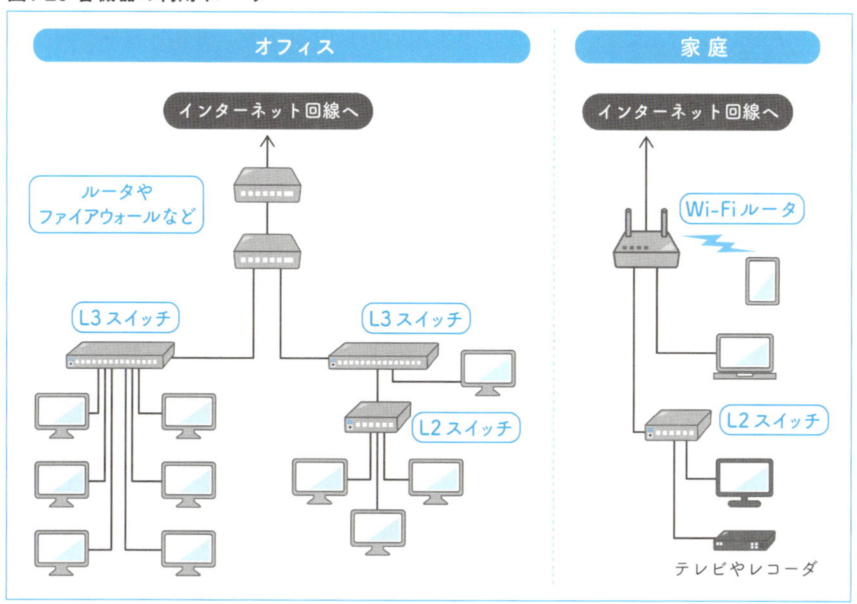

CHAPTER1
Computer Networking Basics

ネットワークで使われる単位

データ量を表す単位

一般社会ではあまりなじみがありませんが、コンピュータや通信の世界で頻繁に用いられる単位に、「ビット（bit）」と「バイト（byte）」があります（**図1-27**）*1。

・ビット

- 1 ビットは「0 または 1 を表す 1 桁の値」のこと
- コンピュータや通信で取り扱うデータの最小単位
- 1 ビットをどれだけ処理できるかを表す意味で「64 ビット OS」や「最大通信速度 1Gbps（bit per second：ビット毎秒）」といった表現が用いられる

・バイト

- 1 バイトは「8 ビットで表された 1 つの値」のこと
- 1 バイトで 0 から 255 までの整数を表すことができる*2
- コンピュータでの処理は通常 1 バイトあるいはその倍数ごとに行われ、コンピュータの世界では大きな意味を持つ単位
- バイトという単位は、コンピュータの内蔵メモリ、ハードディスク、フラッシュメモリなどの記憶容量を表すときにも用いられる

図1-27 ビットとバイト

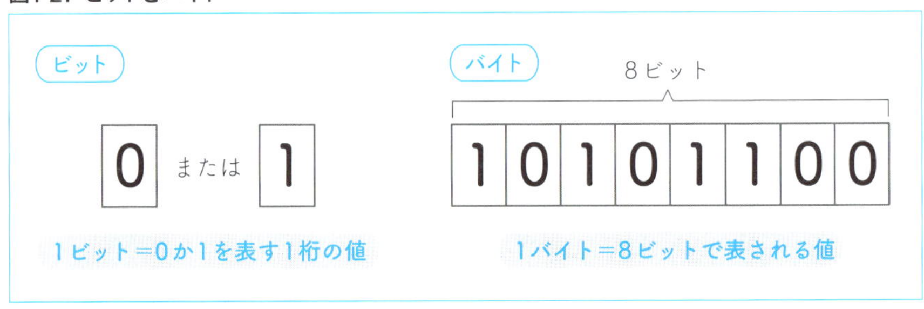

データ量の接頭辞

大きなデータ量を表すときは、ビットやバイトといった単位に対して「キロ」「メガ」「ギガ」といった接頭辞が用いられます（**表1-1**）*3。

表1-1 10を基数とする接頭辞

接頭辞	読み方	意味
k	キロ	10の3乗
M	メガ	10の6乗
G	ギガ	10の9乗
T	テラ	10の12乗
P	ペタ	10の15乗

通信速度の単位

LANやインターネット接続の通信速度は、通常「1秒間に送ることができるビットの数」で表します。単位にはbps（bit per second）またはビット/秒、ビット毎秒が用いられます。これらはいずれも、1秒間に送信した、あるいは、1秒間に受信したビット数を表します。

通信速度の接頭辞には、10を基数とした、k、M、G、T、Pなどが用いられます。例えば1Gbpsは1×10の9乗ビット/秒であり1,000,000,000ビット/秒となります。

COLUMN　オクテットという単位

通信の分野では８ビットのことを「1バイト」と呼ばず「1オクテット」と呼ぶことがあります。1バイトにはもともと、「そのコンピュータで一度に処理できるデータのサイズ」の意味があり、装置によって1バイト＝８ビットでない可能性が残ります。一方、1オクテットは必ず８ビットを意味します。そのため、やりとりするデータの形式を定義する場合など、あいまいさを排除したいときにはオクテットという単位が使われます。

なお、現在では、ほぼすべての装置が1バイト＝８ビットなので、通常は、８ビット＝1バイト＝1オクテットと考えて問題ありません。

＊**1**―ビットとバイトは名称やスペルが似ていることから、それぞれを混同しないよう、書き分けには工夫がなされます。大文字Bと書いた場合はバイトを意味し、小文字bやbitと書いた場合はビットを意味する、といった表記ルールはその一例です。本書では、原則として「ビット」「バイト」のようにカタカナ表記を使用します。

＊**2**―1ビットで表すことができる数は0または1のどちらかです。それが1バイト（＝８ビット）になると、2進数の00000000から11111111まで（10進数で表すと0から255まで）の256通りになります。2進数については1章09を参照してください。

＊**3**―ただし、コンピュータでは2を基数とする接頭辞が使われている場合もあります。詳しくは次ページのコラムを参照してください。

COLUMN　2を基数とする接頭辞

コンピュータの世界では、主に記憶容量に対して、**表1-2**のような2を基数とする接頭辞も使われています。見てのとおり、前ページの**表1-1**の10を基数とする接頭辞と表記と読み方がまったく同じです。そのため、k（キロ）、M（メガ）、G（ギガ）といった表示がどちらの意味で使われているか気を付けなくてはなりません。例えば、Windows 7/8/10のローカルディスク（C: ドライブ）のプロパティでは2を基数とする接頭辞が使われていて、Macのハードディスクの情報では10を基数とした接頭辞が使われています。

表1-2 2を基数とする接頭辞

接頭辞	読み方	意味
k	キロ	2の10乗
M	メガ	2の20乗
G	ギガ	2の30乗
T	テラ	2の40乗
P	ペタ	2の50乗

使用領域53,323,636,736バイトに対し、49.6 GBと表示されています。バイト値を2の30乗で割ると約49.6579となり、2を基数とした接頭辞が使われていることがわかります。

使用領域347,857,338,368バイトに対し、347.85GBと表示されています。バイト値を10の9乗で割ると約347.85となり、10を基数とした接頭辞が使われていることがわかります。

CHAPTER1
Computer Networking Basics

ネットワークでの数の表し方

2進数と16進数

私たちは、普段「10進数」と呼ばれるルールで数を数えていますが、ネットワークやコンピュータの世界では、「2進数」「16進数」という独特な数え方が用いられています。

これらは、同じ数を別の数え方、別の表現で表しているのであって、数の本質が変わるわけではありません。(**図1-28**)。

図1-28 同じ数を異なる表現で表す

10進数	2進数	16進数
0	0	0
1	1	1
2	10	2
3	11	3
4	100	4
5	101	5
6	110	6
7	111	7
8	1000	8
9	1001	9
10	1010	A
11	1011	B
12	1100	C
13	1101	D
14	1110	E
15	1111	F
16	10000	10

C個

12個

1100個

リンゴ12個は、
2進数で表せば
1100個と書けるし、
16進数で表せば
C個とも書ける

※4ケタ未満の2進数を4ケタにするときは上位の空ケタをゼロで埋める(例:10 → 0010)

10進数、2進数、16進数での数の数え方*1

・10進数

0～9の10種類の数字で数を表します。日常生活で数を数えるときは、10進数が使われています。指折って物事を数える人間の生活スタイルと親和性が高いからだと考えられます。

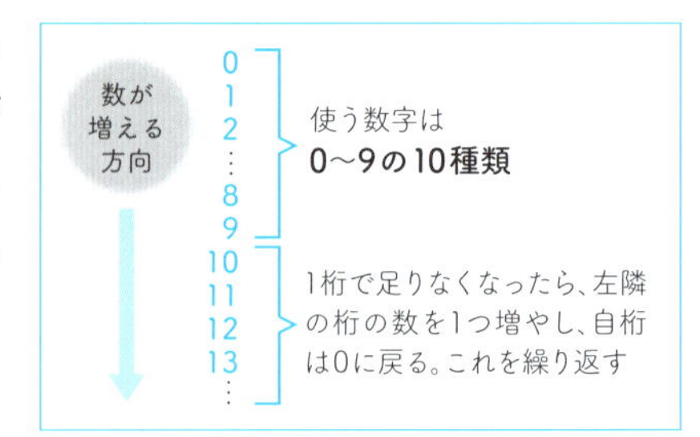

・2進数

0と1だけで数を表します。オンとオフで情報を表すコンピュータと親和性が高く、ネットワーク関連ではサブネットマスク（P.46参照）の計算などに登場します。

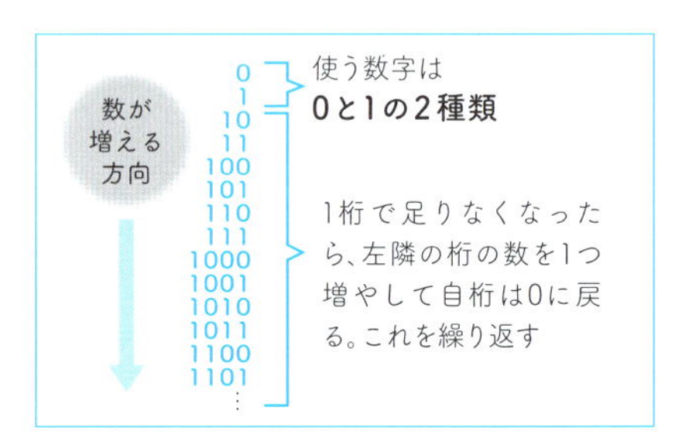

・16進数

0～9とA～Fの16種類の文字で数を表します。桁の繰り上がりの考え方は、10進数や2進数と同様ですが、1桁で0～15が表せることが10進数との違いです。ネットワーク関連ではMACアドレス（P.124参照）の表記などで用います。また桁が増えがちな2進数の桁数を減らして扱いやすくする場合にも広く用います。

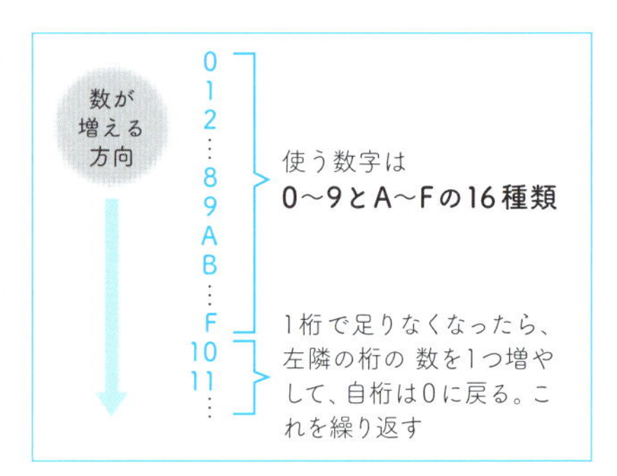

基数変換の手順

10進数、2進数、16進数は、それぞれ表現方法が違いますが、いずれも数の概念を表すものです。表している数を変えることなく、別の進数での表現に変換することを「基数変換」あるいは「進数変換」と呼びます。

ネットワークでは特にIPアドレスを考える際に10進数→2進数、2進数→10進数の変換をよく使います。手動で変換する方法を、**図1-29・30**に紹介しておきます。

＊**1**―2進数と16進数の値を読むときは、各桁の数をそのまま読むのが一般的です。**図1-28**のリンゴの例では「イチイチゼロゼロ」や「シー」と読みます。

図1-29 10進数→2進数の変換手順

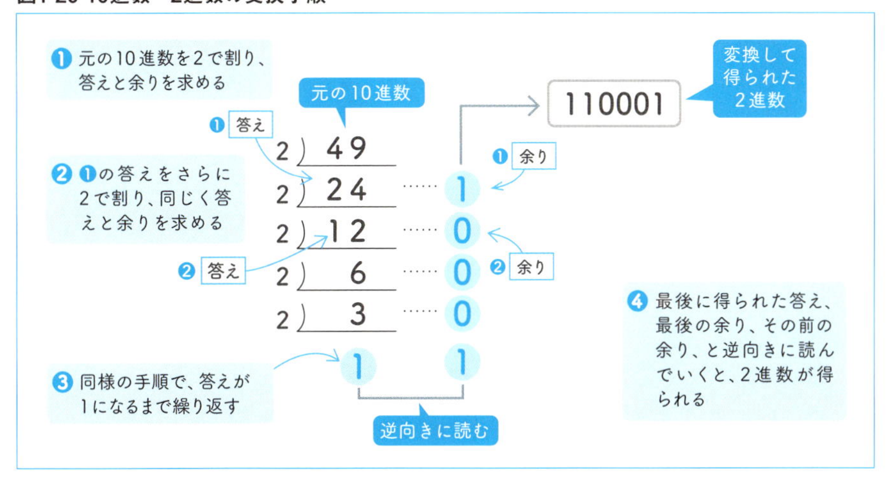

図1-30 2進数→10進数の変換手順

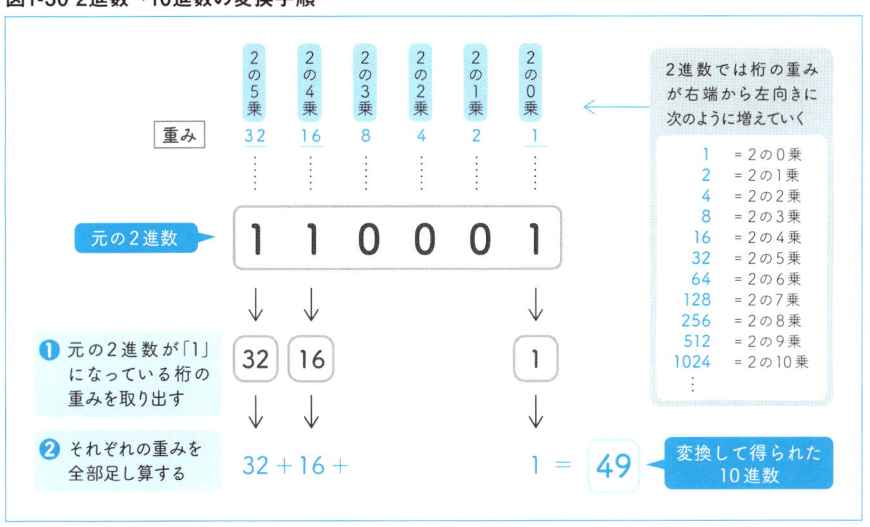

COLUMN　10進数→16進数の変換手順

10進数→16進数の変換は、10進数→2進数の変換で得た2進数の値を右から4桁ずつに区切って、**図1-28**の表に沿って16進数の文字に置き換える（例：1001011100 → 0010 0101 1100 → 25C）ことで行えます。逆に16進数→10進数の変換は、16進数の値の各桁を**図1-28**の表に沿って4桁の2進数に置き換えて、それを10進数に変換します（例：4E1 → 0100 1110 0001 → 10011100001 → 1249）。

標準搭載の電卓で基数変換をする

手動で基数変換する方法は覚えておくとよいですが、頻繁に変換しなければならない場合や、変換間違いが絶対に許されない場合などには、PC標準搭載の電卓アプリでも計算できます。

・Windows 10での手順*2

1 スタートボタン→［電卓］をクリックして電卓アプリを起動する

2 左上部のメニューから［プログラマー］を選択

3 左部にある［HEX］（16進数）、［DEC］（10進数）、［OCT］（8進数）、［BIN］（2進数）のいずれかをクリックし、値を入力する進数を指定

4 変換したい値を入力すると、直ちに左部のエリアにそれぞれの進数での値が表示される

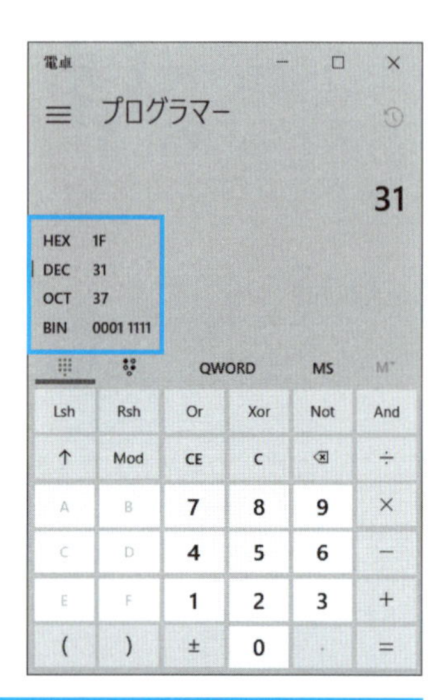

・Macでの手順

1 ［アプリケーション］フォルダ→［計算機.app］をクリックして電卓アプリを起動する

2 ［表示］メニューの［プログラマ］を選択

3 右上にある［8］、［10］、［16］のいずれかのボタンをクリックし、値を入力する進数を指定

4 変換したい値を入力した後、右上のボタンで変換先の進数を選ぶと、指定した進数での値が表示される

16進数表示にしたときには値の冒頭に0xが付く。これは、続く値が16進数であることを意味する

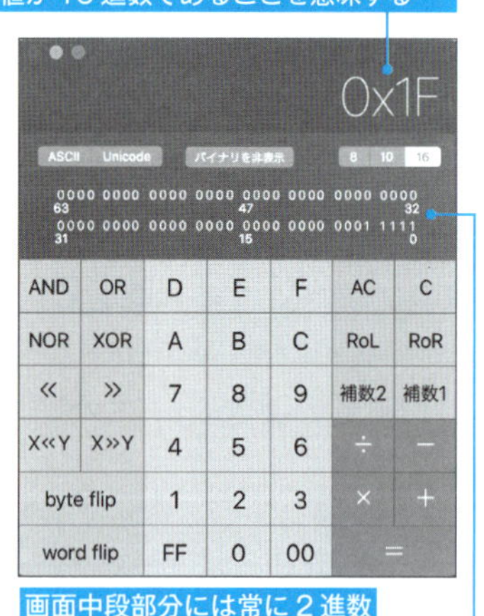

画面中段部分には常に2進数での値を表示している

*2— Windows 7/8の電卓アプリでも手順はほぼ同じです。［表示］メニューの［プログラマ］を選択し、左部にある［16進］、［10進］、［8進］、［2進］のいずれかのラジオボタンをクリックして、変換したい値を入力した後、左部のラジオボタンで変換先の進数を選ぶと、指定した進数での値が表示されます。

CHAPTER2

How TCP/IP Protocol Works

TCP/IPの基礎知識

アプリケーションの通信を支えるTCP/IPは欠くことのできない縁の下の力持ち。この章では、そんなTCP/IPの仕組みと洗練された動作を学びます。

本章のキーワード

・IP　・IPv6　・ICMP　・TCP　・UDP
・ネットワークインタフェース層　・インターネット層
・トランスポート層　・ルーティング　・IP アドレス　・ネットマスク
・サブネット　・CIDR　・ポート番号　・ウェルノウンポート
・Wireshark　・ARP　・MSS　・MTU
・IP フラグメンテーション　・Path MTU Discovery　・確認応答
・シーケンス番号　・ウィンドウサイズ　・スライディングウィンドウ
・3 ウェイハンドシェイク　・ラウンドトリップタイム

CHAPTER2
How TCP/IP Protocol Works

01 TCP/IPの階層モデル

TCP/IPの階層モデル

コンピュータ同士の通信に使用するプロトコルは、多くの場合、1章04で説明したOSI参照モデルやTCP/IP 4階層モデルで表されます。このような階層モデルでは、役割が異なる複数のプロトコルを階層的に積み重ねたり、同じ層のいくつかの機能を差し替えることによって、目的の動作を果たすという考え方をとっていて、TCP/IPもこれと同様の考え方で構成されています。そして、TCP/IPにおいて特に重要な役割を果たすのが、IPとTCPとUDPです。ここではTCP/IP 4階層モデルに沿って、それぞれの関係を概観します。

インターネット層を担うIP

インターネット層は、ネットワークインタフェース層（イーサネットなど）の上に位置し、かつ、トランスポート層（TCPやUDPなど）の下に位置しています（**図2-1**）。このインターネット層で行うことは、インターネットワーキングの実現です。つまり、複数のネットワークを接続する構成において、別々のネットワークに属するコンピュータであっても、それぞれが相互に通信できるようにする機能を提供します。

インターネット層の下に位置するネットワークインタフェース層は、直接的につながっているコンピュータ同士が通信する機能を提供しますが、その要件を超える範囲の通信を行うことはできません。そのようなネットワークインタフェース層の限られた機能を使いつつ、パケットの中継によって、直接的にはつながっていないコンピュータでも相互に通信できるようにするのが、このインターネット層の役割です。インターネット層でのパケット中継は、一般に**ルーティング**と呼ばれています。

また、別々のネットワークに属するコンピュータ同士の通信を可能にするには、それぞれのコンピュータを特定するためのアドレスも必要になります。そのため

図2-1 IPの役割と動作するレイヤ

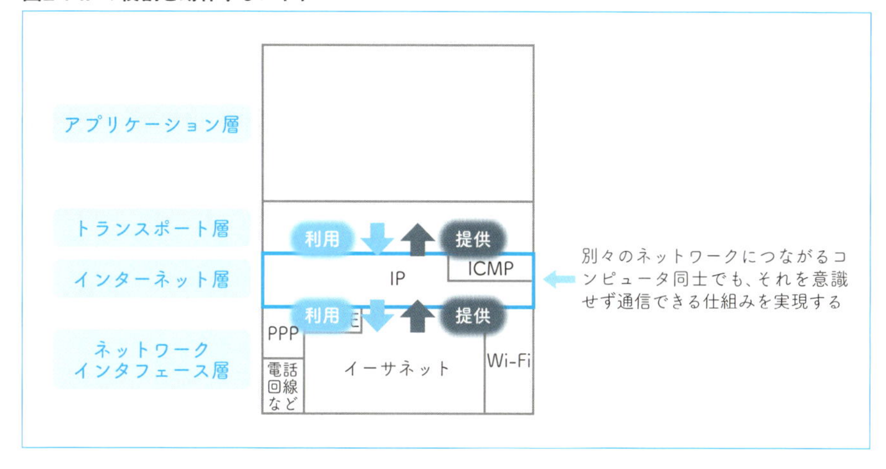

のアドレスもインターネット層が提供します。

このような**インターネット層の機能を提供する代表的なプロトコルがIP（Internet Protocol）です**（**図2-2**）。なお、IPと合わせて用いられ、同じくインターネット層に分類されるプロトコルに**ICMP（Internet Control Message Protocol）**があります。ICMPは、ネットワークの利用者のデータを送るためではなく、ネットワーク機能を維持することを目的として使われるプロトコルです。具体的には、任意の相手に到達できるかどうかの検査、到達できない場合の理由通知、その他、各種の通信制御情報のやりとりなどをICMPにより行います。

図2-2 インターネット層の主なプロトコル

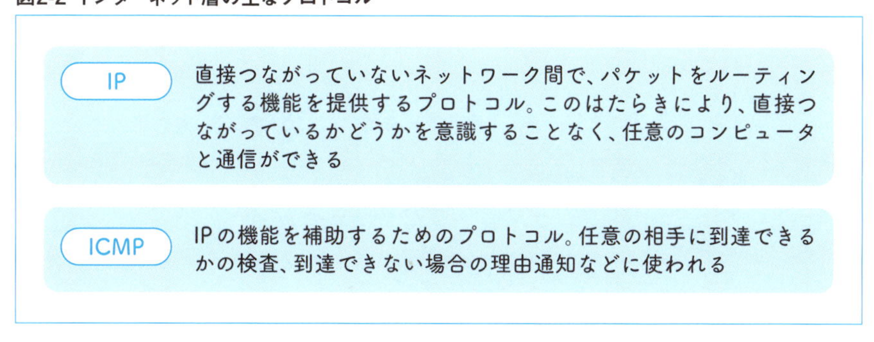

COLUMN　通信データの呼び方

IPをはじめとする通信プロトコルの多くは、決まったサイズのデータをひとかたまりとして、それを単位に送信や受信の処理を行います。このひとかたまりのデータから作られた処理単位のことを一般に「パケット」と呼びます。パケットには、通常、制御に使う情報を含む部分と、運ぼうとするデータそのものを含む部分があり、前者を「ヘッダ」あるいは「ヘッダ部」、後者を「ペイロード」あるいは「データ部」と呼びます。また、パケットとほぼ同じ意味で、イーサネットでは「フレーム」、TCPでは「セグメント」という言葉も使われます。

本書での呼称は、イーサネットについては「フレーム」、IP、TCP、UDPについては主に「パケット」を使用します。なお、パケット、フレーム、セグメントのようにプロトコルが処理の単位とするものは、PDU（Protocol Data Unit）と総称されます。またIPやUDPのように抜けや不達を許容するものをついては「データグラム」という名称も使われます。

トランスポート層を担うTCPとUDP

トランスポート層は、インターネット層の上に位置し、かつ、アプリケーション層の下に位置しています（**図2-3**）。トランスポート層では、インターネット層が提供する任意のコンピュータ同士の通信機能をベースに使い、その上にネットワークの使用目的に応じた通信特性を付け加えます。具体的には、より信頼性が高い通信ができる、信頼性は高くないがリアルタイム性が高い通信ができる、などの実際に求められる特性を持った通信を実現します。

別々のネットワークに接続したコンピュータ同士でも通信できるようにする機能はインターネット層で実現していますので、その機能を利用する立場であるト

図2-3 TCPやUDPの役割と動作するレイヤ

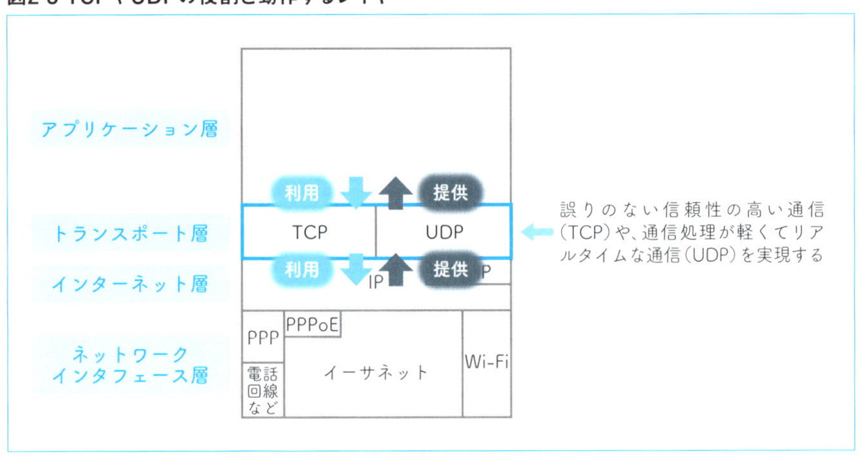

ランスポート層は、このことを意識する必要がありません。トランスポート層はあくまでも、信頼性の高い通信をする、あるいはリアルタイム性が高い通信をする、といった通信の特性にのみフォーカスを当てて通信処理を行います。

代表的なトランスポート層のプロトコルには、TCP（Transmission Control Protocol）とUDP（User Datagram Protocol）があります（図2-4）。

このうちTCPは、信頼性の高い通信を実現するためのプロトコルです。TCPはコネクション指向型のプロトコルで、受信パケットに誤りが見つかった、一部パケットが消滅した、重複するパケットが届いた、パケット順序が入れ替わった、といった不具合を検出したときには、その解消を図るよう動作します。具体的には、通信相手に再送信を依頼する、重複パケットを削除する、パケット順序を入れ替える、送信速度を遅くする、などの処理を行い、送信したパケットが正確に相手に届くよう制御します。

一方、UDPは、通信の信頼性を高めることは一切行わず、通信にかかる処理を軽くする、リアルタイムにパケットが届く、といったことに重点を置くプロトコルです。UDPはコネクションレス型のプロトコルなので、通信に先立つ接続などの前処理が不要で、いきなり相手に対してパケットを送信することができます。また再送の依頼や入れ替えをせず、届いたデータをすぐにアプリケーションに引き渡してリアルタイム性を高めています。これらのUDPの特性はIPパケットの特性に近いといえます。

このようなTCPとUDPはアプリケーションの目的によって使い分けます。Web、メール、ファイルサーバ、SNSなどでは、その信頼性の高さが求められTCPが使われます。動画配信、IP電話などではリアルタイム性が、DNSやNTP（時刻合わせ）などでは処理の軽さが、それぞれ求められてUDPが使われます。

図2-4 トランスポート層の主なプロトコル

TCP	任意のコンピュータ同士が行う通信に、信頼性の高さを付け加えるプロトコル。最初に接続を作り、通信を終えたら接続を切るコネクション指向型。パケットの再送や順序入れ替えをするので、リアルタイム性には欠ける
UDP	インターネット層の機能をほぼそのまま使い、事前準備が不要で軽い通信を実現するプロトコル。コネクションレス型。到着したデータはすぐアプリケーションに届き、リアルタイム性が高い

CHAPTER2
How TCP/IP Protocol Works

02 IPが果たす役割

IPは複数のネットワークをまたいだやりとりを可能にする

IP（Internet Protocol）は、家庭やオフィスはもちろんインターネットの中核部までも含めて、現代のコンピュータネットワークで幅広く使われているインターネット層（ネットワーク層）の通信プロトコルです。

このIPが果たしている役割は、複数のネットワークをつないで構成した大きなネットワークの中で、**あるネットワークのコンピュータから送信したデータを、別のネットワークのコンピュータへと届ける**ことです。個々のネットワークの中は、それぞれのコンピュータが物理的につながっているため、それによって相互に通信ができますが、別のネットワークとの間では、何らかの仕組みによってデータを中継をする必要があり、IPがその仕組みを提供しています。

現実の世界に例えるなら、運営会社が違う2つのバスを乗り換えて目的に行きたい利用客に対し、バス会社から独立した立場から全体を見渡して、まずどこのバスでどこのバス停まで行けばよいかを案内してくれたり、降りた先で次にどこのバス会社に乗り換えればよいかを案内してくれたりする、そのような移動をサポートする役割を果たしているのがIPといえるかもしれません（**図2-5**）。

汎用性の高さから幅広い分野で活用

かつては、インターネット層（ネットワーク層）のプロトコルとして、IP以外のプロトコル（IPXなど）も使われていましたが、いまはもうインターネット層プロトコルといえばイコールIPというくらい、ありとあらゆるネットワークにおいてIPが使われています。

これほどまでIPが広まった理由は、いくつか考えられますが、とりわけ、通信手順がシンプルに定められていて、汎用性が高いことがその理由として挙げられるでしょう。インターネットやLANなどコンピュータ同士の通信のために登場したIPですが、近年では、固定電話や携帯電話のための基盤ネットワークのプロトコルとしても使われています。これらのネットワークには独自の機能が必要なことから、これまでは、それぞれ専用のネットワークとして構築されてきました。しかしいまでは、いずれもIPネットワーク上に構築する形に移行しました。このような動きによって、いま様々なサービスとコンピュータネットワークの垣根が取り払われようとしています（**図2-6**）。

図2-5 IPの役割をバス移動のサポートに例えると

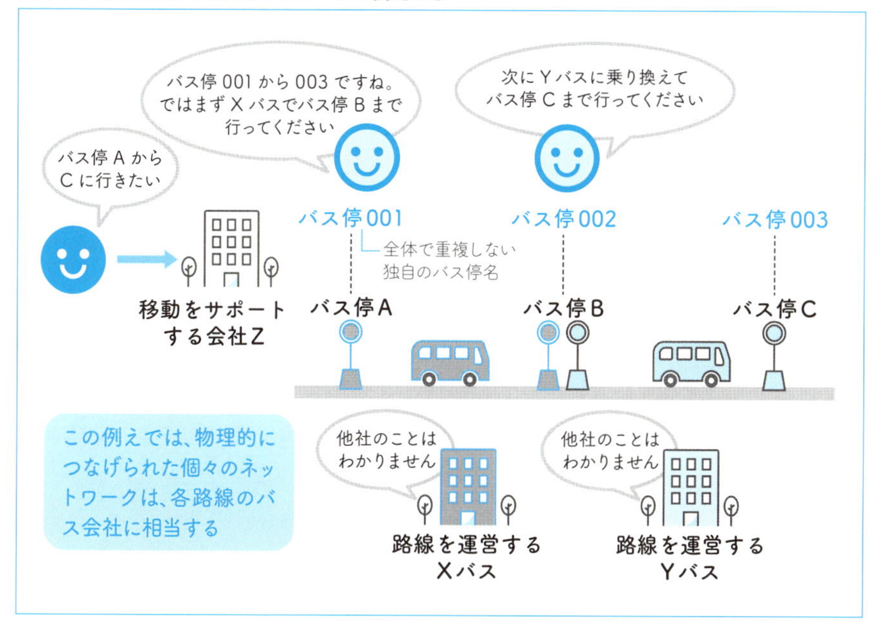

図2-6 IPネットワークが様々なサービスの基盤に

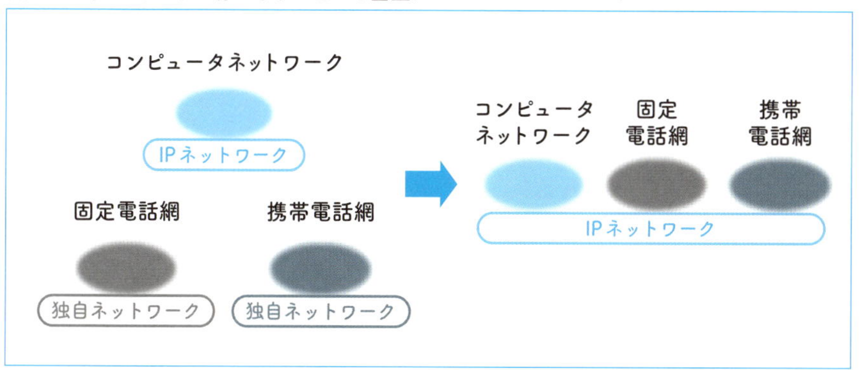

CHAPTER2
How TCP/IP Protocol Works

TCPが果たす役割

TCPはデータを確実に届ける機能を提供する

TCP（Transmission Control Protocol）は、インターネットをはじめとする現代のコンピュータネットワークで幅広く使われているトランスポート層の通信プロトコルです。

トランスポート層プロトコルのTCPは、下位層のIPが提供する「別々のネットワークに属する端末同士を通信可能にする機能」をベースとして使い、そこに信頼性の高い通信を行うための仕組みを提供します。IPが提供する任意のコンピュータ同士の通信機能は、極端に信頼性が低いわけではありませんが、それでもイーサネットやWi-Fiのレベルでの通信誤りや、何らかの理由によるパケット破棄は十分に起こり得ます。そのため、アプリケーションの種類によっては、IPだけでは実用に耐えない場面が出てきます。例えば、SNSでやりとりしたメッセージの一部が消えてしまう、Webにアクセスしたのに何も表示されない、といった状況が発生しては困ります。

TCPでは、送信側と受信側が協力しながら、相手が受け取ったことの確認、受け取ったパケットが送信したものと同じかどうかの検査、バラバラに届いたパケットの再組み立て、届かないパケットの再送などを行って、送ったデータをそのまま相手に届けるよう最善を尽くします。一方で、受信できないデータが一部あるときなど、それを待ってから受信データをアプリケーションに引き渡すことになるため、データ受信、即、アプリケーションで処理、といったリアルタイム性は期待できません。また再送などには一定程度の処理を行う手間もかかります。

TCPは、リアルタイム性や処理の軽さよりも、送ったデータが忠実かつ確実に相手へ届くこと、つまり信頼性に重点を置いたプロトコルです（**図2-7**）。

TCPを用いるアプリケーション

リアルタイム性や処理の軽さも大切ですが、多くのアプリケーションではそれよりも信頼性のほうが重要視されます。そのため、**特にリアルタイム性や処理の軽さを必要とするものを除き、幅広いアプリケーションでTCPが用いられています。** **表2-1**はTCPを利用するアプリケーションの一例です。

図2-7 TCPが提供する機能

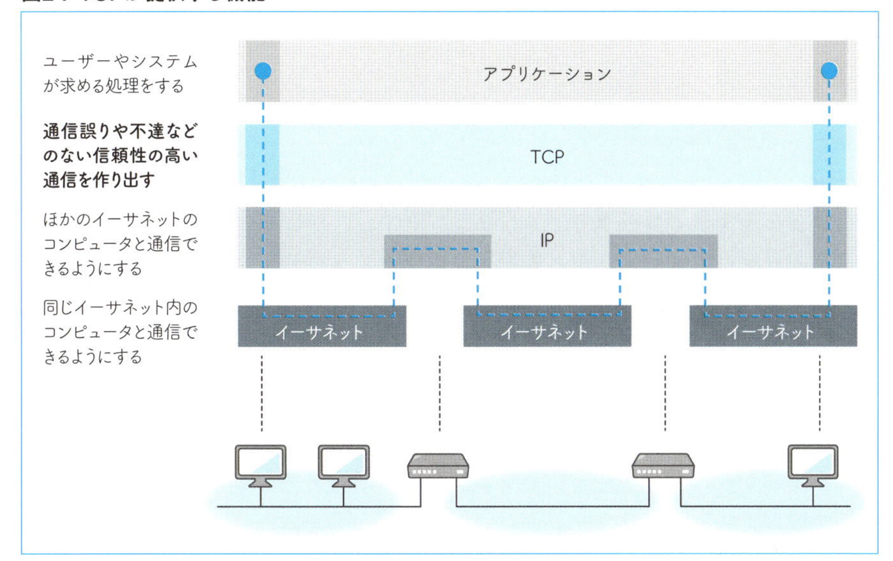

表2-1 TCPを使うアプリケーションプロトコルの一例

プロトコル名	機能
HTTP	Webへのアクセス
POP3	メールボックスの読み出し
IMAP4	メールボックスへのアクセス
SMTP	サーバ間のメール転送
SMTP Submission	PCからメールサーバへのメール送信
HTTPS	暗号化されたHTTP
POP3s	暗号化されたPOP3
IMAP4s	暗号化されたIMAP4
Submissions	暗号化されたSMTP Submission
FTP Data	ファイル転送（データ転送用）
FTP	ファイル転送（制御用）
SSH	暗号化されたコンピュータのコンソールへのアクセス
TELNET	コンピュータのコンソールへのアクセス

※ほかにも多数あり幅広く利用されている

UDPが果たす役割

UDPは通信にかかる処理の軽さが特長

UDP（User Datagram Protocol）は、インターネットをはじめとする現代のコンピュータネットワークで、特にリアルタイム性や処理の軽さを必要とする用途で使われているトランスポート層の通信プロトコルです。

トランスポート層プロトコルのUDPもまた、下位層のIPが提供する「別々のネットワークに属する端末同士を通信可能にする機能」をベースとして使いますが、UDPはその機能をほぼそのまま使用します。UDPが独自に付け加える機能としては、通信中に誤りが起きていないかどうかの検査、送信元ポートや宛先ポートの番号など、ごくわずかしかありません。つまりIPパケットの特性が、ほぼそのまま現れているといえます。

IPパケットは、パケット分割（フラグメンテーション）が起きない限り、ソフトウェアでの少しの処理時間とイーサネットハードウェアでの伝送時間でやりとりできます。そのIPパケットの機能をほぼそのまま利用するUDPも、この特徴を引き継いでいて、それがリアルタイム性の高さにつながっています。また、UDPは再送などの信頼性を高める処理も行わないため、通信にかかる処理は少なくて済み、これが処理の軽さをもたらします。

UDPは、パケットが途中で消えてしまうことなどに特別な対処せず、リアルタイム性や処理の軽さに重点を置いたプロトコルです（**図2-8**）。

UDPが用いられるサービス

UDPでは相手の送信したパケットがすべてそのまま届くとはいえないため、UDPを利用するにあたっては、そのことが処理の支障にならないか、あるいはアプリケーション自身で何らかの対処ができることが条件になります。

動画や音声のストリーミング配信は、メールやWebと違って時々パケットが抜け落ちてもあまり問題にならず、その一方でリアルタイム性が強く求められるため、UDPと親和性が高いアプリケーションです。また処理の軽さを必要とするDNSの問い合わせにもUDPが使われ、パケットの抜け落ちなどに対しては、DNS自身が再問い合わせするなどして対応します。UDPを利用するアプリケーションの一例を**表2-2**に示します。

図2-8 UDPが提供する機能

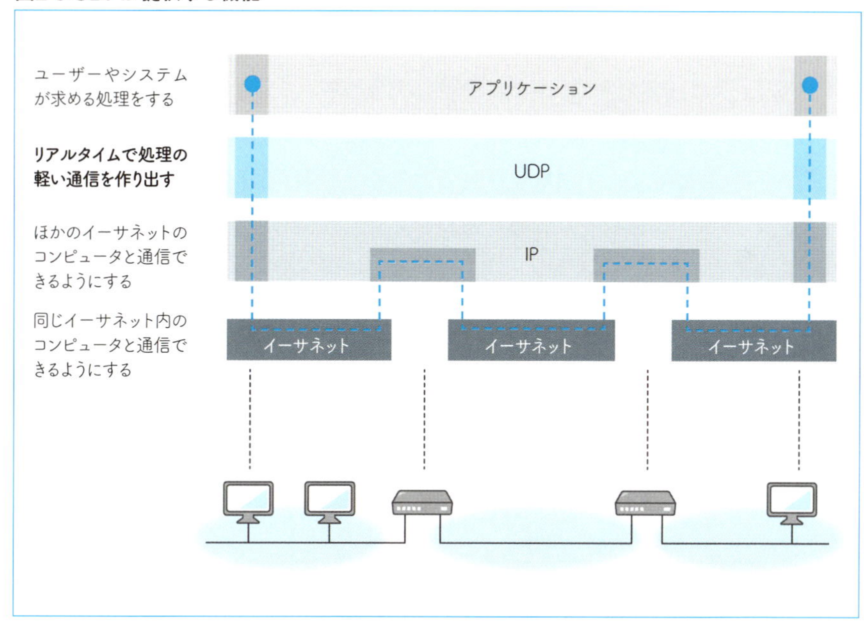

表2-2 UDPを使うアプリケーションプロトコルの一例

プロトコル名	機能
DOMAIN	DNSへの問い合わせ（DNSサーバ間の情報転送はTCPを使用）
NTP	時刻情報の配信
RIP/RIP2	ルーティング情報の交換
RTP	音声や動画のストリーミング
SNMP	コンピュータやネットワーク機器の監視

※利用は限定的

05 IPアドレス

IPアドレスの形式と含まれる2つの情報

インターネット層において通信相手を特定するための識別子が**IPアドレス**[*1]です。IPアドレスは32ビットで構成されているのですが、32個の0や1を書くのは面倒なため、通常、10進数での表記が使われます。具体的には、32ビットのビット列を8ビットごとの4つに区切り、それぞれを10進数の0～255で表して、各値をピリオド（.）でつないだ表記が用いられます。例えば、203.0.113.43のような形になります。

このようなIPアドレスは、一見するとコンピュータに割り当てられた単純な番号の列のように見えますが、実は、IPアドレスの内部には2つの情報が含まれていて、それぞれが重要な役割を担っています（**図2-9**）。

図2-9 IPアドレスの表記と内部の構造

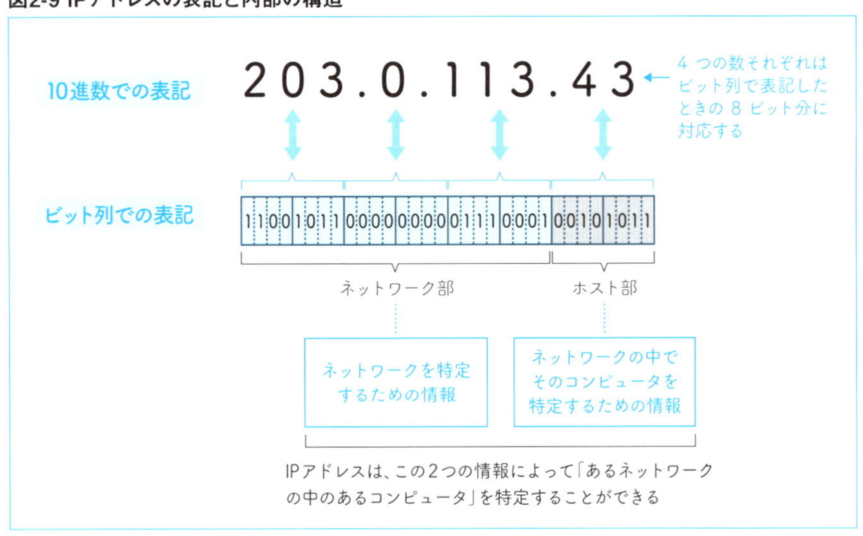

*1 ―この項目ではIPv4のIPアドレスについて説明します。IPv6については2章16を参照してください。

IPアドレスを32ビットの0と1で表したとき、その左側の部分は**ネットワーク部**と呼ばれます。ネットワーク部には「ネットワークを特定するための情報」が格納されます。この「ネットワークを特定するための情報」は、複数のネットワークを接続した構成において、各々のネットワークを指し示すために使われます。また、ビット列の右側の部分は**ホスト部**と呼ばれます。ホスト部には「あるネットワークの中でそのコンピュータを特定するための情報」が入ります。

このような考え方により、IPアドレスは1つのアドレスだけを使って「**あるネットワークの中のあるコンピュータ**」を特定するような仕組みになっています。

ネットワーク部の長さとクラス

図2-9の例では左から24ビットめまでをネットワーク部、残り8ビットをホスト部としましたが、ネットワーク部とホスト部を区切る位置はこれに限られません。IPアドレスの最も基本的な考え方では、ネットワーク部の長さとして8ビット、16ビット、24ビットの3つが想定されていて、それぞれにクラスA、B、Cという区分名が付いています（**図2-10**）。ほかにクラスD、Eという区分もあります

図2-10 IPアドレスのクラス

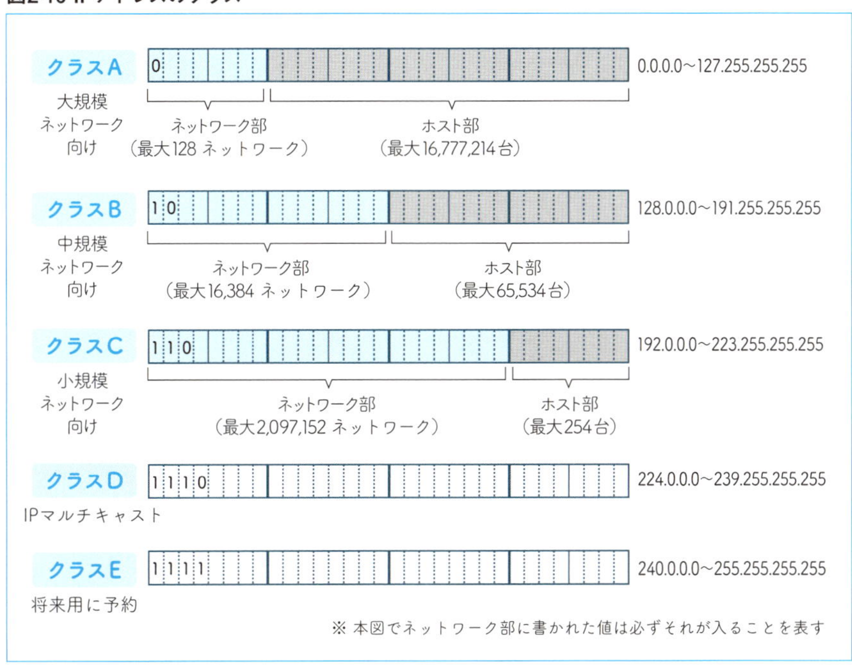

が、これらは特殊な目的に使われるものなので、ここでは説明を省略します。

クラスAのIPアドレスは、0.0.0.0 ～ 127.255.255.255の範囲が使われ、ネットワーク部が8ビット、ホスト部が24ビットと規定されています。ホスト部が24 ビットあるということは、この部分で0 ～ 16,777,215までの数を表すことができることになります。

そのうち、**ホスト部のすべてのビットが0の場合（0）はネットワーク自身を表し**（ネットワークアドレスとして後述）、**ホスト部のすべてのビットが1の場合（16,777,215）はブロードキャストアドレスを表す**と決められているので除外すると、残り1 ～ 16,777,214が利用できることになります。先に説明したように、ホスト部は「ネットワークの中でそのコンピュータを特定するためのアドレス」ですから、つまり理屈上は、クラスAだと1つのネットワークで最大16,777,214台のコンピュータを識別できる（＝接続できる）ことになります。

同様の考え方で、**クラスB**のIPアドレスは128.0.0.0 ～ 191.255.255.255の範囲が使われ、ネットワーク部が16ビット、ホスト部が16ビットと規定されています。ホスト部の16ビットでは0 ～ 65,535の値が表せるので、そこからすべてのビットが0の場合（0）とすべてのビットが1の値（65535）を除外して、1 ～ 65534が利用できることになります。つまり、クラスBでは1つのネットワークで最大65,534台のコンピュータを識別可能です。

同様に、**クラスC**のIPアドレスは192.0.0.0 ～ 223.255.255.255の範囲が使われ、ネットワーク部が24ビット、ホスト部が8ビットと規定されています。ホスト部の8ビットを使うと0 ～ 255の値が表せるので、そこからすべてのビットが0の場合（0）とすべてのビットが1の場合（255）を除外した1 ～ 254をコンピュータの識別に利用可能です。したがってクラスCでは1つのネットワークで最大254台のコンピュータを識別できます。

クラスと割り当てられるネットワーク数

すでに気づいた人もいるかもしれませんが、1つのネットワークでたくさんのコンピュータを識別（＝接続）できるクラスでは、その半面、ネットワークを多く作ることができません。例えばクラスAならば、ホスト部が24ビットある代わりに、ネットワーク部は8ビットしかありません。クラスAで使用するIPアドレスの範囲0.0.0.0 ～ 127.255.255.255で考えると、ネットワーク部となる先頭の8ビットは、0 ～ 127のバリエーションしかないため、クラスAのネットワークは128しか設けられないことになります。

同様に、クラスBではIPアドレスに128.0.0.0～191.255.255.255の範囲を使い、ネットワーク部が16ビットなので、128.0～191.255（128.0、128.1、128.2…128.255、129.0、129.1…191.254、191.255と変化）を使って16,384のネットワークを設けられることになります。またクラスCではIPアドレスに192.0.0.0～223.255.255.255の範囲を使い、ネットワーク部が24ビットなので、192.0.0～223.255.255（192.0.0、192.0.1、192.0.2…192.0.255、192.1.0、192.1.1…192.255.255、193.0.0、193.0.1…223.255.254、223.255.255と変化）を使って2,097,152ものネットワークを設けられることになります。

ネットマスクとネットワークアドレス

IPアドレスでのネットワーク部とホスト部の区切りがどこにあるかを表す情報をネットマスクと呼びます。**ネットマスクは32ビットの値で、ネットワーク部に当たる部分のビットを1、ホスト部を0にしたものです。**ネットマスクの表記は、IPアドレスと同じように0～255の数をピリオド（.）で区切って4つ並べた形式がよく使われます。

このネットマスクとIPアドレスのAND演算をすると、ネットマスクでビットが1になっている位置のIPアドレスのビット（＝ネットワーク部）を取り出すことができます。また、ネットマスクでビットが0になっている位置のIPアドレスのビット（＝ホスト部）はすべて0になります（**図2-11**）。

前に触れましたが、IPアドレスのホスト部をすべて0にしたものは、そのIPアドレスが属するネットワークのアドレスを表します。これを**ネットワークアドレス**と呼びます。上記の演算を行うと、そのネットワークアドレスを取り出すこと

図2-11 ネットマスクとネットワークアドレスの関係

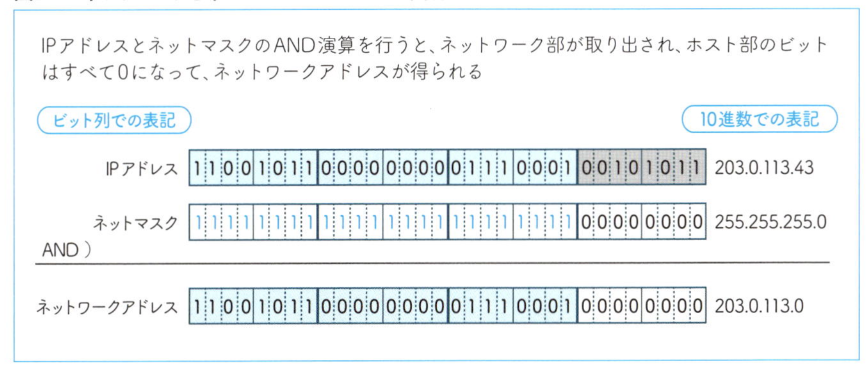

ができます。ネットワークアドレスは、ルーティングテーブルで宛先ネットワークを指定するときなどに使用します。

なお、これとは逆に、**ホスト部をすべて1にしたアドレスをブロードキャストアドレスと呼びます。**ブロードキャストアドレスは、あるネットワークに所属するすべての端末や機器に向けて一斉に送信するブロードキャストを行うときの宛先として指定します。

IPアドレスを有効活用するサブネット

クラスA～Cの考え方は理路整然としていますが、現実のシーンに適用するには柔軟性が少し足りません。例えば、クラスCのアドレスは254台のコンピュータを接続できますが、実際に接続するものが20台しかなければ、かなりの部分が使われずに空いたままになってしまいます。そこで考え出されたのが、クラスA～Cでいうところの1つのネットワークの中に、さらに小さなネットワークを作り出す「**サブネット**」のアイディアです。

サブネット化の具体例を示します。いま、ネットワークアドレスが192.168.1.0で、IPアドレスに192.168.1.0～192.168.1.255を使い、計254台（ホスト部オール0とオール1を除外するため2つ減る、以下同様）のコンピュータを接続できるネットワークがあるとします。クラスCのネットワークなので、ネットワーク部は24ビット（8ビット×3）の長さがあり、したがってネットマスクは255.255.255.0になります。

例えば、これを4つのサブネットに分割すると、ネットワークアドレスが192.168.1.0で192.168.1.0～192.168.1.63を使うサブネット1、ネットワークアドレスが192.168.1.64で192.168.1.64～192.168.1.127を使うサブネット2、ネットワークアドレスが192.168.1.128で192.168.1.128～192.168.1.191を使うサブネット3、ネットワークアドレスが192.168.1.192で192.168.1.192～192.168.1.255を使うサブネット4を作ることができます。**図2-12**には、そのうちのサブネット1と2を使ってネットワークを作る例を示しました。

サブネット化の本質は、ビット列で表したときのネットワーク部の変化を見ると理解できます。注目すべき点はネットワーク部の長さです。この例では、サブネット化するために、24ビットあったネットワーク部を26ビットにのばし、その分、ホスト部を6ビットに縮めました（**図2-13**）。つまり、**サブネット化とは、IPアドレスの中のホスト部の一部をネットワーク部として利用すること**なのです。また、これに伴いネットマスクの値も255.255.255.0（11111111

図2-12 サブネット化のイメージ

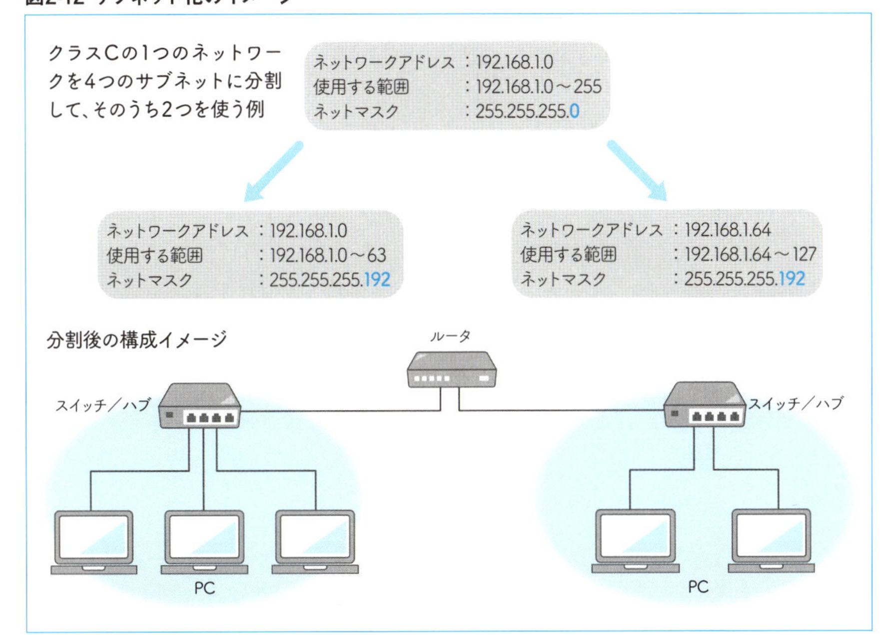

図2-13 サブネット化によるIPアドレスの変化

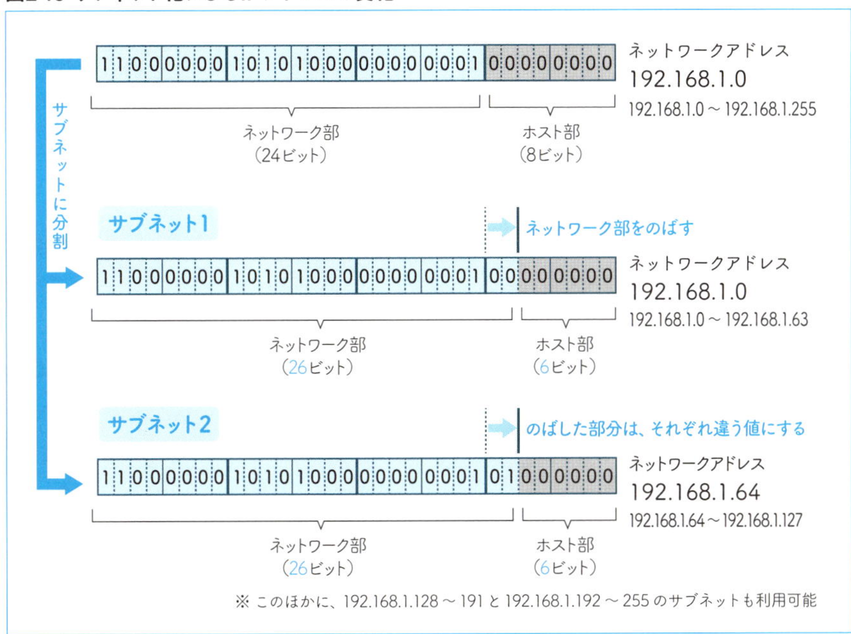

11111111 11111111 00000000）から255.255.255.192（11111111 11111111 11111111 11000000）に変わります。

この例の場合、ネットワーク部としてのびた2ビットは、00、01、10、11の4パターンを取り得るので、こののびた2ビット分のパターンの違いで4つのネットワークを作り出せるわけです。ただし、その分、ホスト部が短くなっていますので、各ネットワークに接続できるコンピュータの台数は少なくなります。この例ではホスト部が6ビットなので64種類の値を表すことができ、すべてのビットが0の場合と1の場合は除外するため、各ネットワークには62台までコンピュータを接続できることになります。

なお、この例ではネットワーク部を2ビットのばしましたが、のばす長さは何ビットでも構いません。ただし、ネットワーク部をのばすほどホスト部が短くなるので、1つのネットワークに接続できるコンピュータの台数は少なくなります。

ちなみに、この例では各サブネットで同じ長さのサブネットマスクを使いましたが、サブネットごとにサブネットマスクの長さを変えることもできます。この技術を**可変長サブネットマスク（VLSM：Variable Length Subnet Masking）**と呼びます。可変長サブネットマスクを使うと、サブネット分割が柔軟に行えるようになります。例えば、64個（オール0とオール1を含む、以下同じ）のアドレスを持つネットワーク4つに分割する以外に、64個のアドレスを持つネットワーク2つと128個のアドレスを持つネットワーク1つへの分割などが可能になります。

CIDR

CIDR（サイダー）（Classless Inter-Domain Routing）は、可変長サブネットマスクに基づく技術で、機能も可変長サブネットマスクとよく似ていますが、もともとは別の目的から生まれた技術です。

図2-14のようなネットワークがあるとき、ルータBは、ルータAの先にある4つのネットワークに関する転送ルールを持っています。これを1つのルールにまとめられるようにしようというのがCIDRです。具体的には左から22ビットめまでをネットワーク部とみなしてやります。4つのネットワークは22ビットまでビットの値が共通しているので、1つのルールで4つのネットワーク分のルールをまとめて書くことができるわけです。

なお、可変長サブネットマスクやCIDRに関する表記では、**IPアドレスとサブネットマスクを同時に書き表す「CIDR表記」**が多用されます（**図2-15**）。

図2-14 CIDRの考え方

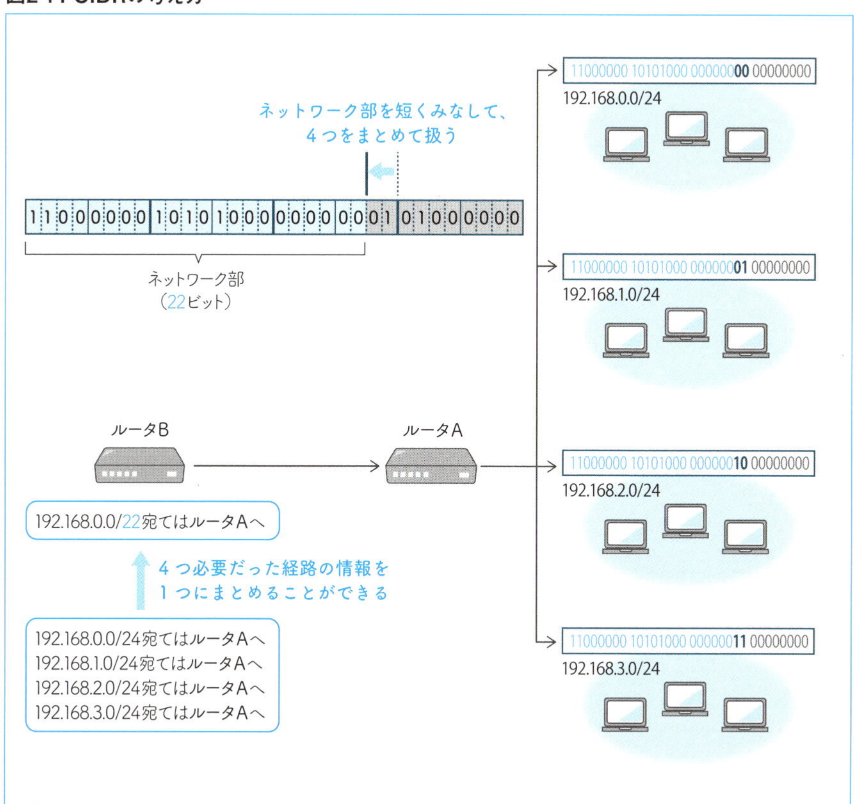

図2-15 IPアドレスとサブネットマスクをまとめて表せるCIDR表記

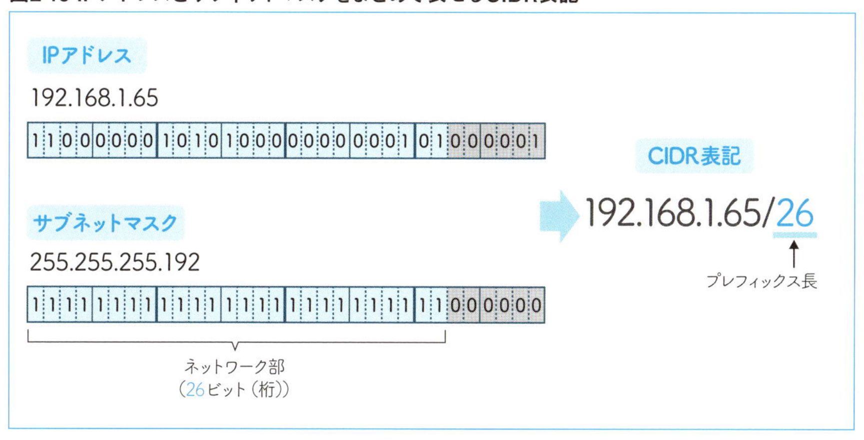

グローバルIPアドレスとプライベートIPアドレス

IPアドレスには、インターネットで唯一となるよう一貫したルールにより割り当てられる**グローバルIPアドレス**のほかに、家庭や組織の中で自由に使ってよい**プライベートIPアドレス**というものがあります。具体的には、**図2-16**の範囲のIPアドレスがプライベートIPアドレスに決められています。プライベートIPアドレスを使うコンピュータがインターネットにアクセスするときには、NAT/NAPT（4章06参照）によるグローバルIPアドレスへの変換が行われます。

このような面倒な手続きを経るのは、IPv4のアドレス数が約43億（2の32乗）しかなく、すべての端末にグローバルIPアドレスを割り当てるには足りないことが、その理由です。NAT/NAPTによってグローバルIPアドレスを共有することで、現状、なんとかやりくりしています。ちなみに、新しいIPプロトコルであるIPv6は、IPアドレスとして約340澗（2の128乗）の空間があることから、枯渇の心配はないとされています。

図2-16 プライベートIPアドレスの範囲

クラスA	10.0.0.0 ～ 10.255.255.255
クラスB	172.16.0.0 ～ 172.31.255.255
クラスC	192.168.0.0 ～ 192.168.255.255

COLUMN　意味が広がる「サブネットマスク」と「CIDR」

サブネット化したときのネットマスクは、厳密にはサブネットマスクと呼ばれます。しかし、サブネット化はごく当たり前に行われているため、多くの場合、「ネットマスク」と「サブネットマスク」の２つの言葉は区別なく使われます。

また、ネットワーク部の長さを短くみなすことで、複数ネットワークに対する転送ルールをまとめるのが本来のCIDRですが、今日では、IPアドレスのクラスに縛られずネットワーク部の長さを自由に設定することを全般的にCIDRと呼ぶようになっています。

CHAPTER2
How TCP/IP Protocol Works

ポート番号

ポート番号の機能

トランスポート層において通信相手が持つ機能のどれと接続するかを特定する識別子が**ポート番号**です。IPアドレスでは通信相手となる別のネットワークのコンピュータを特定することができます。しかし、コンピュータでは通常、多くのプログラム（機能）が動作していて、IPアドレスを指定するだけでは、どのプログラムと接続するかを区別できません。そこで、コンピュータ上の、どのプログラムと接続するかを指定するためにポート番号が用いられます（**図2-17**）。

TCP/IPを用いて接続待ちをするプログラム（Webサーバやメールサーバなどのサーバプログラムはこの形態が一般的）は、特定のポート番号に対する接続に限り受け付けるように作られます。そして、そこに接続しようとするプログラムは、相手コンピュータのIPアドレスのほかにポート番号も指定して接続し、相手コンピュータの中の指定ポート番号で待ち受けしているプログラムと通信を始めます。

図2-17 宛先ポート番号により同一コンピュータ内のサービスを区別する

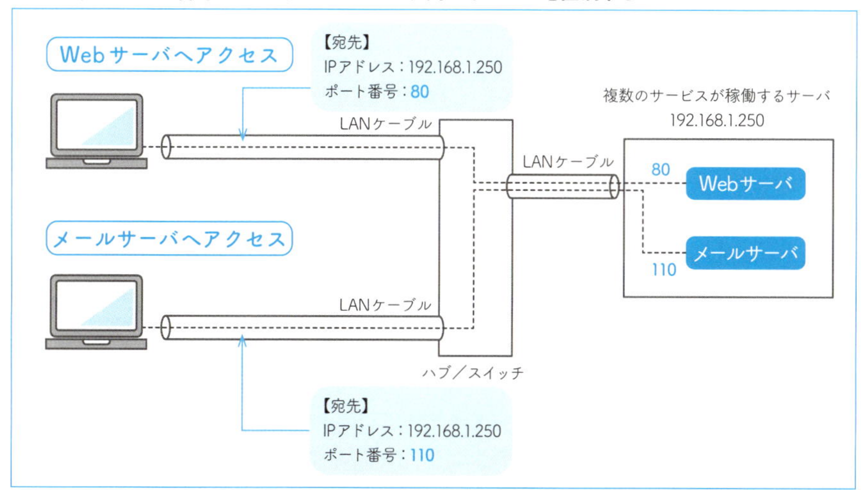

この待ち受けポートを、プログラム（サービス）の種類によって違うものにしてやることで、**図2-17**のようなポート番号によるサービスの使い分けが実現します。

ポート番号の構造と割り当て

IPアドレスとは違い、ポート番号は0～65535の単純な1つの数で表されます。この範囲のうち、**0～1023は「ウェルノウンポート」**と呼ばれていて、代表的なサービスごとに使用するポート番号が決められています。**1024～49151は「登録済みポート」**と呼ばれていて、こちらも利便性の観点からサービスとポート番号の対応が決められています。そして49152～65535はサービスとの対応が決められていない領域で、目的を問わず自由に使うことができます。

ポート番号とサービスの対応付けは、インターネットに関する各種番号の割り当てを管理する**IANA（Internet Assigned Numbers Authorty）**が行っていて、ポート番号については、Service Name and Transport Protocol Port Number Registry（https://www.iana.org/assignments/service-names-port-numbers）として公開されています。**表2-3**に、よく使われるウェルノウンポートを示します。

IANAが定めるこの割り当てを無視してポート番号を使うこともできますが、大部分のプログラムはこれを想定して通信をするため、混乱を招かないためにも、

表2-3 よく使われるウェルノウンポート

ポート番号	プロトコル名	トランスポートプロトコル	機能
80	HTTP	TCP	Webへのアクセス
110	POP3	TCP	メールボックスの読み出し
143	IMAP4	TCP	メールボックスへのアクセス
25	SMTP	TCP	サーバ間のメール転送
587	SMTP Submission	TCP	PCからメールサーバへのメール送信
443	HTTPS	TCP	暗号化されたHTTP
995	POP3s	TCP	暗号化されたPOP3
993	IMAP4s	TCP	暗号化されたIMAP4
465	Submissions	TCP	暗号化されたSMTP Submission
20	FTP Data	TCP	ファイル転送（データ転送用）
21	FTP	TCP	ファイル転送（制御用）
22	SSH	TCP	暗号化されたコンピュータのコンソールへのアクセス
23	TELNET	TCP	コンピュータのコンソールへのアクセス
53	DOMAIN	TCP/UDP	DNSへの問い合わせやDNSサーバ間の情報転送

※Service Name and Transport Protocol Port Number Registry（https://www.iana.org/assignments/service-names-port-numbers）より抜粋して整理

特別な理由がない限り、この割り当てに合致するようポートを使い分けます。

なお、**ポート番号はトランスポート層にあたるTCPまたはUDPが提供する機能です。** そのためポート番号の情報は、TCPパケットやUDPパケットに用意されているポート番号のフィールド（送信元、宛先）に格納され、相手に送られます。

TCPでのポート番号の取り扱い

TCPでの通信はコネクション指向型で行われるため、通信を始めるときに相手へと接続し、その接続を利用して通信を行い、すべての通信を終えたらその接続を閉じる、という段階を経ます。このうち、通信を始めるときの接続においては、相手のIPアドレスのほかに、相手のサービスを特定するポート番号を指定します。その際、指定したIPアドレスを持つコンピュータが、指定したポート番号の接続を待ち受けしていれば、その接続は成立して、それ以降の通信が可能になります。

この接続を行うとき、接続を始める側のコンピュータもまた、ポート番号を1つ使用しています。この自分のポート番号は、相手が情報を送り返すときに指定するポート番号として使われます。また、**図2-18**のように、あるコンピュータから、別のコンピュータ内の同じサービスに向けて複数の接続をしているとき、各々の接続を識別するためにも使われます。以上をまとめると、TCPの1つの接続には、相手のIPアドレス、相手のポート、自分のIPアドレス、自分のポートという4つの情報が存在し、この4つの情報の組によって、それぞれの接続を識別できるといえます*1。

図2-18 TCPでは自分のポート番号を基に複数の接続を区別できる

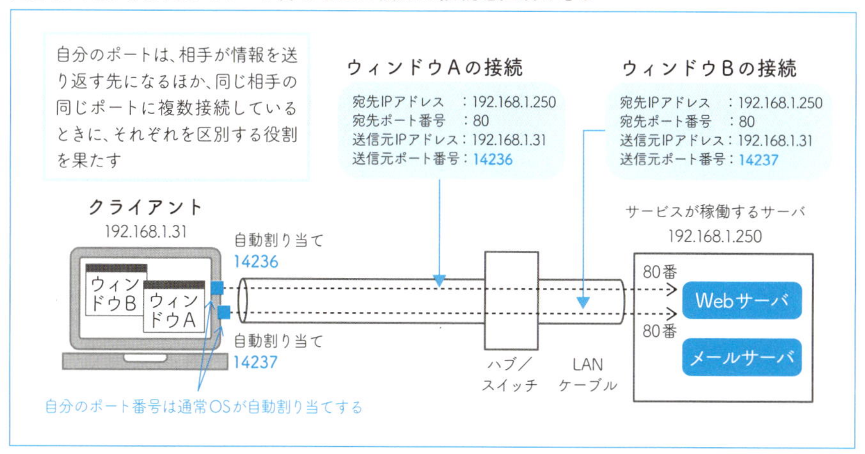

*1 ―自分が使用するポート番号は、OSにもよりますが、49152～65535の範囲の中から自動的に割り当てられるのが一般的です。

UDPでのポート番号の取り扱い

UDPでの通信はコネクションレス型であることから、通信に先立っての接続は行わず、ただちに相手に対して情報を送ります。そのため接続という概念はありません。UDPにおいてもTCPと同様に、通信の際には、相手のIPアドレス、相手のポート番号、自分のIPアドレス、自分のポート番号の4つの情報を使います。ただし、接続の概念がないことから、自分のポート番号には接続を識別するといった役割はなく、相手が返信を送り返す先のポートしての意味だけを持ちます。

ほかのコンピュータとの接続状態を確認する

Windows、macOS、Linuxなどでは、コンピュータ間の接続状態をコマンドで確認することができます。コマンドプロンプトやターミナルなどを開き、**図2-19**のコマンドを入力すると、図のような表示が得られます。この各行がTCPでの1つの接続を表していて、それぞれの接続について、自分のIPアドレスとポート、相手のIPアドレスとポート、接続状態などを確認できます。なお、OSによってコマンドオプションや細かい表示内容は異なります。

図2-19 TCPの接続状態を確認する

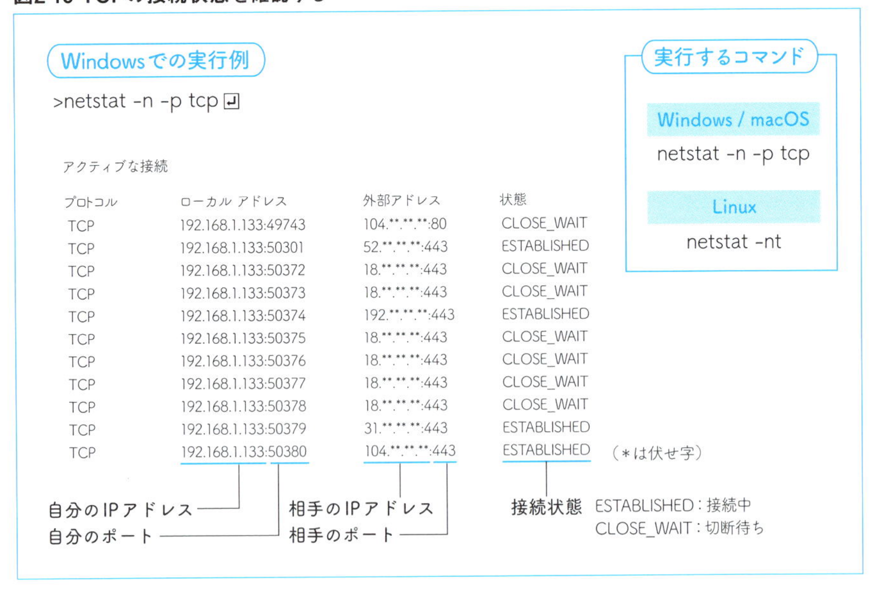

CHAPTER2
How TCP/IP Protocol Works

07 IPパケットのフォーマット

IPパケットの構造

IPでのデータのやりとりは、**パケット**を単位として行います。もしパケットより大きなデータを送る必要がある場合には、データをパケットに入るよう分割し、それをパケットのデータ部に格納して送ります。

IPv4のパケットの構造を**図2-20**に示します。この図は横幅を32ビット（8ビット×4）としていて、横1列の箱が32ビットのデータを表します。ネットワークへの送信やネットワークからの受信は、左上のバイトから順に行われます。

図2-20 IPパケットの構造

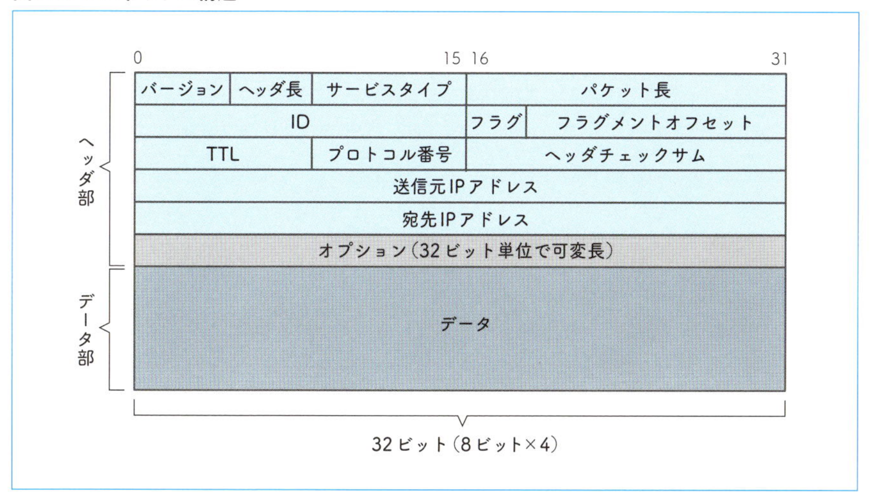

フィールド構成とその意味

パケットは、大きく**ヘッダ部**と**データ部**に分かれます。ヘッダ部には**パケットの転送に必要な様々な情報**が入っていて、必ず設けられる固定長の各種フィールドが20バイト分あり、また、32ビット単位の可変長のオプションフィールドが必要に応じて設けられます。またデータ部には、**そのパケットで実際に転送するデータ**が入ります。この部分にTCPやUDPなど上位プロトコルのパケットが入ります。**IPパケットの全体サイズは、仕様上、64キロバイトが上限です。**

ヘッダ部の各フィールドは**表2-4**のような意味を持ちます。

表2-4 IPパケットのフィールドの意味

名称	長さ（ビット）	内容
バージョン	4	IPのバージョン。IPv4なら4が入る
ヘッダ長	4	ヘッダ部分のサイズを表す値で、バイト数を4で割った値を入れる
サービスタイプ	8	優先度や品質制御情報などを指定する
パケット長	16	IPパケットの全体サイズをバイト数で表す
ID	16	フラグメントがもともとは同一パケットであることを示す値
フラグ	3	フラグメントに関するフラグ（2つ）（**図2-21**参照）
フラグメントオフセット	13	フラグメントの元位置を表す値で、バイト位置を8で割った値を入れる
TTL	8	生存時間を表す値で、ルータを経るたびに-1され、0になると破棄
プロトコル番号	8	データ部に格納したデータで使われているプロトコルを表す番号（**表2-5**参照）
ヘッダチェックサム	16	ヘッダ部分を検査するためのチェックサム値
送信元IPアドレス	32	送信元のIPアドレス
宛先IPアドレス	32	宛先のIPアドレス
オプション	可変長	オプションの指定
データ	可変長	やりとりするデータ。TCPなど上位プロトコルのパケットが入る

IP フラグメンテーション*1 を行ったときに意味を持つフィールド（ID、フラグ、フラグメントオフセット）

図2-21 「フラグ」フィールドの構成と意味

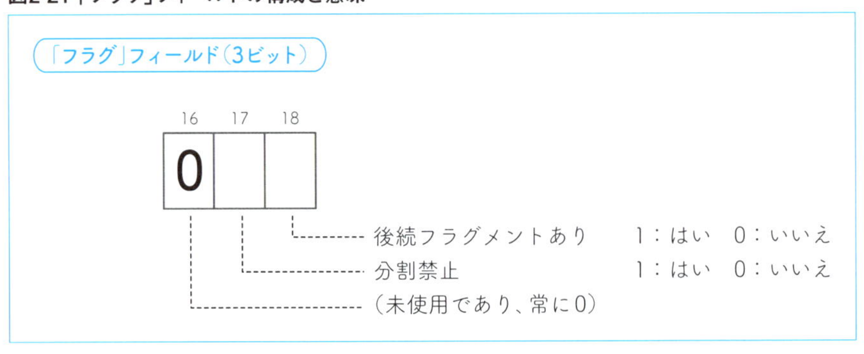

＊**1** — IP フラグメンテーションについては、2 章 13 を参照してください。

表2-5 プロトコル番号の一例

番号	略称	プロトコル名
1	ICMP	Internet Control Message
4	IPv4	IPv4 encapsulation（カプセル化によりIPv4にIPv4を乗せる）
6	TCP	Transmission Control
17	UDP	User Datagram
41	IPv6	IPv6 encapsulation（カプセル化によりIPv4にIPv6を乗せる）
47	GRE	Generic Routing Encapsulation
50	ESP	Encap Security Payload
51	AH	Authentication Header

https://www.iana.org/assignments/protocol-numbers/ から抜粋

実際のIPパケットを分析してみる

実際にネットワーク上でやりとりされているIPパケットを捕らえて、ヘッダがどのようになっているか分析してみます（**図2-22**）。

「A. Wiresharkのキャプチャ結果のうちIPパケットの部分」では、上から、(1) 通信でやりとりされたパケットをリスト表示したもの、(2) パケットの各フィールド値を文字で表したもの、(3) パケットの生データをそのまま表示したもの、が並んでいます。

このうち (3) から、あるIPパケットのヘッダを取り出し、それぞれの値をIPパケットの構造に当てはめたものが「B. IPパケットへの対応」です。それぞれフィールドの長さに合わせて値を当てはめています。「フラグ」フィールドは3ビットしかないため、該当する部分の16進数値の40（0100 0000）から上位3ビット（010）を取り出し、その10進数値の2としています。

そして、この値をヘッダフィールドに対応させたのが「C. 各ヘッダフィールド値の意味」です。この表から、このIPパケットのヘッダが意味する内容がわかります。このパケットは、ヘッダ部分だけで20バイト、全体で470バイトあり、分割はされておらず、送信元IPアドレスは192.168.1.133で、宛先IPアドレスは18.182.225.171で、データ部には上位プロトコルであるTCPのパケットが格納されている、ということが読み取れます。ここではデータ部の内容は分析しませんが、その内容を分析することでTCPがどのようなやりとりをしているかも把握できます。Wireshark画面の (2) にはフィールド名と値の対応が文字で表示されているので、慣れてくればそれを見るだけでもパケットの概要を理解できるでしょう。

＊**2**—IPパケットを捕捉するには、PCにパケットキャプチャソフトをインストールして利用します。各種あるパケットキャプチャソフトのうち、本書では高機能で無料のWiresharkを利用します。Wiresharkのインストール方法は章末のコラムを参照。

図2-22 Wiresharkのキャプチャ結果を分析する

A. Wiresharkのキャプチャ結果のうちIPパケットの部分

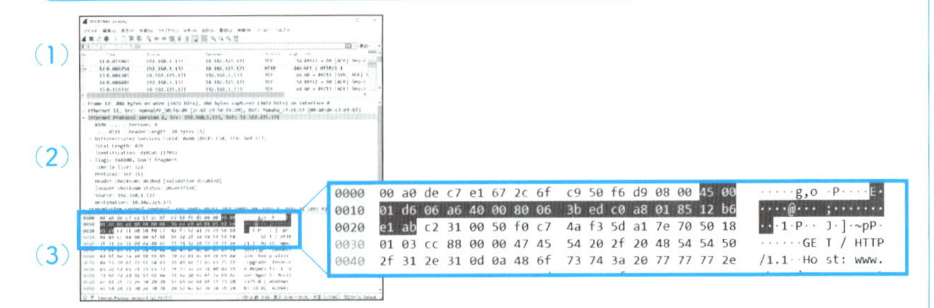

B. IPパケットへの対応

キャプチャの反転表示部分をビット長に合わせて左上から順にパケットフォーマットに当てはめたもの

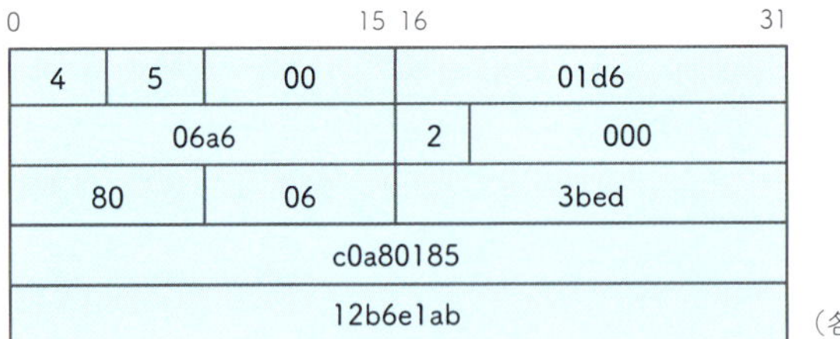

（各値は16進数）

※「フラグ」フィールドは3ビット長であるため、該当する部分のバイト値である40（0100 0000）から上位3ビットを取り出した値の2（010）を記入している

C. 各ヘッダフィールド値の意味

名称	長さ（ビット）	値（16進数）	意味
バージョン	4	4	IPv4
ヘッダ長	4	5	20バイト
サービスタイプ	8	0	指定なし
データグラム長	16	01d6	470バイト
ID	16	06a6	1702
フラグ	3	2	分割禁止
フラグメントオフセット	13	0	0
TTL	8	80	128
プロトコル番号	8	6	TCP
ヘッダチェックサム	16	3bed	15341
送信元IPアドレス	32	c0a80185	192.168.1.133
宛先IPアドレス	32	12b6e1ab	18.182.225.171
オプション	可変長	なし	なし

CHAPTER2
How TCP/IP Protocol Works

TCPパケットのフォーマット

TCPパケットの構造

TCPパケットはIPパケットのデータ部に格納して転送されます。そしてIPの機能によって、宛先のコンピュータまで送り届けられます。このときIPは、送ろうとするパケットのサイズとMTUから、必要があればパケットの分割（フラグメンテーション）を行いますが、これはIPの責任の範囲で行うものであり、TCPはそれには関知しません。

図2-23にTCPパケットの構造を示します。横幅を32ビット（8ビット×4）で描いたもので、横1列で32ビットのデータを表します。この列が上から下へと続きます。またネットワークへの送受信は、左上のバイトから順に行われます。

図2-23 TCPパケットの構造

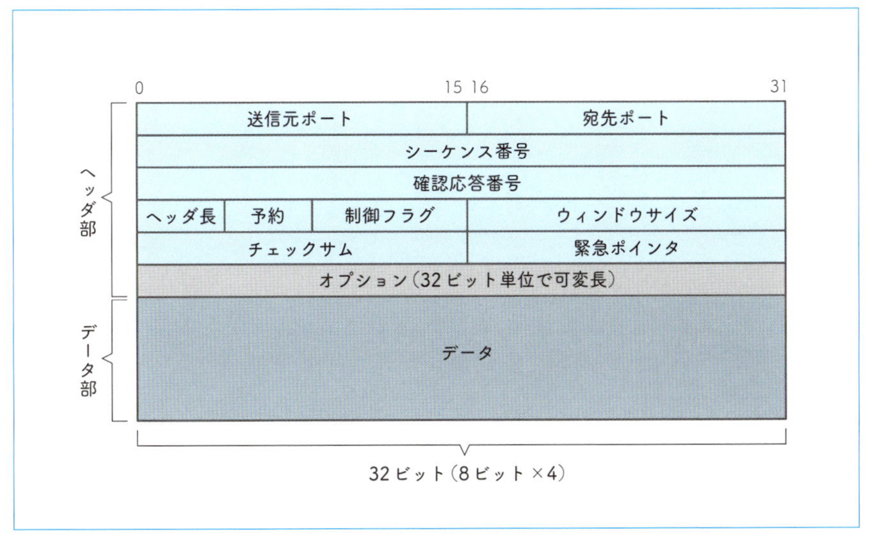

フィールド構成とその意味

TCPパケットの各フィールドは**表2-6**のようなはたらきをします。

表2-6 TCPパケットのフィールドの意味

名称	長さ(ビット)	内容
送信元ポート	16	送信元のポート番号。必ず指定する
宛先ポート	16	宛先のポート番号。必ず指定する
シーケンス番号	32	送信側が管理するシーケンス番号。初期値は0とは限らずランダムな値
確認応答番号	32	受信側が管理する確認応答番号
ヘッダ長	4	ヘッダ部分のバイト数を4で割った値
制御フラグ	8	各種の制御フラグ(**図2-24**を参照)。ビットが1になるとオンを意味する
ウィンドウサイズ	16	受信可能なデータサイズ
チェックサム	16	パケットを検査するためのチェックサム値
緊急ポインタ	16	緊急データのバイト数(URGフラグがオンのとき)
オプション	可変長	各種のオプションの指定(**表2-7**を参照)。32ビット単位に調整
データ	可変長	やりとりするデータ

※チェックサム値は、TCP疑似ヘッダ(検査にのみ使用するIPヘッダに似た疑似データ)とTCPヘッダ部とTCPデータ部を対象に1の補数の和を求め、その1の補数を取ったもの。算出時のチェックサムフィールドは0とみなす

図2-24 制御フラグの構造と意味

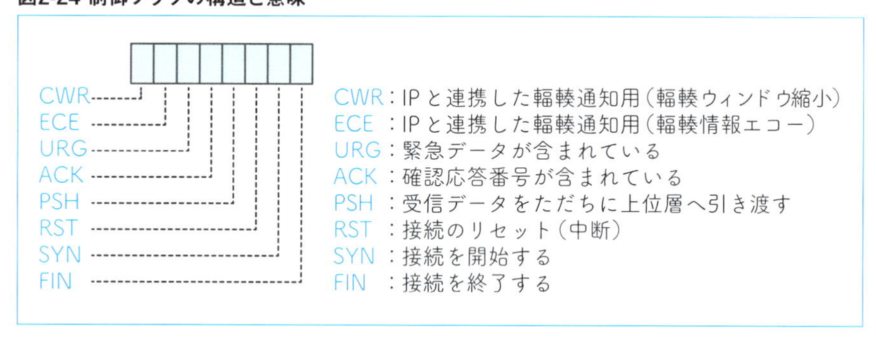
CWR
ECE
URG
ACK
PSH
RST
SYN
FIN
CWR：IPと連携した輻輳通知用(輻輳ウィンドウ縮小)
ECE：IPと連携した輻輳通知用(輻輳情報エコー)
URG：緊急データが含まれている
ACK：確認応答番号が含まれている
PSH：受信データをただちに上位層へ引き渡す
RST：接続のリセット(中断)
SYN：接続を開始する
FIN：接続を終了する

表2-7 主なオプション

番号	名称	内容
1	No-Operation	何もしない(オプションのサイズ調整用)
2	Maximum Segment Size	受信可能なMSSの通知
3	Window Scale	ウィンドウサイズに適用する倍数を通知
4	SACK Permitted	選択的確認応答の許可
5	SACK	選択的確認応答
8	Time Stamp Option	タイムスタンプ情報

TCP疑似ヘッダ

図2-25にIPv4での**TCP疑似ヘッダ**の構成を示します。チェックサム値の計算をするときは、このヘッダがTCPパケットの前に付加されているとみなし、このヘッダを含めた全体に対するチェックサムを算出します。**図2-26**はIPv6を使用するときのTCP疑似ヘッダです。このような疑似ヘッダを使用して、送信元や宛先IPアドレスなどを含めて正しいかどうか検査します（2章09のUDP擬似ヘッダも参照）。

図2-25 TCP疑似ヘッダの構造（IPv4）

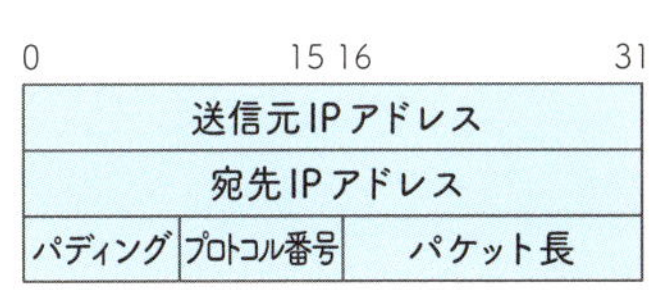

フィールドの意味

名称	長さ（ビット）	内容
送信元IPアドレス	32	送信元のIPアドレス
宛先IPアドレス	32	宛先のIPアドレス
パディング	8	常に0
プロトコル番号	8	常にTCPを表す6
パケット長	16	TCPパケット全体のバイト数（疑似ヘッダは含まない）

図2-26 TCP疑似ヘッダの構造（IPv6）

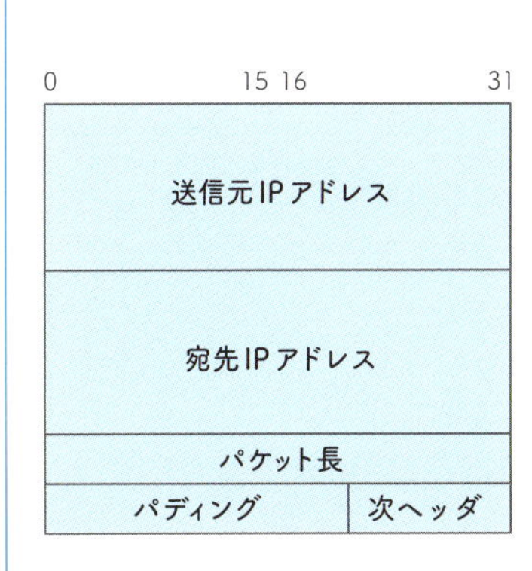

フィールドの意味

名称	長さ（ビット）	内容
送信元IPアドレス	128	送信元のIPアドレス
宛先IPアドレス	128	宛先のIPアドレス
パケット長	32	TCPパケット全体のバイト数（疑似ヘッダは含まない）
パディング	24	常に0
次ヘッダ	8	常にTCPを表す6

※次ヘッダの意味については2章16参照

実際のTCPパケットを分析してみる

実際にやりとりしているTCPパケットを分析してみます（**図2-27**）[*1]。

「A. Wiresharkのキャプチャ結果のうちTCPパケットの部分」画面の（3）から、TCPパケットのヘッダに該当する部分のダンプ（数値として表示されるデータ）を取り出し、それをTCPパケットの構造に当てはめて「B. TCPパケットへの対

＊**1**—TCPパケットの分析には、パケットキャプチャソフトのWiresharkを使います。Wiresharkのインストール方法は章末のコラムを参照。

応」としました。また、その各フィールド値の意味を分析して「C. 各ヘッダフィールド値の意味」としました。

このTCPパケットでは、送信元ポート49713番から宛先ポート80番（HTTP）に、「データ」フィールドに含まれるGETリクエストを送信していることが見て取れます。このパケットは通信を始めて間もないときのものですが、「シーケンス番号」や「応答確認番号」はすでに大きな値でランダムに決められたことがうかがえます。「制御フラグ」はPSHとACKがオンになっています。また「ウィンドウサイズ」は259であることを通知しています。「緊急ポインタ」はURGフラグがオフのため無効です。また「オプション」はありません。

図2-27 Wiresharkのキャプチャ結果を分析する

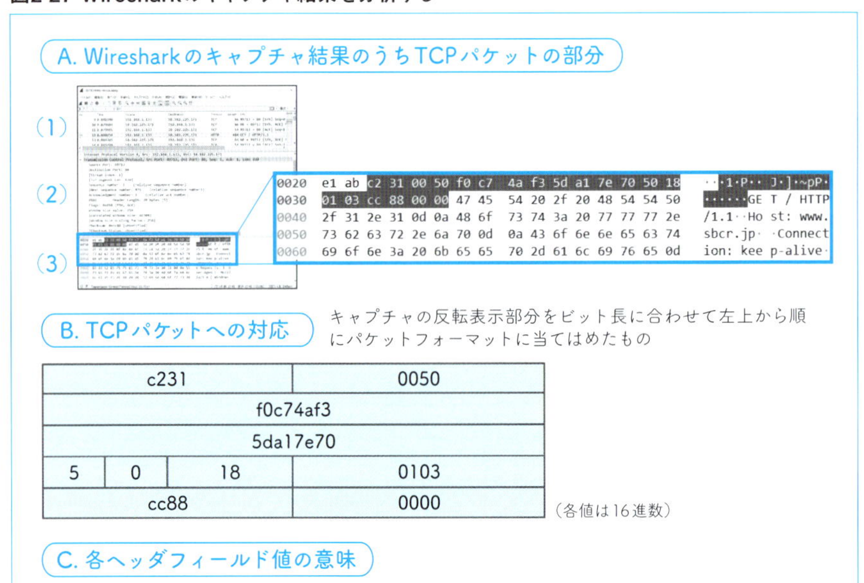

C. 各ヘッダフィールド値の意味

名称	長さ（ビット）	値（16進数）	意味
送信元ポート	16	c231	49713番ポート
宛先ポート	16	50	80番ポート
シーケンス番号	32	f0c74af3	4039592691
確認応答番号	32	5da17e70	1570864752
ヘッダ長	4	5	20バイト
制御フラグ	8	18	PSH=1、ACK=1
ウィンドウサイズ	16	103	259
チェックサム	16	cc88	52360
緊急ポインタ	16	0000	（URGフラグオフのため無効）
オプション	可変長	0	（なし）

CHAPTER2
How TCP/IP Protocol Works

UDPパケットのフォーマット

UDPパケットの構造

UDPパケットはIPパケットのデータ部に格納して転送されます。UDPパケットをデータ部に入れて組み立てたIPパケットがMTUを超える場合、IPのはたらきによって分割（フラグメンテーション）されることになりますが、分割するかどうかはIPの守備範囲であり、UDPではそれは意識しません。

UDPパケットの構造を**図2-28**に示します。これまでの図と同様に横幅を32ビット（8ビット×4）とし、横1列の箱が32ビットのデータを表します。ネットワークへの送信やネットワークからの受信は、左上のバイトから順に行われます。

図2-28 UDPパケットの構造

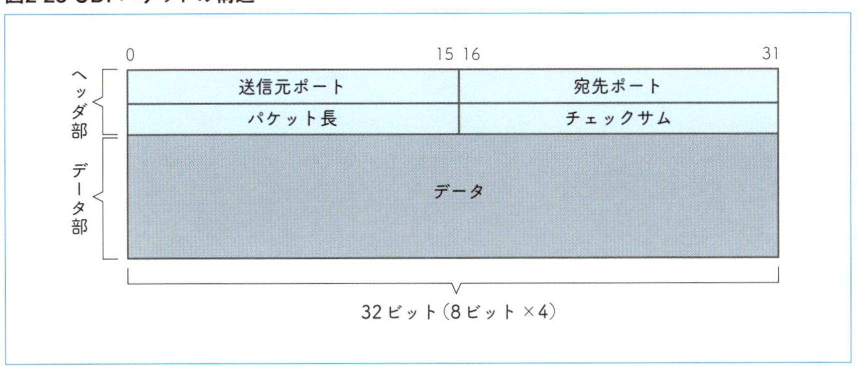

フィールド構成とその意味

UDPパケットの構造は、とてもシンプルです（**表2-8**）。

「送信元ポート」は、応答として返信されるパケットが不要な場合は値を0にすることができます。

「チェックサム」はパケットを検査するための値で、対象範囲について1の補数の和を求めてその1の補数を取った値をセットします。チェックサムの計算では、UDPパケットのヘッダ部とデータ部の前に、**UDP疑似ヘッダ**と呼ばれるデータがあるものとして、これを含めてチェックサムを計算します。その際、チェックサムフィールドは0が入っているものとみなして計算します。なお、IPv4では、このフィールドの値を0にセットすると受信時のチェックサムの検査が省略されますが、推奨はされていません（**図2-29**）。

表2-8 UDPパケットのフィールドの意味

名称	長さ（ビット）	内容
送信元ポート	16	送信元のポート番号
宛先ポート	16	宛先のポート番号
パケット長	16	UDPパケット全体のバイト数。UDP疑似ヘッダは含まない
チェックサム	16	パケットを検査するためのチェックサム値（**図2-29**を参照）
データ	可変長	やりとりするデータ

図2-29 チェックサムはUDP疑似ヘッダを加えた全体を対象に算出

チェックサムは、UDP疑似ヘッダ（検査にのみ使用するIPヘッダに似た疑似データ）とUDPヘッダ部とUDPデータ部を対象に1の補数の和を求め、その1の補数を取ったもの。算出時のチェックサムフィールドは0とみなす

UDP疑似ヘッダとは

IPv4でのUDP疑似ヘッダは**図2-30**のような構成をしています。チェックサム値の計算をするときに、UDPパケットの前にこれが付加されているとみなして、これを含めて全体のチェックサムを算出します。IPv6を使う場合のUDP疑似ヘッダは**図2-31**のようになります。

実は、UDP疑似ヘッダに用意されているフィールドはIPパケットに含まれているフィールドです。UDPパケットには、送信元IPアドレスや宛先IPアドレス、プロトコル番号などのフィールドがありません。なぜなら、指定されたIPアドレスまでパケットを運ぶのはIPの役割だからです（**図2-32**）。しかしUDPは、これらを含めてチェックサムを作っていて、こうすることによって、送信元や宛先のIPアドレスなどを含めて正しいかどうかの検査を行っています。なお、これらの値はIPから情報を得てセットされます。

図2-30 UDP疑似ヘッダの構造(IPv4)

0	15	16	31
送信元IPアドレス			
宛先IPアドレス			
パディング	プロトコル番号	パケット長	

フィールドの意味

名称	長さ(ビット)	内容
送信元IPアドレス	32	送信元のIPアドレス
宛先IPアドレス	32	宛先のIPアドレス
パディング	8	常に0
プロトコル番号	8	常にUDPを表す17
パケット長	16	UDPパケット全体のバイト数(疑似ヘッダは含まない)

図2-31 UDP疑似ヘッダの構造(IPv6)

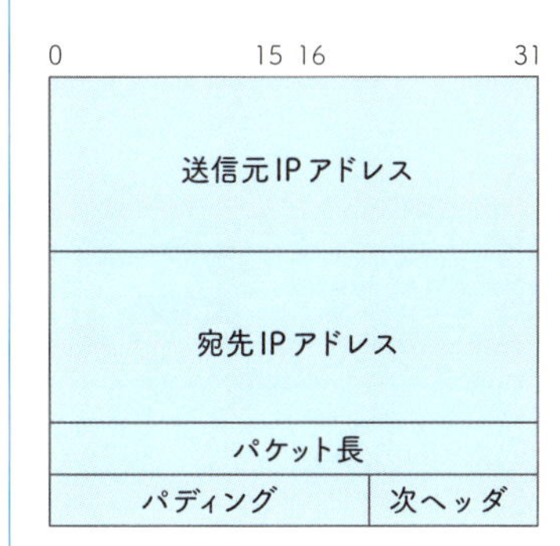

フィールドの意味

名称	長さ(ビット)	内容
送信元IPアドレス	128	送信元のIPアドレス
宛先IPアドレス	128	宛先のIPアドレス
パケット長	32	UDPパケット全体のバイト数(疑似ヘッダは含まない)
パディング	24	常に0
次ヘッダ	8	常にUDPを表す17

※次ヘッダの意味については2章16参照

図2-32 UDPパケットはIPパケットのデータ部に格納して転送される

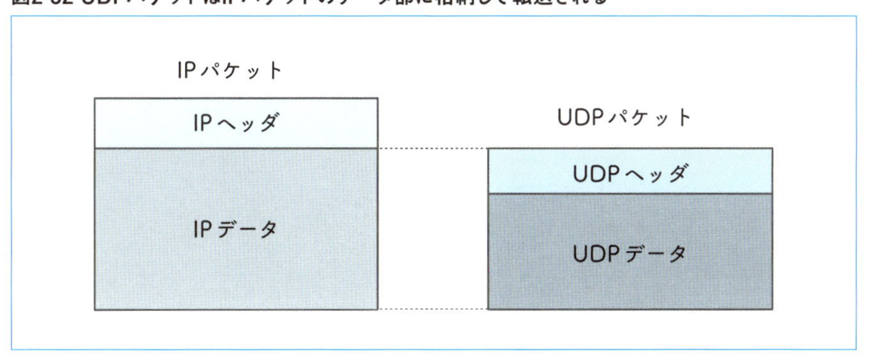

実際のUDPパケットを分析してみる

実際にやりとりしているUDPパケットを分析してみます（**図2-33**）*1。

「A. Wiresharkのキャプチャ結果のうちUDPパケットの部分」画面の（3）に表示される通信内容からUDPパケットのヘッダに該当する部分を取り出し、それをUDPパケットの構造に当てはめて「B. UDPパケットへの対応」を作成して、その各フィールド値の意味を「C. 各ヘッダフィールド値の意味」に示しました。

このUDPパケットでは、送信元ポート59517番から宛先ポート53番（DNS）に、「データ」フィールドに含まれる29バイト（パケット全体37バイト－ヘッダ8バイト）のデータを送信しています。この「データ」フィールドには、DNSのプロトコルに沿ってwww.sbcr.jpのIPアドレスを問い合わせる内容が入っていて、それが宛先コンピュータで53番ポートを使うプログラム（DNSサーバ）に引き渡されます。

図2-33 Wiresharkのキャプチャ結果を分析する

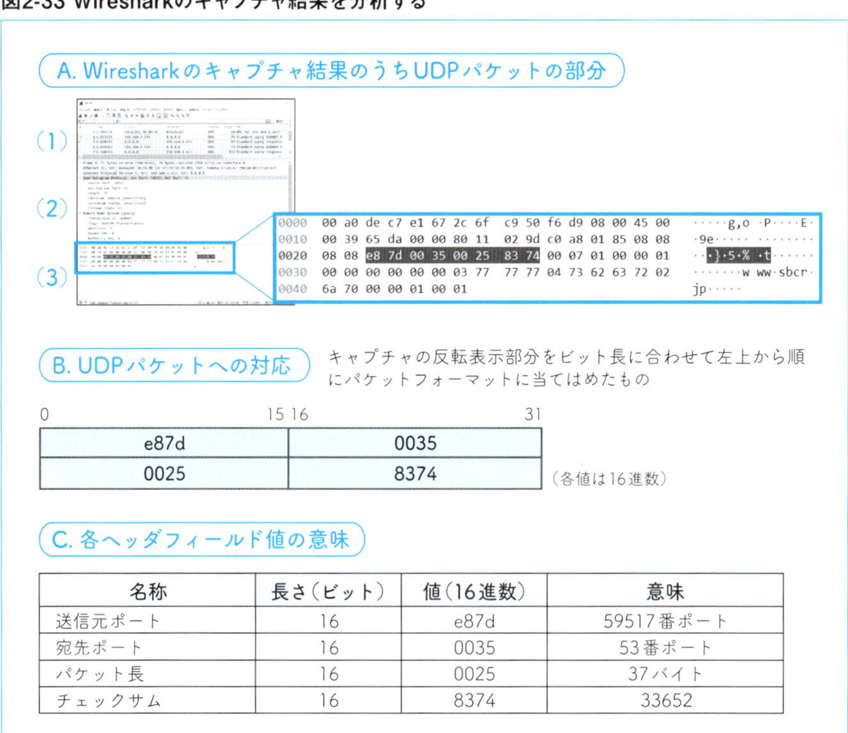

e87d	0035
0025	8374

名称	長さ（ビット）	値（16進数）	意味
送信元ポート	16	e87d	59517番ポート
宛先ポート	16	0035	53番ポート
パケット長	16	0025	37バイト
チェックサム	16	8374	33652

*1 ― UDPパケットの分析には、パケットキャプチャソフトのWiresharkを利用します。Wiresharkのインストール方法は章末のコラムを参照。

CHAPTER2
How TCP/IP Protocol Works

10 ARPの機能とパケットのフォーマット

IPとイーサネットをつなぐARP

IPは、インターネット層の機能、つまり、別々のネットワークのコンピュータ同士でも通信できる機能を提供します。しかし、**実際にネットワークでデータを送受信するのは、ネットワークインタフェース層に位置するイーサネットのハードウェア**ですから、IPといえども、最終的にはイーサネットでの通信を利用せざるを得ません。ここで問題になるのが、IPで相手を指定する方法であるIPアドレスと、イーサネットで相手を指定する方法であるMACアドレスの関連付けです。

IPパケットを相手に送り届けるとき、コンピュータやルータは、IPアドレスの中から取り出したネットワークアドレスに基づいて送出先を決定します。このときもし、**送出先のネットワークアドレスが、自分が所属するネットワークアドレスと同一ならば、その相手は自分と同じネットワークに接続している、つまり、イーサネットなどにより物理的につながっている**と判断できます。そう判断したら、コンピュータやルータは、イーサネットの機能を使って、相手にそのパケットを送り届けることを試みます（**図2-34**）。

ここでコンピュータやルータは、**ARP（Address Resolution Protocol）**と呼ばれるプロトコルを使って、**相手コンピュータのIPアドレスからMACアドレスを取得**します。首尾よく相手コンピュータのMACアドレスを取得できたら、続いて、そのMACアドレスをイーサネットフレームの宛先に指定し、イーサネットフレームのデータ部にはIPパケットを格納して、それをネットワークに送出します。これによって、IPパケットが相手コンピュータへと実際に届くことになります。

なおTCP/IPのプロトコル階層モデルでは、**ARPはネットワークインタフェース層のプロトコル**に分類されます。

ARPの動作

ARPがその機能を実現するためには、ネットワーク内の全コンピュータに一

図2-34 宛先のIPアドレスが同一ネットワークアドレスならイーサネットで直接送る

❶ コンピュータAがコンピュータBにIPパケットを送ろうとするとき、自分と相手のネットワークアドレスが同一ならば、相手は物理的に同じイーサネットにつながっていると判断できる。

❷ そう判断できたら、次に、そのイーサネットを介してデータを送り届けることに取りかかるが、それを行うには、イーサネットでの宛先指定に使用する相手のMACアドレスがわかっていなければならない。そこでまず、ARPを使って相手のMACアドレスを調べる。

❸ ARPを使って相手のMACアドレスがわかったら、それをイーサネットフレームの宛先にセットし、またイーサネットフレームのデータ部にはIPパケットを格納して、それを相手に向けて送出する。

この一連の動作によって、同じイーサネットにつながっているコンピュータの間でIPパケットが送り届けられる。

斉送信する**ブロードキャスト**が用いられます。IPアドレスからMACアドレスを取得したいコンピュータは、そのブロードキャストを使って「IPアドレスxxx.xxx.xxx.xxxを使っているコンピュータはいませんか？」と問いかけます。この問いかけは**ARPリクエスト**と呼ばれ、ネットワーク内の全コンピュータが受信します。

ARPリクエストを受信した各々のコンピュータは、そこに含まれるIPアドレスが自分のIPアドレスかどうかをチェックし、自分のIPアドレスでない場合は何もせず無視します。もし、ARPリクエストに自分のIPアドレスが含まれている場合には、そのコンピュータはARPリクエストの送信元に対して、自身が使用していることを伝える応答を送り返します。これを**ARPリプライ**と呼びます。

ARPリプライは1対1のユニキャストで送られ、そのイーサネットフレームには**ARPリプライを送ったコンピュータのMACアドレス**がセットされます。それ取り出すことで、ARPリクエストを送ったコンピュータは、指定したIPアドレ

図2-35 ARPの動作

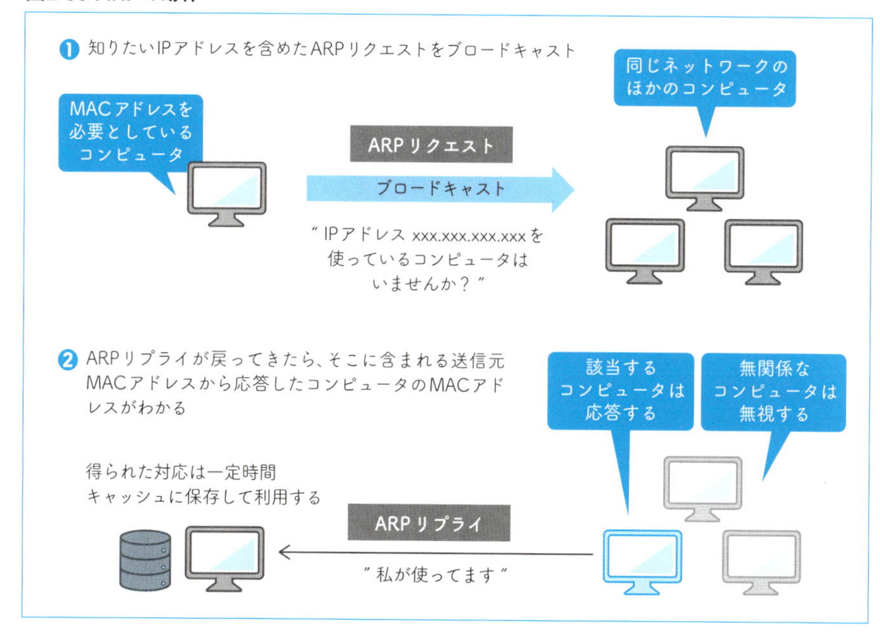

スを持つコンピュータのMACアドレスを取得します（**図2-35**）。

なお、このようにして得られたIPアドレスとMACアドレスの対応は、一定時間（端末では数分～数10分程度、ルータは数時間程度）、ARPキャッシュに保存しておきます。そして、その内容が有効な間は、保存した対応を利用するようにしてやり、何度もARPリクエストが送られてしまうことを防ぎます。

ARPパケットの構造

図2-36にイーサネットで使用するときのARPパケットの構造を示します。ARPはイーサネット以外でも利用できるように考えられていますが、近年、イーサネット以外のネットワークハードウェアはほとんど使われていないため、ほとんどすべてのケースでこの図のようになります。

「ハードウェア種別」はネットワークハードウェアを表す値が入ります。イーサネットでは1をセットします。「プロトコル種別」は上位プロトコルを表す値が入ります。IPでは16進数で0800をセットします。「HLEN」はハードウェアアドレスの長さをセットします。イーサネットではMACアドレスに該当しますのでそのバイト数6を指定します。「PLEN」はプロトコルアドレスの長さをセットし

図2-36 ARPパケットの構造（イーサネットの場合）

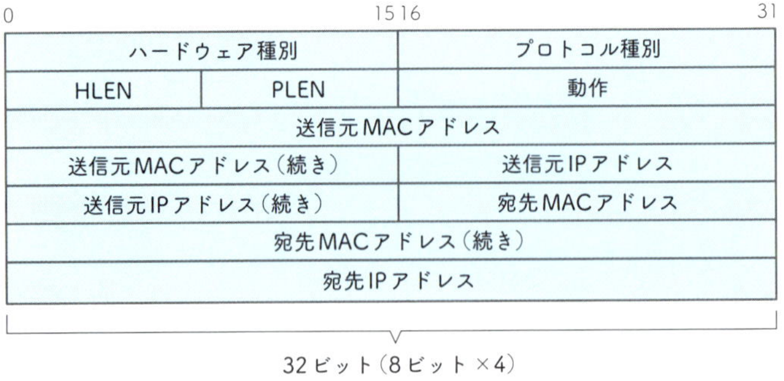

0 / 15 16 / 31

ハードウェア種別		プロトコル種別
HLEN	PLEN	動作
送信元MACアドレス		
送信元MACアドレス（続き）		送信元IPアドレス
送信元IPアドレス（続き）		宛先MACアドレス
宛先MACアドレス（続き）		
宛先IPアドレス		

32ビット（8ビット×4）

フィールドの意味

名称	長さ（ビット）	内容
ハードウェア種別	16	ネットワークハードウェアを表す値。イーサネットでは1
プロトコル種別	16	上位プロトコルを表す値。IPなら0800
HLEN	8	ハードウェアアドレスの長さを表す値。イーサネットでは6
PLEN	8	プロトコルアドレスの長さを表す値。IPでは4
動作	16	ARPリクエストなら1、ARPリプライなら2
送信元MACアドレス	48	このパケットを送信するコンピュータのMACアドレス
送信元IPアドレス	32	このパケット送信するコンピュータのIPアドレス
宛先MACアドレス	48	ARPリクエストなら00:00:00:00:00:00やFF:FF:FF:FF:FF:FFなどの値、ARPリプライなら宛先コンピュータのMACアドレス
宛先IPアドレス	32	ARPリクエストならMACアドレスを得たいIPアドレス、ARPリプライなら宛先コンピュータのIPアドレス

（値はいずれも16進数）

ARPパケットはイーサネットフレームのデータ部に格納して転送される

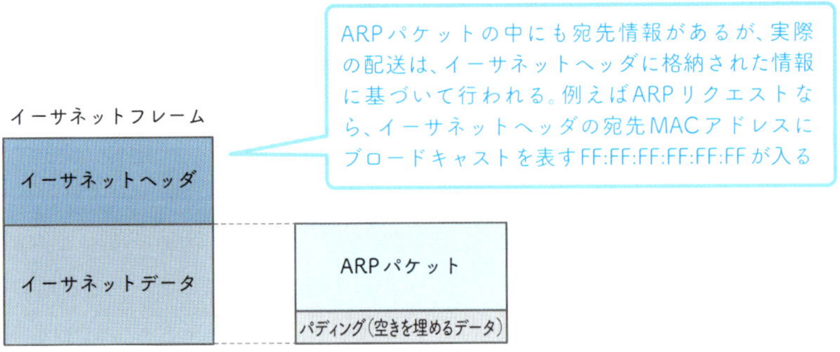

ARPパケットの中にも宛先情報があるが、実際の配送は、イーサネットヘッダに格納された情報に基づいて行われる。例えばARPリクエストなら、イーサネットヘッダの宛先MACアドレスにブロードキャストを表すFF:FF:FF:FF:FF:FFが入る

イーサネットフレーム

イーサネットヘッダ

イーサネットデータ

ARPパケット

パディング（空きを埋めるデータ）

ます。IPではIPアドレスに該当しますので、そのバイト数4をセットします。「動作」はARPリクエストなら1を、ARPリプライなら2を、それぞれセットします。

「送信元MACアドレス」および「送信元IPアドレス」は、ARPリクエストまたはARPリプライを送信するコンピュータのMACアドレスおよびIPアドレスをセットします。「宛先MACアドレス」はARPリクエストなら00:00:00:00:00:00やFF:FF:FF:FF:FF:FFなどの値を、ARPリプライなら宛先コンピュータのMACアドレスを、それぞれセットします。「宛先IPアドレス」はARPリクエストなら「MACアドレスを得たいIPアドレス」を、ARPリプライなら宛先コンピュータのIPアドレスを、それぞれセットします。

なお、ARPパケットはイーサネットフレームに直接格納してやりとりが行われます。このとき、イーサネットのデータ部の最小サイズは46バイトなのに対し、ARPパケットは28バイトしかないため、46バイトに足りない分はダミーデータで空きを埋めます。

ARPキャッシュを確認する方法

Windows、macOS、Linuxでは同じコマンドでARPキャッシュを確認できます。コマンドプロンプトやターミナルで使用するコマンドとWindowsでの表示例を**図2-37**に示します。

図2-37 ARPキャッシュを確認する方法

コマンド

```
arp -a　（コマンドはWindows、macOS、Linuxいずれも同じ）
```

Windowsでの実行例

```
>arp -a ↵
インターフェイス: 192.168.1.133 --- 0x3
  インターネットアドレス    物理アドレス           種類
  192.168.1.1            00-**-**-**-**-67     動的
  192.168.1.255          ff-ff-ff-ff-ff-ff     静的
  224.0.0.22             01-00-5e-00-00-16     静的
  224.0.0.251            01-00-5e-00-00-fb     静的
  224.0.0.252            01-00-5e-00-00-fc     静的
  239.255.255.250        01-00-5e-7f-ff-fa     静的
  255.255.255.255        ff-ff-ff-ff-ff-ff     静的
```

動的：ARPで得られた対応を一時保存したもの

静的：システムが固定的に登録したもの

CHAPTER2
How TCP/IP Protocol Works

11 パケットの送受信処理

同じイーサネットにつながる端末同士の通信

ここでは少しコンピュータ同士の通信を俯瞰して、パケットを送受信するときの全体的な関わりを模式的に考えてみます。最初に取り上げるのは、**同じイーサネットにつながる端末同士**の通信です（**図2-38**）。

図2-38 同じイーサネットにつながる端末と通信するケース

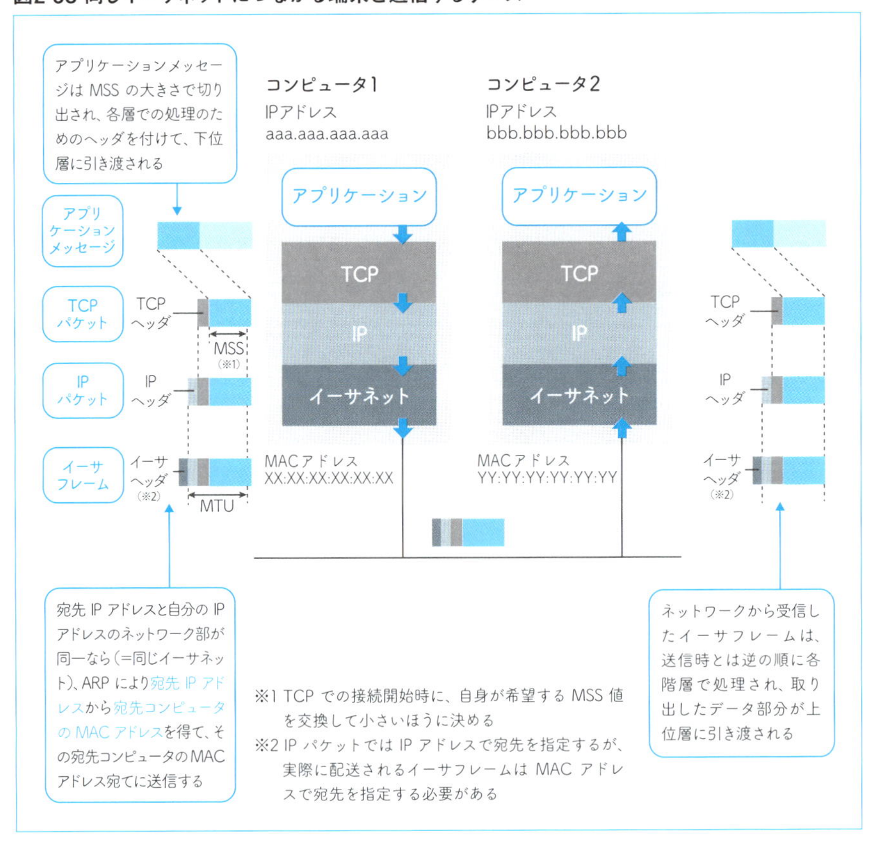

メールやWebなどのアプリケーションは、通常、クライアントとサーバの間で、様々なリクエストやレスポンスをメッセージとしてやりとりします。**図2-38**のコンピュータ1では、そのようなアプリケーションが動作していて、それにより作り出されたメッセージがTCPに引き渡されたとします。

TCPでは、メッセージが一定のサイズ以上ならそのサイズに小分けし、そうでなければ丸ごと処理します。TCPはデータの前にTCPヘッダを付加してTCPパケットを組み立てます。TCPヘッダは通信の信頼性を高める様々な処理に使われます。再送などの制御のために、アプリケーションメッセージを含まないTCPヘッダだけのパケットをやりとりすることもあります。**TCPがデータを小分けするかどうかを決めるサイズはMSS（Maximum Segment Size）と呼ばれ、MTU（ネットワークハードウェアによって決まる）からIPヘッダとTCPヘッダの大きさを引いた値（図2-39）を、通信に先立つ接続処理のときに相手コンピュータと交換して、どちらか小さいほうの値を使います。**このようにして組み立てたTCPパケットは、下位層のIPに引き渡されます。

IPでは、受け取ったデータに通信をコントロールするためのIPヘッダを付加します。そして次に、そのパケットをどこに引き渡すべきかを考えます。パケットの宛先IPアドレスと自分のIPアドレスとでネットワーク部が同一なら、それは同じイーサネットにつながっていることになるので、そのパケットは直接送り届けることができます。この場合には、ARPにより「宛先IPアドレスから宛先コンピュータのMACアドレス」を得て、それを宛先とします。そしてデータ（IPパケッ

図2-39 MSSとMTUの関係

IPヘッダのサイズ　TCPヘッダのサイズ

MSS = MTU - 20 - 20

MTU（Maximum Transmission Unit）：ネットワークハードウェアが1回に送信できるデータの大きさ（バイト）
MSS（Maximum Segment Size）：TCPで1回に送信できるデータ（セグメント）の大きさ（バイト）

イーサネットの場合

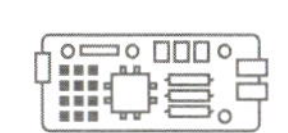

1460 = 1500 - 20 - 20

ト）と宛先をイーサネットに引き渡します。

するとイーサネットはデータの前にイーサヘッダを付加して、ネットワーク媒体に合わせた信号形式で実際のイーサフレームを送出します。ネットワークを流れるイーサフレームを受け取ったコンピュータは、その宛先MACアドレスが自分のものかどうか確認し、自分宛てでなければ無視します。

ここで**図2-38**のコンピュータ2が自分宛てのイーサフレームを受け取ったとします。するとイーサネットのハードウェアは、イーサフレームの検査をした後、イーサヘッダを除去したデータ部、つまりIPパケットをIPに引き渡します。IPはそれを受け取り、必要な検査などをした後、IPヘッダを除去したデータ部、つまりTCPパケットをTCPに引き渡します。

TCPはそれを受け取り、必要な検査をしたり、また必要に応じて再送処理などをしながら、TCPヘッダを除去したデータ部から元のアプリケーションメッセージを組み立て、できあがったらアプリケーションにそれを引き渡します。それを受け取ったアプリケーションは、そのメッセージを使って必要な処理を行います。同じイーサネットにつながる端末同士の通信は、このようになります。

異なるイーサネットにつながる端末同士の通信

次に、**異なるイーサネットにつながる端末と通信するケース**を考えてみます(**図2-40**)。つながるイーサネットが違うということは、2つの端末の間にはルータが介在することになります。

コンピュータ1で動作するアプリケーションが発したメッセージがTCPとIPで処理されていくことには変わりありません。違うのは、IPにおいて、そのパケットをどこに引き渡すべきかを判断する部分です。

異なるイーサネットにつながっていることは、**パケットの宛先IPアドレスと自分のIPアドレスとでネットワーク部が一致しない**ことから判定できます。このような判定に至った場合、宛先IPアドレスを持つコンピュータには直接パケットを送り届けることはできないため、パケットの配送は次の**ルータ**に託します。

パケットを引き渡すべきルータのIPアドレスは、コンピュータ1の持つルーティングテーブルに含まれているはずなので、ルーティングテーブルからそれを取り出します。そして、ARPによって次のルータのIPアドレスからそのMACアドレスを取得します。そしてデータ（IPパケット）と宛先を下位層のイーサネットに引き渡します。

データを受け取ったイーサネットは、そこにイーサヘッダを付加して、ネットワーク媒体へとイーサフレームを送出します。そのフレームが届いたルータは自分宛てでなければ無視し、自分宛てなら受信したフレームの処理を始めます。

図2-40 異なるイーサネットにつながる端末と通信するケース

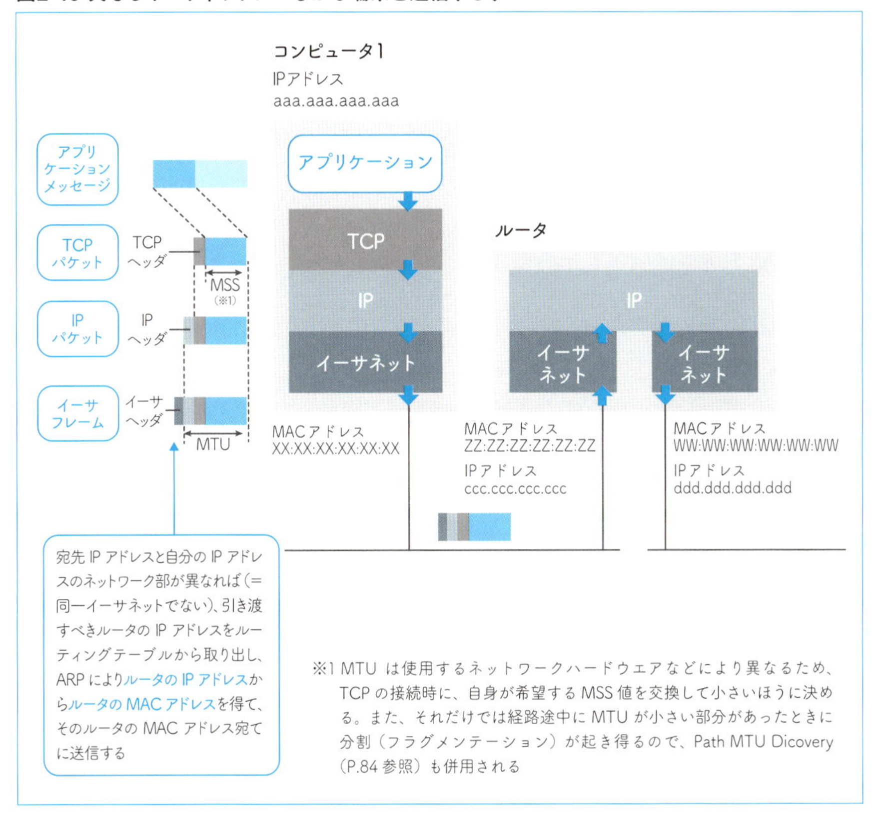

ルータでの中継

ルータは、それ自体でTCPのプロトコルを処理しないため、プロトコルの階層はIPまでしかありません。受信したイーサフレームは、必要な検査をした後、イーサヘッダを除去してからIPに引き渡されます。

ルータのIPでは、パケットの検査やヘッダの更新をした後、受け取ったパケットの宛先IPアドレスが直接接続しているイーサネットにあるかどうかを調べます。これもやはりネットワークアドレスから判断できます。

もし直接接続しているイーサネットにあれば、その宛先には直接IPパケットを届けられるので、ARPにより「宛先IPアドレスから宛先コンピュータのMACアドレス」を得て、IPパケットとMACアドレスをそのイーサネットに引き渡します。するとイーサネットが宛先コンピュータのMACアドレス宛てに、イーサフレームによりIPパケットを送出します。

また、直接接続しているイーサネットにない場合には、前項と同様に、そのパケットは次のルータに託します。パケットを引き渡すべき次のルータのIPアドレスとインタフェース（NIC）は、そのルータの持つルーティングテーブルに含まれているので、それをルーティングテーブルから取り出します。そして、ARPによって次のルータのIPアドレスからそのMACアドレスを取得した後、データ（IPパケット）と宛先MACアドレスを当該のイーサネットに引き渡します。以下、同様のやりとりを繰り返して、宛先の端末との通信が行われます（**図2-41**）。

図2-41 ルータからのパケットの送出

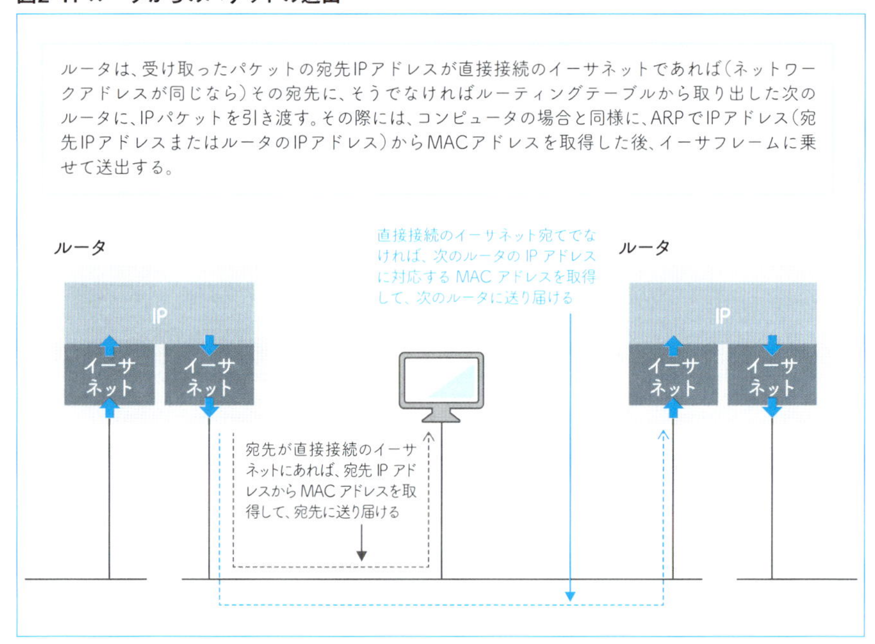

CHAPTER2
How TCP/IP Protocol Works

12 ルーティングテーブルの役割

ルーティングテーブルとは

ルーティングテーブルは、その機器がIPパケットをどこへ送出すべきかを記述したリストです。ルーティング情報データベースとか、単に経路情報などと呼ばれることもあります。

ルーティングテーブルは通常、「どのネットワーク／ホスト宛てなら、どのインタフェース（NIC）を介して、どのルータに送る」といったことを書いた項目が複数集まって構成されています。そしてIPパケットの転送処理の際には、この内容が参照され、これに沿ってIPパケットが転送されます。ルーティングテーブルに基づいてルーティングが行われる様子については4章12を参照してください。

ルーティングテーブルは、ルータなどのネットワーク機器だけで使われるものと考えがちですが、基本的に、**IPにより通信を行うあらゆる機器がルーティングテーブルを持っています。**例えば、コンピュータやスマートフォンにもルーティングテーブルがあります。

デフォルトゲートウェイ

ルーティングテーブルには、「どのネットワーク／ホスト宛てなら、どのインタフェースを介して、どのルータに送る」といった情報のほかに、「**いずれの宛先にも当てはまらないなら、どのインタフェースを介して、どのルータに送る**」といった情報も書かれています。これは、パケットの宛先ネットワークがルーティングテーブルのリストに見当たらなかったときに、それをどこに転送するかを指定するものです。このような、ルーティングテーブルに転送先が指定されていない場合に、一括して転送する先の指定を**デフォルトルート**と呼び、そこに指定されているルータのことを**デフォルトゲートウェイ**と呼びます。デフォルトルータと呼ばれることもあります。

このようなデフォルトゲートウェイは、たとえ複数のネットワークインタフェースカード（NIC）を持っているコンピュータであっても、通常、1つだけ指定します。なお、OSによっては、複数のデフォルトゲートウェイを指定しておいて、使用中のデフォルトゲートウェイが故障したとき、別のデフォルトゲートウェイに切り替える機能を持つことがあります。

Windows 10のルーティングテーブル

Windows 10でルーティングテーブルを確認する方法と、表示内容の読み方を説明します。

コマンドプロンプトを開き、「netstat -r」または「route print」と入力してEnterキーを押してコマンドを実行します。するとコマンドプロンプトに実行結果が表示されます（**図2-42**）。実行結果の冒頭には、そのPCに装着されてい

図2-42 ルーティングテーブルの表示例（Windows 10 ／ route print ）

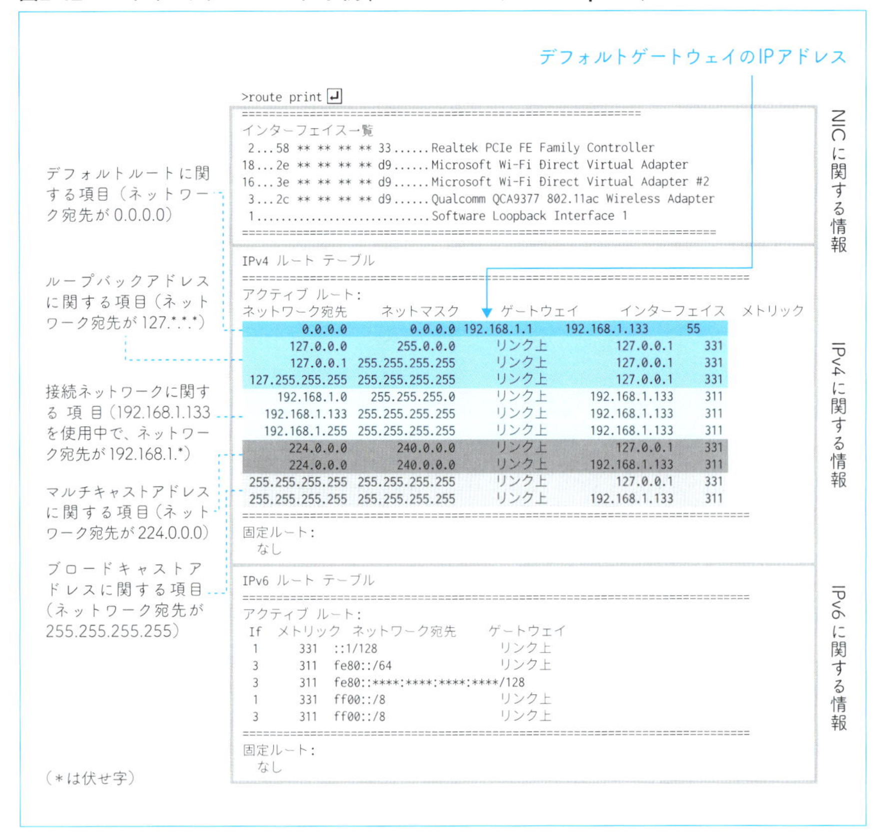

るNICのインタフェース番号、MACアドレス、名称が表示されます。もし有線LANと無線LANなど複数のNICを装着している場合、その両方についての情報が表示されます。また**ループバックインタフェース**はOSが自動で作る仮想的な内部インタフェースで、IPアドレスは127.0.0.1が割り当てられます。

NICに関する情報に続いて、IPv4のルーティングテーブルが表示されます。この中には、デフォルトゲートウェイに関する項目、ループバックアドレスに関する項目、そのPCが接続しているネットワークに関する項目、マルチキャストアドレスに関する項目、ブロードキャストアドレスに関する項目などが含まれます。何ら特別な設定をせずに表示させても、おおよそこのくらいの項目は表示されます。そしてその後にIPv6のルーティングテーブルが表示されます。**図2-42**はIPv6はほとんど使用していない場合の例です。

ルーティングテーブルのエントリ（ルート情報）の読み方を**図2-43**に示します。**デフォルトルートに関する項目は、ネットワーク宛先が0.0.0.0になり、ゲートウェイの欄にデフォルトゲートウェイのIPアドレスが入ります。**メトリックは、複数のルートがあるときの優先度を意味する値で、値の小さいほうが優先されます。

図2-43 ルーティングテーブルエントリの読み方

デフォルトルートに関する項目

	ネットワーク宛先	ネットマスク	ゲートウェイ	インターフェイス	メトリック
(0)	0.0.0.0	0.0.0.0	192.168.1.1	192.168.1.133	55

(0)の意味
どのエントリにも合致しないアドレス宛て（0.0.0.0と表記）は、192.168.1.133を割り当てたインタフェースを使い、次のルータ192.168.1.1へ転送する。優先度は55とする（複数のルートがあれば小さいほうを優先）

接続ネットワークに関する項目

	ネットワーク宛先	ネットマスク	ゲートウェイ	インターフェイス	メトリック
(1)	192.168.1.0	255.255.255.0	リンク上	192.168.1.133	311
(2)	192.168.1.133	255.255.255.255	リンク上	192.168.1.133	311
(3)	192.168.1.255	255.255.255.255	リンク上	192.168.1.133	311

(1)の意味
所属するネットワークアドレス192.168.1.0宛ては、192.168.1.133を割り当てたインタフェースを使い、次のルータではなくリンク上に直接送出する。優先度は311とする

(2)の意味
自分自身（192.168.1.133）宛ては、192.168.1.133を割り当てたインタフェースを使い、次のルータではなくリンク上に直接送出する。優先度は311とする

(3)の意味
所属するネットワークのブロードキャストアドレス192.168.1.255宛ては、192.168.1.133を割り当てたインタフェースを使い、次のルータではなくリンク上に直接送出する。優先度は311とする

また、接続ネットワークに関する項目については、**図2-43**の例では、(1) 所属ネットワーク宛て(ネットマスク 255.255.255.0)、(2)自分自身宛て(同 255.255.255.255)、(3)所属ネットワークのブロードキャストアドレス宛て (同 255.255.255.255) の3エントリが作られていて、いずれも直接接続しているリンク (ネットワーク) に送出するよう指定されています。なお、ネットマスクが255.255.255.255の項目は、宛先に個別のIPアドレスが指定されていて、そうでないものはネットワークアドレスが指定されています。

なお、macOSやLinuxで同様のルーティングテーブルを表示するには、ターミナルやシェルを開いて、「netstat -rn」と入力してEnterキーを押します (**図2-44、図2-45**)。表示される細かな情報はOSによって異なりますが、どの表示にも「どのネットワーク/ホスト宛てなら、どのインタフェースを介して、どのルータに送る」かを示す情報が含まれます。

図2-44 macOSでの実行例(macOS Sierra / netstat -rn)

```
$netstat -rn ↵
Routing tables

Internet:
Destination        Gateway            Flags    Refs     Use    Netif  Expire
default            192.168.1.1        UGSc       42       0      en0
127                127.0.0.1          UCS         0       0      lo0
127.0.0.1          127.0.0.1          UH          5     216      lo0
169.254            link#4             UCS         0       0      en0
192.168.1          link#4             UCS         1       0      en0
192.168.1.1/32     link#4             UCS         1       0      en0
192.168.1.1        0:**:**:**:**:67   UHLWIir    44      61      en0    1175
192.168.1.129/32   link#4             UCS         0       0      en0
192.168.1.255      ff:ff:ff:ff:ff:ff  UHLWbI      0       3      en0
224.0.0/4          link#4             UmCS        1       0      en0
224.0.0.251        1:0:5e:0:0:fb      UHmLWI      0       0      en0
255.255.255.255/32 link#4             UCS         0       0      en0
(以下省略)
                                                           (*は伏せ字)
```

図2-45 Linuxでの実行例(Ubuntu 16.04 / netstat -rn)

```
$netstat -rn ↵
カーネルIP経路テーブル
受信先サイト   ゲートウェイ   ネットマスク     フラグ   MSS Window  irtt  インタフェース
0.0.0.0        10.0.2.2       0.0.0.0          UG         0 0          0  enp0s3
10.0.2.0       0.0.0.0        255.255.255.0    U          0 0          0  enp0s3
169.254.0.0    0.0.0.0        255.255.0.0      U          0 0          0  enp0s3
192.168.56.0   0.0.0.0        255.255.255.0    U          0 0          0  enp0s8
```

CHAPTER2
How TCP/IP Protocol Works

13 IPパケットの分割と再構築

パケットの分割が発生する理由

ここではIPv4の機能の1つである、**ルータでのIPパケットの分割（フラグメンテーション）**について説明します*[1]。

イーサネットでは1つのフレームに1,500バイトのデータを格納できます。つまり一度に最大で1,500バイトのデータを送信できます。最大1,500バイトという数値はイーサネットの場合であって、ネットワークハードウェアによって最大サイズは異なります。

ルータは異なるネットワーク間でパケットを中継しますが、ネットワークごとに送信できる最大サイズが違う場合があります。例えば、片方はイーサネットで最大1,500バイトのデータまで送れるが、もう片方のネットワークハードウェアでは最大1,000バイトまでしか送れないようなケースです。ここで、イーサネットから1,500バイトまでIPパケットが詰め込まれたデータを受け取ったとき、ルータは、それより小さなサイズまでしかデータを扱えないネットワークに転送するために、どのような処理を行うのでしょうか。

このようなケースでは、そのIPパケットが分割を禁止するよう設定されていたら、ルータはパケットを破棄して送信元にその旨を通知します。そうでなければ、受け取った1,500バイトのIPパケットを、ルータが、転送先の媒体でも扱えるサイズの別々のIPパケットに分割して、それらが転送先の媒体へ送出されます。後者の動作を**IPフラグメンテーション**と呼びます。

ネットワークハードウェアが一度に送信できる最大データサイズは**MTU（Maximum Transmission Unit）**と呼ばれ、MTUがより小さなネットワークにパケットをルーティングするときに、このIPフラグメンテーションが発生する可能性があります（**図2-46**）。なお、IPに使用するネットワークハードウェアは必

＊1 ―ちなみにこのような処理をルータが行うのは効率がよくないため、IPv6ではフラグメンテーションは行われないことになっています。

図2-46 MTUに入りきらないIPパケットが分割されるイメージ

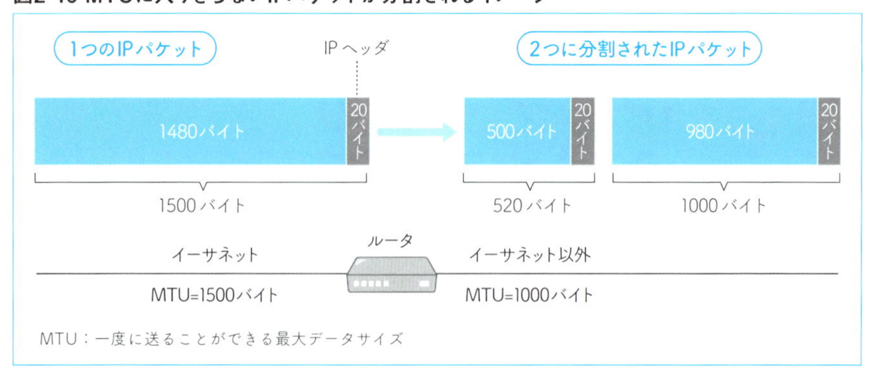

ず576バイト以上のMTUでなければならないと決められています。

ちなみにコンピュータの内部については、送出するネットワークハードウェアのMTUを考慮してIPパケットを組み立てるので、IPフラグメンテーションは発生しないのが普通です。

分割の方法

IPフラグメンテーションが行われると、分割後のパケットが転送先ネットワークハードウェアのMTUに収まるようパケットが分割されます。IPパケットにはIPヘッダ（20バイト）が付いていて、分割後の各パケットにもIPヘッダが付きますので、分割したデータ部分のサイズとIPヘッダ（20バイト）を加えたサイズが、新しいMTUに収まる必要があります。

分割された各パケットのヘッダ部は、元のパケットに準じて作成されますが、分割により変わる部分もあります（2章07参照）。IPヘッダのうち、「パケット長」には分割後のパケット長が入ります。「ID」は元のパケットと同じものが入り、この値を基に、1つのパケットから分割されたものであることを識別します。フラグのうち「後続フラグメントあり」は、分割したパケットのうち最後のパケットには「0：いいえ」が、それ以外は「1：はい」がセットされます。「フラグメントオフセット」には分割されたデータがもともと何バイトめからに位置していたか表す値（先頭を0バイトめとする）を8で割った値が入ります（**図2-47**）。

なお、転送するのに分割が必要なケースで、そのIPパケットの分割禁止フラグが「1：はい」にセットされている場合は、転送は不可能としてそのパケットは破棄され、その旨がICMPによって送信元に通知されます。

図2-47 IPパケットが再構築されるイメージ

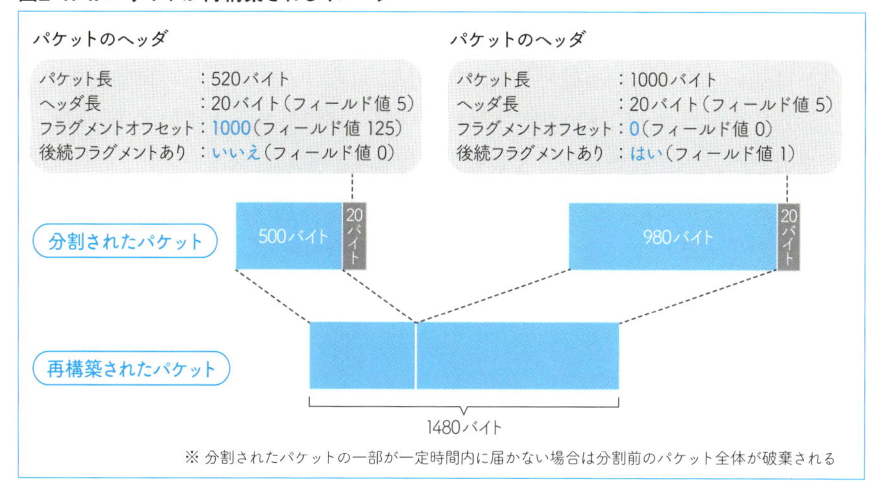

再構築の方法

分割されたパケットは、それ以降のルータで何かの関連付けがされることもなく、それぞれが独立したパケットとしてルーティングされます（**図2-48**）。そして、最終的に宛先のコンピュータに配送されます。

分割されてバラバラに届いたIPパケットを再構築するのは、宛先コンピュータです。分割された各部は、独立してルーティングされるため、それぞれがどのよ

図2-48 分割されたパケットは独立してルーティングされる

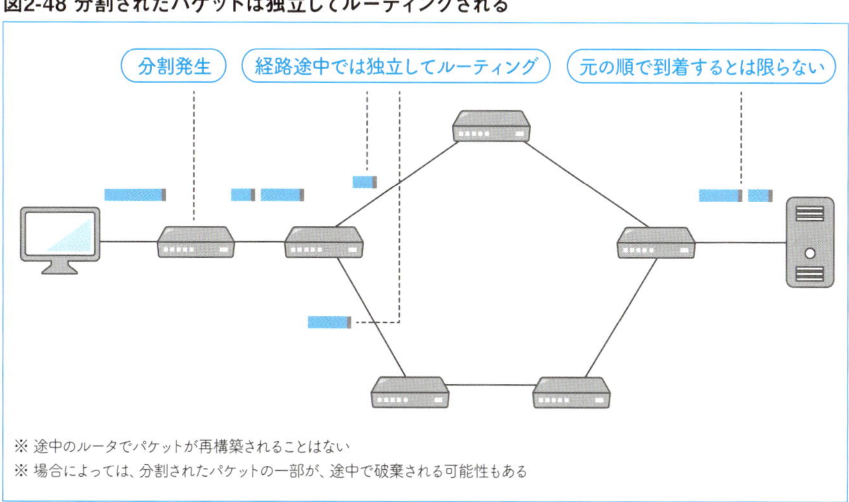

うな順で届くかわかりません。そこでコンピュータはIPヘッダの「フラグメントオフセット」を手がかりに並べ替え、「後続フラグメントあり」フラグによって最後まで届いたかどうかを確認しながら分割されたIPパケットを再構築します。

なお、IPの特性から、**IPパケットは必ず宛先に届けられるとはいえず、何らかの理由でパケットが届かないことが起こり得ます。**もし再構築の際に、一定の時間を待っても分割されたパケットの一部が届かない場合は、再構築できないものとして分割前のIPパケット全体が破棄されます。もし再送などが必要であれば、それは上位レイヤで処理します。

分割を避ける工夫

ここまで見てきたようなIPパケットの分割と再構築は、ルータやコンピュータにとって余分な処理負荷となり、また分割したパケットが1つでも欠けると元のパケット全体が破棄されてしまい通信効率を引き下げる要因になります。そのため通常はパケットの分割が極力発生しないことが求められます。

IPパケットの分割を避けるための手法の1つに**Path MTU Discovery**があります（**図2-49**）。これはTCPやUDPがサポートする機能で、ICMPを利用して経路上でパケット分割が発生しないMTUサイズを検出するものです。これにより得られたMTUサイズでパケットを組み立てて送出することにより、途中のルータでパケット分割が発生することを回避します。ただし、ICMPパケットをフィルタリングする機器が途中に含まれる経路ではうまく機能しないことがあります(Path MTU Discoveryブラックホールと呼ばれます)。

図2-49 Path MTU Discoveryで分割を回避するイメージ

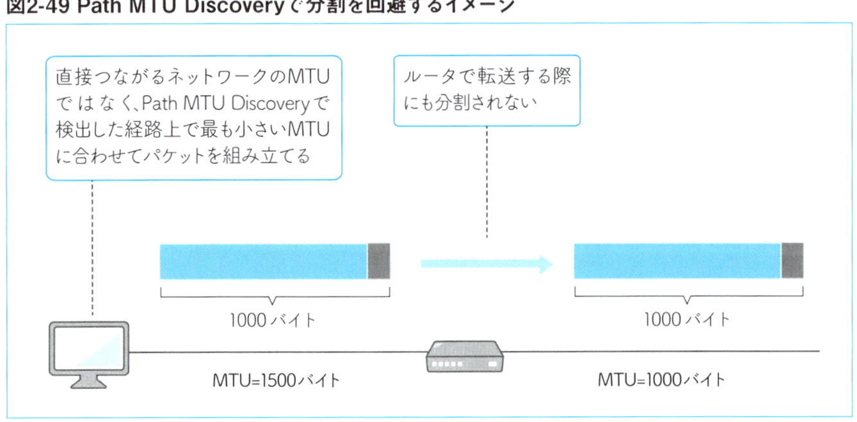

CHAPTER2
How TCP/IP Protocol Works

14 ICMPの役割と機能

IPネットワークで重要な役割を果たすICMP

ここではIPv4のICMP（Internet Control Message Protocol）について説明します。ICMPは、IPに深く関連するプロトコルで、ユーザーの情報を送るためではなく、IPでの通信において発生した各種の通知や通信のテストなどに使われます。

プロトコル階層で見ると、ICMPはIPと同じネットワーク層に分類されます（**図2-50**）。通常、同じ階層にあるプロトコル同士は、その間で機能を利用したり機能を提供する関係にはありません。しかしICMPに関しては、IPの機能を使いながらネットワーク管理機能を提供していて、TCPやUDPと同じく、IPの機能を利用する立場にあります。しかしながら、ICMPが提供する機能を考えると、それはトランスポート層が提供する機能ではなく、やはりインターネット層が提供する機能です。この点からICMPは少し特殊な位置付けにあるといえます。

図2-50 ICMPはインターネット層のプロトコルだがIPを利用して動作する

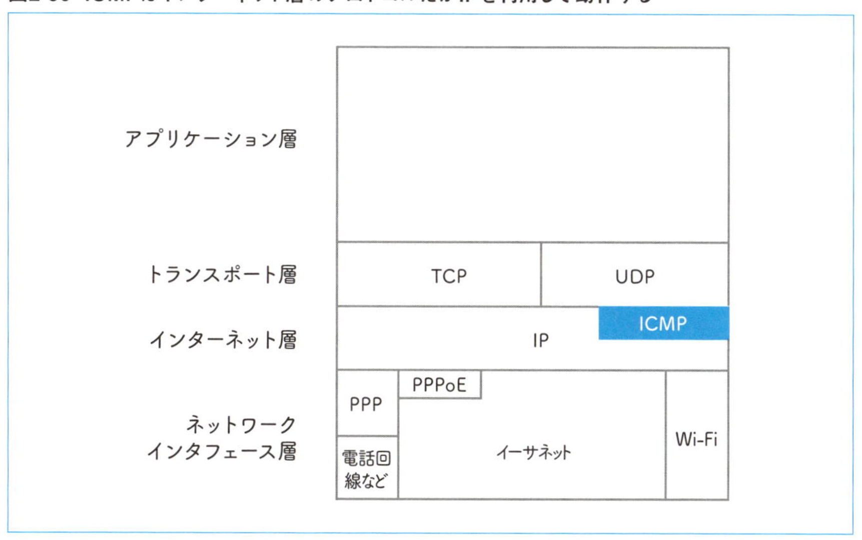

ICMPパケットの構造

ICMPパケットは、TCPやUDPと同様に、**IPパケットのデータ部に格納して送受信されます**（**図2-51**）。つまりルータの経路情報が適切に設定されていて、IP到達性のある相手でなければ届きません。同時に、それらの点に問題がなければ、異なるネットワークの相手にも送り届けることができます。この点はICMPのことを考えるうえで1つのキーとなります。

ICMPパケットは**図2-52**のような構造となっています。ICMPでは、どのような通知やテストを行うのかを**タイプ**と**コード**で指定することになっていて、「タイプ」には大まかな分類を、「コード」には指定したタイプの中の個別のメッセージをそれぞれ指定します。「チェックサム」はICMPパケット全体を検査するためのチェックサム値を格納するフィールドで、IPパケットと同様に1の補数を用いて計算します。なお、チェックサムを計算するときはチェックサムフィールドは0とみなします。「データ」にはタイプごとに決められた情報を格納します。このような構造のパケットがIPパケットのデータ部に格納されてIPパケットにより転送されます。

図2-51 ICMPパケットはIPパケットのデータ部に格納されて転送される

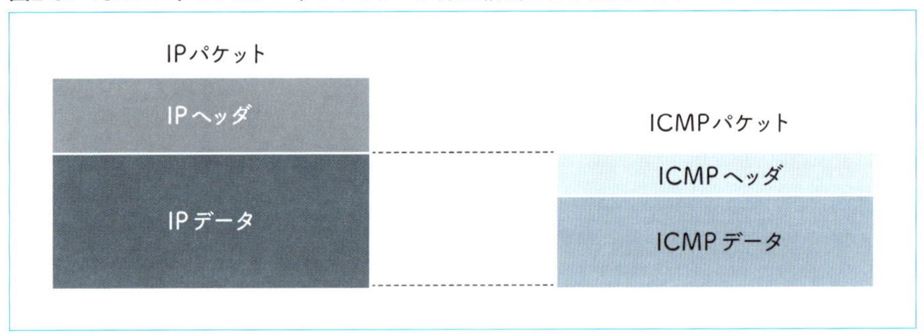

図2-52 ICMPパケットの構造

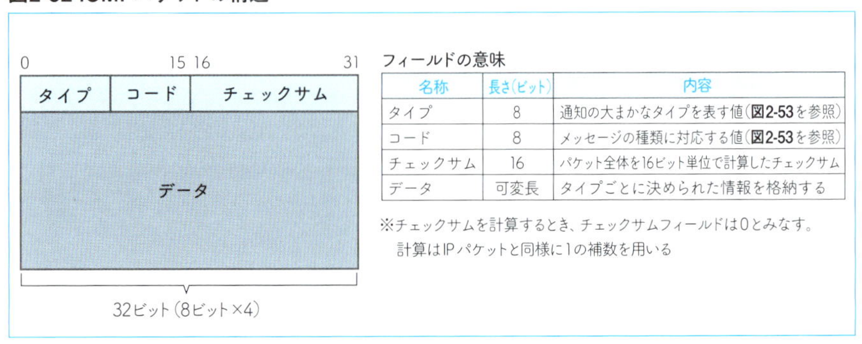

フィールドの意味

名称	長さ（ビット）	内容
タイプ	8	通知の大まかなタイプを表す値（**図2-53**を参照）
コード	8	メッセージの種類に対応する値（**図2-53**を参照）
チェックサム	16	パケット全体を16ビット単位で計算したチェックサム
データ	可変長	タイプごとに決められた情報を格納する

※チェックサムを計算するとき、チェックサムフィールドは0とみなす。
計算はIPパケットと同様に1の補数を用いる

図2-53 ICMPのタイプとコード

タイプ	分類	コード
0	エコー応答（Echo Reply）	0
3	宛先到達不可通知（Destination Unreachable）	0～15
4	送出抑制要求（Source Quench）	0
5	経路変更要求（Redirect）	0～3
8	エコー要求（Echo Request）	0
9	ルータ広告（Router Advertisement）	0
10	ルータ要請（Router Solicitation）	0
11	時間超過通知（Time Exceeded）	0～1
12	パラメータ異常通知（Parameter Problem）	0～2
13	タイムスタンプ要求（Timestamp）	0
14	タイムスタンプ応答（Timestamp Reply）	0
15	情報要求（Information Request）	0
16	情報応答（Information Reply）	0
17	アドレスマスク要求（Address Mask Request）	0
18	アドレスマスク応答（Address Mask Reply）	0

タイプ＝3（宛先到達不可通知）の場合のコードの一例

コード	意味
0	ネットワーク到達不可（Network Unreachable）
1	ホスト到達不可（Host Unreachable）
2	プロトコル到達不可（Protocol Unreachable）
3	ポート到達不可（Port Unreachable）
4	IPパケットの分割が必要だが分割禁止指定（Fragmentation Needed And DF Set）
5	ソースルート失敗

（一部を抜粋）

タイプ＝11（時間超過通知）の場合のコード

コード	意味
0	転送中にTTLが0になった（Time To Live Exceeded In Transit）
1	パケット再構築時間切れ（Fragment Reassembly Time Exceeded）

pingで用いるICMPパケットの例

ICMPを利用して実現しているものの代表例に**pingコマンド**が挙げられます。pingコマンドは、そのコマンドを実行するコンピュータからコマンドで指定するコンピュータまでIPパケットが到達できるかを確認する機能を備えています。そのために、ICMPのエコー要求（タイプ8、コード0）とエコー応答（タイプ0、コード0）を利用します。

図2-54はエコー要求とエコー応答のパケットを表しています。エコー要求は、pingコマンドを実行するコンピュータから調査対象のコンピュータへと送信するパケットで、エコー応答は、エコー要求を受信したコンピュータがその送信元に送り返すパケットです。

パケットのフィールドのうち「タイプ」には、エコー要求なら8を、エコー応答なら0を、それぞれセットします。「コード」にはエコー要求でもエコー応答でも0をセットします。「チェックサム」にはパケット全体から算出した値をセットします。「識別子」にはエコー要求を識別するための適当な値をセットします。「シーケンス番号」には同じ識別子で繰り返しエコー要求を送るときに連番をセットします。また「テスト用データ」には適当なデータをセットします。

図2-54 エコー要求とエコー応答のパケット

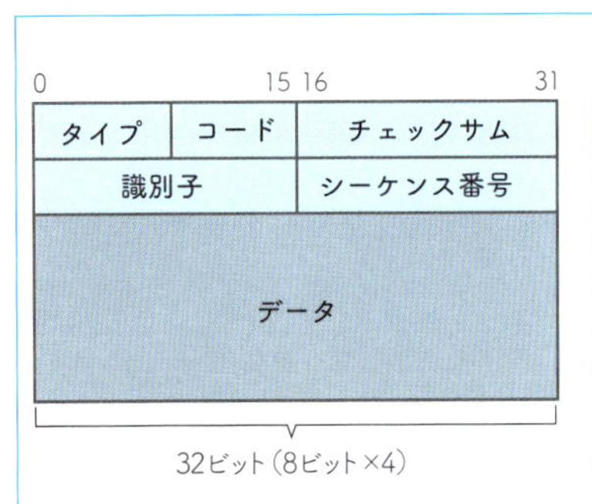

フィールドの意味

名称	長さ(ビット)	内容
タイプ	8	エコー要求=8 / エコー応答=0
コード	8	常に0
チェックサム	16	パケット全体を16ビット単位で計算したチェックサム
識別子	16	エコー要求を識別するための適当な値
シーケンス番号	16	同じ識別子で繰り返し要求するときに連番
テスト用データ	可変長	パケットを埋めるための適当なデータ

※チェックサムを計算するとき、チェックサムフィールドは0とみなす。
計算はIPパケットと同様に1の補数を用いる

ICMPパケットのやりとり

コンピュータAでpingを実行すると、コンピュータAはコマンドで指定したコンピュータB宛てにエコー要求パケットを送信します(**図2-55**)。そのパケットはいくつかのルータで中継されながら、宛先のコンピュータBに届きます。それを受信したコンピュータBは、エコー応答パケットを組み立て、「識別子」「シーケンス番号」「テスト用データ」にはエコー要求の内容をそのままセットして、コンピュータAへエコー応答パケットを返送します。返送したそのパケットは、途中でいくつかのルータで中継されて、コンピュータAに届きます。これを受信したコンピュタAは「識別子」「シーケンス番号」などを基に対応するエコー要求パケットとの時間差の計算などを行って、結果を画面に表示します。

この一連のやりとりでは、コンピュータAからBに向けてエコー要求を、またコンピュータBからAに向けてエコー応答を、それぞれ送信して、それが相手に届くことを確認しています。したがって**pingが成功するのであれば、コンピュータAとBの間は、双方向でIPパケットの到達性が確認できている**ことになります。ネットワークの不具合を感じたとき、いの一番にpingコマンドで到達性を確認するのは、このような調査をコマンドで簡単に行えるからです。

なお、大部分のOSのpingコマンドには「テスト用データ」フィールドのサイズを指定するオプション（Windowsでは-l、macOSやLinuxでは-s）が用意されています。このオプションを使うと、サイズが小さなICMPパケット、サイズが大きなICMPパケット、イーサネットのMTUを超えるICMPパケットなど、条件を変えてテストすることができます。

図2-55 pingの動作イメージ

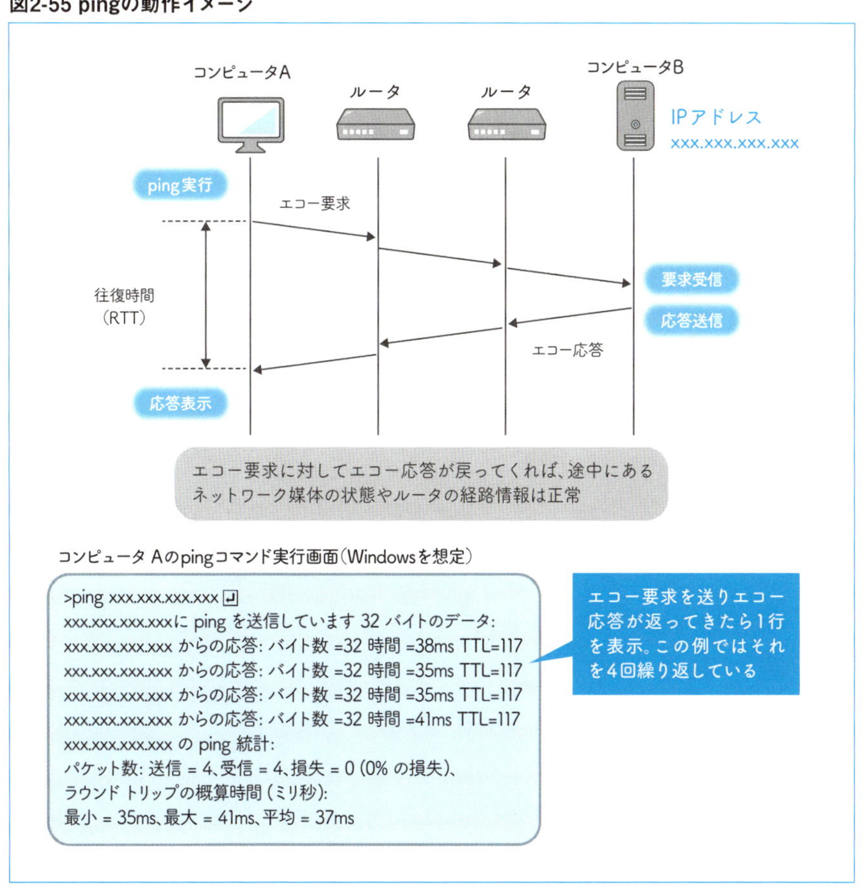

CHAPTER2
How TCP/IP Protocol Works

15 TCPの動作

信頼性が高い通信を実現するための基本方針

TCPでは、送信するデータを所定のサイズに小分けし、その小分けされたデータを1つの単位として、送受信、データ化けチェック、再送などの処理を行います。この小分けされたデータにヘッダを付けたものをTCPパケットと呼びます（**図2-56**）。このうちデータ部分の最大サイズは**MSS（Maximum Segment Size）**と呼ばれていて、接続処理のときに双方のコンピュータで情報を交換（お互いに希望値を通知し合って小さいほうを採用するのが一般的）して決めます。

信頼性が高い通信、つまり、送ったデータが抜けや誤りなくそのまま届く通信を実現するにあたり、TCPは「**データに番号を付ける**」ことで送受信する対象を明確化し、「**データを受信したら相手に確認応答を返す**」ことで確実な送達を行います。この2つの原則により、相手にデータが届いたかどうか、もし届かなかったのなら、どこが届かなかったのかを特定できるようになります。そして、その結果に基づいて、もし相手にデータが届かなかったのなら届かなかった部分を再

図2-56 TCPパケットとシーケンス番号

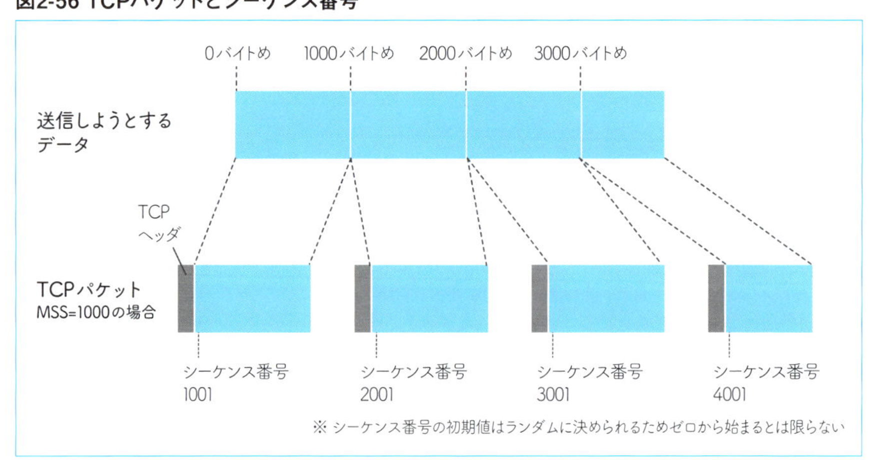

送する、といった処理を行います。

「データに番号を付ける」とき、**その番号は1バイト単位に付けていきます**。このように付けた番号を**シーケンス番号**と呼びます。前述のとおり、TCPはパケットを単位にやりとりしますので、例えば**図2-56**のようにMSSが1000バイトで、最初のパケットのシーケンス番号が1001から始まっているのであれば、2つめのパケットのシーケンス番号は2001から始まることになります。ちなみに、TCPパケットのヘッダ（2章08参照）にある「シーケンス番号」フィールドには、そのパケット先頭のデータのシーケンス番号が入ります。なおシーケンス番号の初期値はランダムに決められるため、ゼロから始まるとは限りません。

「データを受信したら相手に確認応答を返す」ことは、TCPで信頼性の高い通信を行うための基本です。しかし、これに関連して考えなければならないのが通信の効率です。送ったデータが相手に届き、それに呼応して相手が確認応答を発して、それが自分に戻ってくるまでには、一定の時間がかかります。もし、その間何も通信をしないでいると、通信の効率はとても悪くなってしまいます。

この課題に対しては、TCPは「一定数のデータまでは確認応答を待たずに送信する」方法で対処しています（**図2-57**）。この一定数のことを**ウィンドウサイ**

図2-57 一定数のデータまでは確認応答を待たずに送る

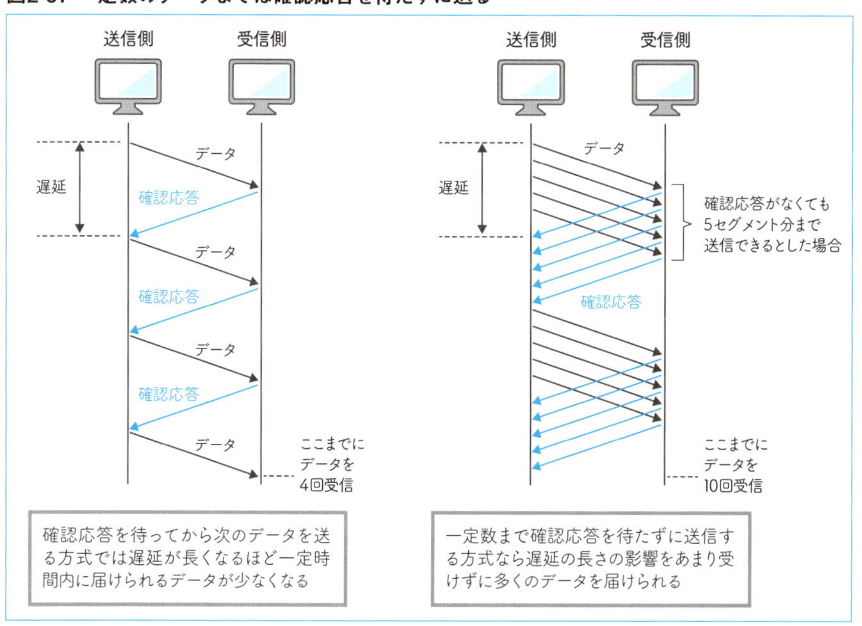

ズと呼びます。ウィンドウサイズ、つまり、どれだけのデータを確認なしで送って大丈夫なのかは、基本的に**受信側が決めて送信側に通知**します。例えば受信側に未処理のデータが多く残っているときは、小さいウィンドウサイズを通知します。

TCPが行う再送などの制御

ウィンドウサイズを考慮しながら確認応答を待たずに送信したり、届かなかったデータがあれば再送を要求をしたりと、TCPの動作は少々複雑です。そこで、これらの処理を簡潔かつ効率よく行う方法として、**スライディングウィンドウ**という仕組みを使った制御が用いられます。

スライディングウィンドウは、送信側と受信側でデータを蓄える領域（バッファ）の上に**通信処理の対象となる範囲を特定する概念上の窓**（ウィンドウ）を設け、やりとりの進行に合わせてそれをずらしていくことで、続けて送信したときの確認応答の有無や再送を管理するものです(**図2-58**)。受信側のウィンドウは、次に受信したいデータがウィンドウの左端になるよう右へ移動していきます。また送信側のウィンドウは、受信側からの確認応答を受信すると、その中で要求されている位置まで右へ移動します。

図2-59は、そのスライディングウィンドウを使い、送信データが消失したときにデータの再送を行うイメージを示しています。いま送信したデータが①で消失したとします。送信側は続けてデータを送ってきますので、②で次のデータを受信します。このとき受信側は送信側へ確認応答③を返しますが、その中に、次に必要なものとして、まだ受信していない2001を指定します。この指定はTCPパケットの確認応答番号フィールドを使って行われます。④や⑥を受信したときも同様です。

図2-58 スライディングウィンドウの概念

図2-59 送信データが消失したときの動作イメージ

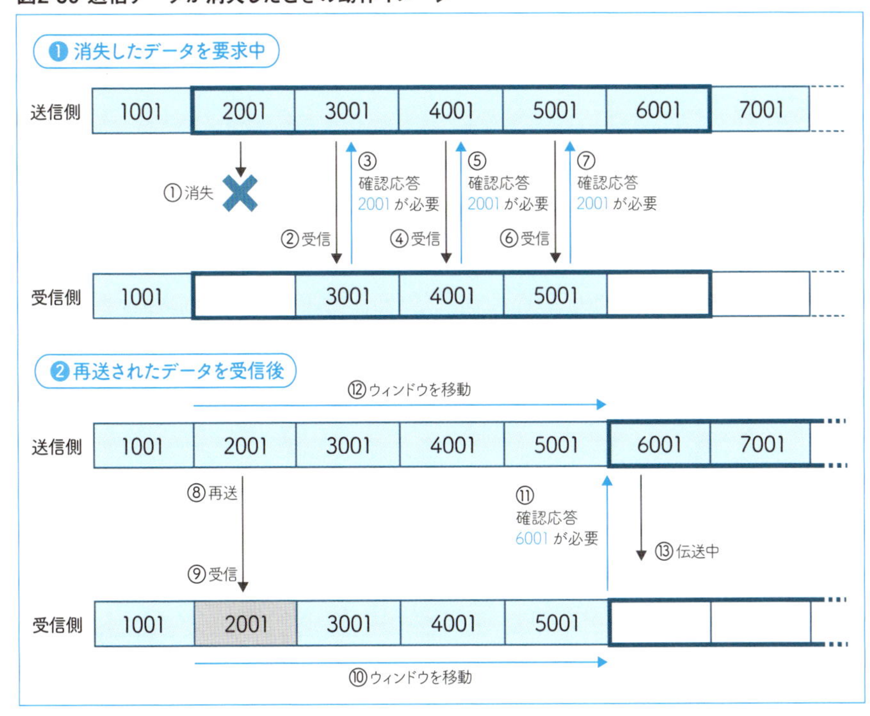

ここで送信側は、すでに送信したはずのデータを3回要求されたことを契機に、そのデータを⑧のように再送します。それを受信側が⑨で受信すると、受信側は未受信のデータが解消しますので、⑩でウィンドウを次の未受信である6001まで移動させ、再送により受け取ったデータの確認応答として⑪を返します。その中には次に必要な6001を指定します。これを受け取った送信側は、次に要求される6001まで⑫でウィンドウを移動させ、次に⑬でその送信を行います。以上のように、TCPがとてもスマートな方法によって再送の処理をしていることがこの様子からうかがえます。

また**図2-60**は、確認応答が消失したときの動作イメージです。①を受信すると受信側は②の確認応答を返しますが、それが途中で消失したとします。受信側はそれがわからないため受信が完了したと考え、③でウィンドウを1つずらします。④を受信したときも同様に⑤の確認応答を返し、それが消失しても受信側は⑥でウィンドウをさらに右へ移動させます。

次に⑦を受信したことにより⑧の確認応答を返しますが、これは正常に送信側

図2-60 確認応答が消失したときの動作イメージ

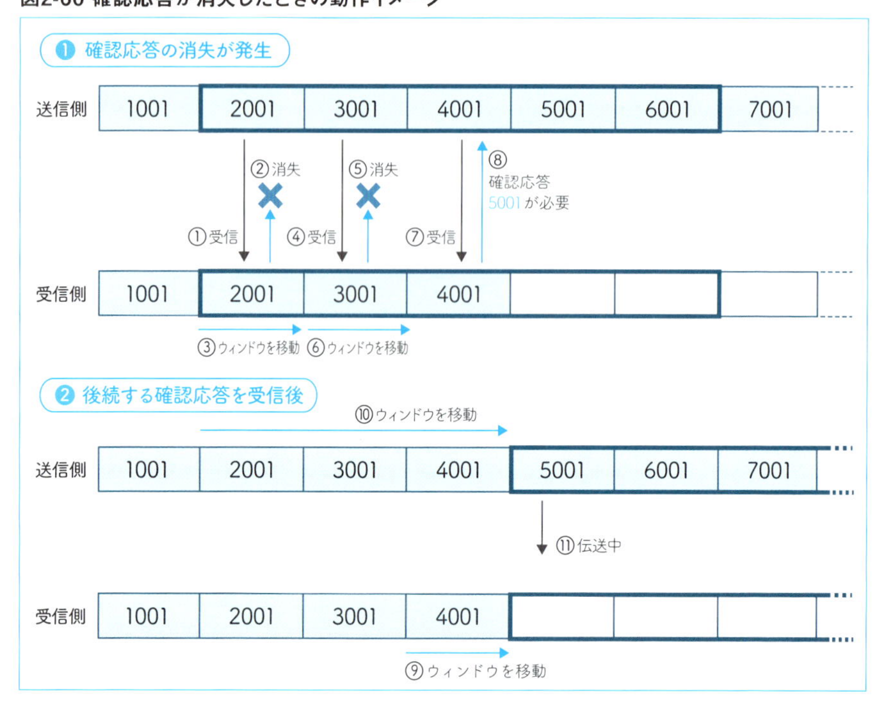

に届いたとします。受信側は正常に受信できたので⑨でウィンドウを1つ移動します。このとき送信側は⑧の確認応答を受信し、次は5001が要求されていることから、⑩でウィンドウを5001まで一気に移動させます。そして、送信側は5001の送信を始めるという動作をします。

ここで興味深いのは、**受信側からの確認応答がいくつか届かなくても、それより後の確認応答が届けば、送信側は届かなかった確認応答のことは気にせず、次の送信に移る**点です。これは送信側が「未受信のデータがあれば受信側は繰り返し要求する」と考えて、それがない限り受信側にデータは届いていると判断していることを表しています。このように、再送や確認応答に対する各種の制御が、スライディングウィンドウによって効率的に行われています。

このほかTCPは、やりとりする情報の量も制御しています。「**フロー制御**」は受信側の処理が追いつかない場合などに、受信側から送信側に向けて、確認応答なしに送出するデータの量を減らすよう通知するものです。この通知は、受信側から送信側に通知するウィンドウサイズを小さくすることにより行います。ウィンドウサイズは確認応答を待たなくても送信してよいサイズを表していますので、例えばこれを1にすれば、受信側からの確認応答が来るまで送信側は次の送信を待つことになり、受信側はその間に滞っている処理を進めることができるというわけです。

また「**スロースタート**」は、送信側が自主的にウィンドウサイズを小さくみなして、確認応答なしに送出するデータの量を減らす動作です。その名のとおり、通信を始めるときには小さいウィンドウサイズで始め、それを受信側から通知されるウィンドウサイズまで徐々に大きくしていきます。これは受信側やネットワークの通信量が急に増えて輻輳(ふくそう)(ネットワークの渋滞)が起きることを防ぐために行われます。

このほかにも、信頼性の高い通信を効率よく行うための工夫がTCPには数多く盛り込まれていて、情報の欠落や誤りの発生を気にかけることなく安心してネットワークを利用するための基盤として幅広く使われています。

接続処理と終了処理の流れ

TCPはコネクション指向型のため、通信に先立って接続を確立し(接続処理)、通信を終えるときに利用した接続を閉じます(切断処理)。このために特別な手順でパケットのやりとりをします(**図2-61**)。

図2-61 接続処理と切断処理

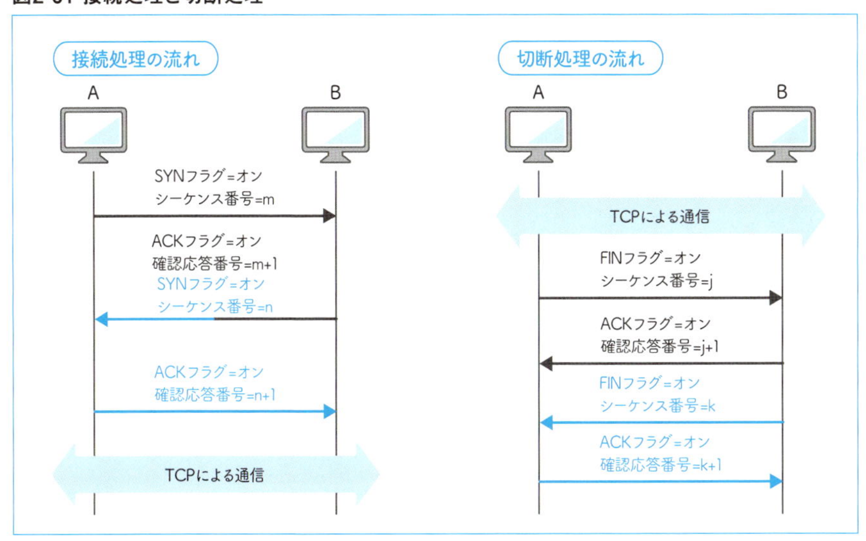

接続処理では、接続を始めるコンピュータ（図ではA）が接続を受け付けるコンピュータ（図ではB）に対して、SYNフラグをオンにした、ヘッダだけのパケットを送信します。シーケンス番号には何らかの値mをセットします。これを受信したコンピュータBは、受け取った接続開始パケットに対する確認応答としてACKフラグをオンにし、また確認応答番号には受け取ったシーケンス番号m+1の値をセットします。さらに、自分から相手に対して通信を始めることを宣言するため、SYNフラグもオンにして、何らかのシーケンス番号nをセットしたパケットをコンピュータAに送ります。するとコンピュータAはACKフラグをオンにして確認応答番号にn+1をセットしたパケットをコンピュータBに返します。この3回のやりとりでTCPの接続が確立され、それ以降、TCPでの通信ができるようになります。このやりとりは**3ウェイハンドシェイク**と呼ばれます。なお、MSSの交換は、このやりとりの中でTCPのオプションの1つを使って行われます。

また**切断処理**では、切断を要求するコンピュータ（図ではA）がFINフラグをオンにしたパケットを相手コンピュータ（図ではB）に送ります。それを受け取ったコンピュータBは、ACKフラグをオンにして、受け取ったシーケンス番号+1を確認応答番号としてセットしたパケットをコンピュータAに送り返します。さらに自分からも切断を要求するために、FINフラグをオンにしたパケットをコンピュータAに送り、それを受け取ったコンピュータAは、ACKフラグをオンにして、受け取ったシーケンス番号+1を確認応答番号としてセットしたパケットをコンピュータBに送ります。このやりとりによりTCPの接続は閉じられて通信が終了します。

COLUMN　TCPの通信速度の上限

TCPはウィンドウサイズの大きさまでデータを一気に送信します。通常、この処理はほとんど一瞬で終わり、その後、だいぶ時間が経ってから一連の確認応答が返って来ます。そしてそれらを受信し終えたら、また次にウィンドウサイズの大きさのデータを一気に送信します。つまりTCPでは、**確認応答が返ってくるまでの時間（ラウンドトリップタイム）で、ウィンドウサイズ分のデータを送っている**ことになります。

ここから実効的な通信速度を計算でき、これがTCPの通信速度の計算上の限界になります。例えば、64キロバイトのウィンドウサイズ、ラウンドトリップタイム10ミリ秒とすると、65536バイト÷0.01秒×8ビット＝52428800bps ≒ 52.4Mbpsが上限です。この値はラウンドトリップタイムが大きいほど下がるので、そのことから遅延が大きいネットワークでTCPはスピードが出ないことがわかります。なお、最近のOSはウィンドウサイズを64キロバイトより大きくして論理的な限界を上げています。

CHAPTER2
How TCP/IP Protocol Works

16 IPv6の概要

IPv6が生まれた背景と現状

インターネットに接続する端末や装置は、それぞれが別々のIPアドレスを持っている必要があります。しかし、これまで主流であったIPv4では、IPアドレスを32ビットで表していて、理論上、2の32乗（約43億）のIPアドレスしか使えず、いずれ足りなくなるといわれてきました。実際、インターネットに接続する端末数が爆発的に増える中、現在、すでにこれが底をついてしまっていて、NAT/NAPTなどの技術を使うことで、何とかしのいでいる状況です。

この状況を根本的に解決するために登場したのが**IPv6**です。IPv6では、IPアドレスを128ビットで表すよう改良されていて、**2の128乗のIPアドレス**が使えますので、IPアドレスが足りなくなることは、まずないと考えられています。ただ、**既存のIPv4とIPv6の間に互換性はない**ため、家庭やオフィスで使用するコンピュータ、ルータ、またアクセス回線事業者やインターネット接続事業者（ISP）のルータ、サーバ事業者のサーバなどが、IPv6に対応する必要があります。

IPv6に対応するのに、LANケーブルやハブ／スイッチを取り替える必要はありません。ネットワーク装置の規格であるイーサネットはそのままで、その上でやりとりするデータ（IPパケット）の形式が変わる、といったイメージです。また、比較的新しい機器であればIPv6に対応していることが多いため、必要な設定を施すだけでIPv6に対応できるケースもあります。

実際のIPv6への対応は、アクセス回線事業者、ISP、サーバ事業者が先行していて、対応を終えた事業者も多くあります。したがって、現在は、**家庭やオフィスで使用するPCやアクセスルータをIPv6に対応するよう設定を変更し、アクセス回線事業者やISPにIPv6でのインターネットアクセスを申し込む**（無料のケースが多い）などすれば、IPv4形式に加えて、IPv6形式でもインターネットにアクセスできる状況にあります。ただ、世界中のあらゆるサーバがIPv6に対応を終えているわけではありませんので、しばらくは、新しいIPv6の形式で通信するサーバと、これまでのIPv4の形式で通信するサーバが混在することになります。

家庭やオフィスでのIPv6利用設定が済むと、インターネットにアクセスするコンピュータは、接続先がIPv6に対応してればIPv6で、まだ未対応ならIPv4でアクセスします。また、もし自分でIPv6の設定をした記憶がなくても、アクセス回線事業者やISPが提供するルータなどを利用していれば、知らない間にIPv6でインターネットにアクセスしている可能性があります。現在､利用しているコンピュータがIPv6でインターネットにアクセスできるかどうかを調べるには、IPv6対応状況をチェックするWebサイトにアクセスして結果を確認するのが簡単です。「ip6判定」と検索すると、そのようなサイトをたくさん見つけることができます。

IPv6パケットの構造

図2-62はIPv6のパケット構造を表しています。IPv4と比べ、ヘッダ部のサイズは20バイトから40バイトに増えていますが、フィールドの種類はむしろ減って

図2-62 IPv6パケットの構造

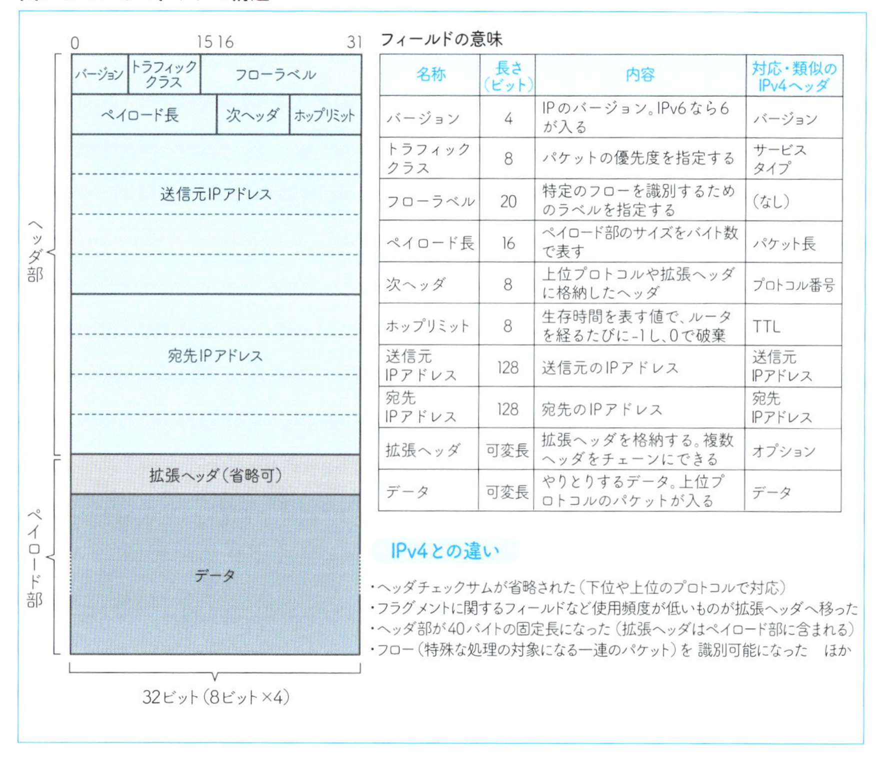

名称	長さ(ビット)	内容	対応・類似のIPv4ヘッダ
バージョン	4	IPのバージョン。IPv6なら6が入る	バージョン
トラフィッククラス	8	パケットの優先度を指定する	サービスタイプ
フローラベル	20	特定のフローを識別するためのラベルを指定する	(なし)
ペイロード長	16	ペイロード部のサイズをバイト数で表す	パケット長
次ヘッダ	8	上位プロトコルや拡張ヘッダに格納したヘッダ	プロトコル番号
ホップリミット	8	生存時間を表す値で、ルータを経るたびに-1し、0で破棄	TTL
送信元IPアドレス	128	送信元のIPアドレス	送信元IPアドレス
宛先IPアドレス	128	宛先のIPアドレス	宛先IPアドレス
拡張ヘッダ	可変長	拡張ヘッダを格納する。複数ヘッダをチェーンにできる	オプション
データ	可変長	やりとりするデータ。上位プロトコルのパケットが入る	データ

IPv4との違い

・ヘッダチェックサムが省略された(下位や上位のプロトコルで対応)
・フラグメントに関するフィールドなど使用頻度が低いものが拡張ヘッダへ移った
・ヘッダ部が40バイトの固定長になった(拡張ヘッダはペイロード部に含まれる)
・フロー(特殊な処理の対象になる一連のパケット)を識別可能になった ほか

います。IPv6では、「ヘッダチェックサム」のフィールドがなくなっています。これは、IPパケットでのデータの検査は省略して、下位や上位のプロトコルに任せることになったためです。また経路の途中にあるルータではパケット分割が行われなくなった（送信元が分割することはあり得る）ことに伴い、フラグメントに関するフィールド（「ID」や「フラグメントオフセット」）は拡張ヘッダに移されました。これら以外のヘッダフィールドについては、IPv4と同じまたは類似するものが用意されています。

IPv6では、基本的なヘッダ部分を40バイトの固定長としています。これは、コンピュータやルータでの処理をしやすくするためです。それに伴い、拡張ヘッダは、ペイロード（やりとりするデータを格納する部分）の中にデータと一緒に格納される扱いになりました。

拡張ヘッダには**表2-9**に示すようなものがあり、これらが所定の順序でチェーン状につながれた形になって、拡張ヘッダ領域に格納されます。そして「次ヘッダ」フィールドにチェーン最初の拡張ヘッダに関する情報が入ります。なお、拡張ヘッダがない場合は、「次ヘッダ」フィールドには、上位プロトコルのプロトコル番号が入ります。

表2-9 拡張ヘッダの種類

名称	内容
ホップバイホップオプションヘッダ	途中に通過するルータで処理するオプションを格納する
ルーティングヘッダ	ソースルーティング（経路指定）の情報を格納する
フラグメントヘッダ	送信元が行うパケット分割に関する情報を格納する
カプセル化セキュリティペイロードヘッダ	ペイロード部を暗号化するIPsecのESPに関する情報を格納する
認証ヘッダ	IPsecのAHに関する情報を格納する
宛先オプションヘッダ	宛先コンピュータで処理するオプションを格納する

IPv6でのIPアドレス

IPアドレスが128ビットになったことに伴い、**IPv6ではIPアドレスの種類や書き表し方が変わりました**（**図2-63**）。IPv4では0～255の数をピリオド（.）で区切って4つ並べますが、IPv6では、**4ケタの16進数（英字は小文字）をコロン（:）で区切って8つ並べる**のが基本形です。

しかし、このままでは長過ぎて読み書きに不便なことから、省略表記を使ってなるべく簡潔に書けるようにし、同時に、省略しても同じアドレスが複数の表記にならないよう工夫された表記ルールが設けられています。

まず、4ケタの16進数のうち上位にあるゼロは省略します。例えば「0db8」なら「db8」に、「0000」なら「0」に、それぞれ書き換えます。さらに連続するゼロがあれば、それを「::」としてやります。「0:0」でも「0:0:0:0」でも「::」に書き換えます。この書き換えはIPアドレスの中で1箇所のみとし、もし複数箇所あれば連続するゼロが多いほうに適用します。また連続するゼロが同数で複数箇所あるときは左側にあるものに適用します。アドレス中には16進数の値が必ず8つあるので、このような省略を行っても元のアドレスを復元できます。ちなみに「::」や「::1」も正しいアドレス表記です。前者は「0000:0000:0000:0000:0000:0000:0000:0000」で未指定アドレスを、後者は「0000:0000:0000:0000:0000:0000:0000:0001」でループバックアドレスを表します。

図2-63 IPv6アドレスの表記ルール

IPv6アドレスの種類と形式

IPv6ではIPv4とはまた別の形でアドレスの種類が定義されています。そのうち**グローバルユニキャストアドレス**は、インターネットで唯一となるように割り当てられ最も中心的な役割を果たすアドレスです。また、**リンクローカルユニキャストアドレス**は、ルータで中継されず特定のイーサネット内でのみ有効なアドレスで、端末や機器をネットワークに接続すれば何も設定しなくとも自動で割り当てられるアドレスです。

これら2つのアドレスは**図2-64**のような構造になっていて、内部は64ビットの「ネットワークプレフィックス」と、64ビットの「インタフェースID」から構成されています。このうち「ネットワークプレフィックス」はIPv4でのネットワーク部に相当してネットワークを表し、「インタフェースID」は同じくホスト部に相当してネットワーク内の端末や機器を特定する役割を持ちます。なおIPv4では、ホスト部の長さが可変でしたが、IPv6の「インタフェースID」は64ビットに固定して運用されています。「ネットワークプレフィックス」には「ルーティングプレフィックス」と「サブネットID」のフィールドがあり、「ルーティングプレフィックス」にはグローバルIPアドレスの一部として割り当てを受けた値が

図2-64 代表的なIPv6アドレスのフィールド構成

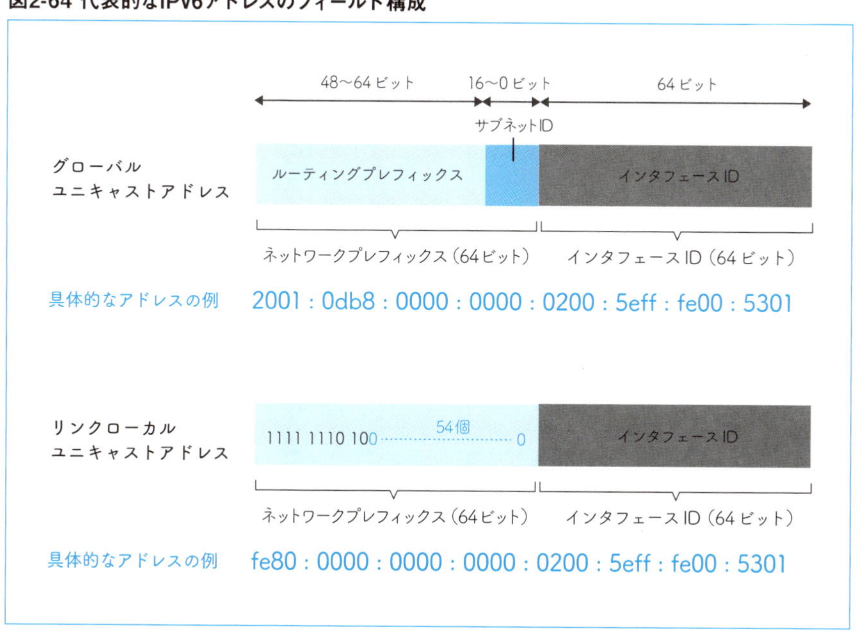

設定されます。「サブネットID」はユーザーがサブネットを設けるときに使用します。また、リンクローカルユニキャストアドレスでは、ネットワークプレフィックスが2進数の「1111 1110 10」で始まり、その後に54個のゼロが続きます。

IPv6では、1つのネットワークインタフェースカード（NIC）に対して、グローバルユニキャストアドレス、リンクローカルアドレスなど、複数のIPアドレスが割り当てられるのが普通で、そのうち適切なものを端末が選択して使います。

IPv4で重要な役割を果たしていた機能との対応

IPv6ではDHCPサーバがなくてもIPアドレスの自動割り当てができます。これにはルータが重要な役目を果たしていて、ルータがプレフィックスをアナウンスし、端末や機器がインタフェースIDを自動生成することにより実現しています。インタフェースIDの生成には、MACアドレスを基にする方法や、ランダムに生成する方法があります。必要であればDHCPサーバを使うこともできます。

また、すべての端末や機器がグローバルIPアドレスを持つIPv6では、理屈上、NAT/NAPTが不要になります。ただしNAT/NAPTは内部ネットワークの情報を隠す効果があり、必要に応じてNAT/NAPTを使うことができます。また、プライベートIPアドレスに相当するものも用意されています。**ユニークローカルユニキャストアドレス**と呼ばれていて、家庭やオフィスの内部での通信に使われます。インターネットとは通信ができません。

なお、IPアドレスからMACアドレスへの変換を行うARPは、IPv6のICMPにその機能が盛り込まれているため、独立したIPv6用のARPとしては定義されていません。

COLUMN　Wireshark のインストール手順

高機能ながら無料のパケットキャプチャソフトウェアとして知られるWiresharkのインストール方法を説明します。以下の説明は、Windows 10 Home 64bitにインストールオプションを何も指定せずインストールすることを想定しています。なお、macOSではWiresharkの代わりに標準で内蔵されているコマンドtcpdumpを使って文字ベースで同じようなキャプチャができます。

1. Wiresharkの本家サイト（https://www.wireshark.org/download.html）から、インストールするコンピュータのOSに合致するインストーラをダウンロードする。2018年の本書執筆時点での安定版（Stable Release）バージョン2.6.2では、Windows（64ビット、32ビット）、macOSなどのインストーラが用意されている
2. ダウンロードしたインストーラを実行する。［このアプリがデバイスに変更を加えることを許可しますか？］と聞かれたら［はい］と答える
3. インストールウィザードが起動したら、すべてデフォルト値のままで［Next］か［I Agree］か［Install］をクリックしていく（**図2-65**）。するとWireshark本体のインストールが始まる
4. 途中でPcapのインストールウィザードが自動起動するので、こちらも［Next］か［I Agree］か［Install］をクリックしていくと、Pcapのインストールが始まりすぐ終わる。終わったら［Finish］をクリックする
5. しばらくするとWireshark本体のインストールが終了（**図2-66**）するので［Next］［Finish］とクリック。するとPCが自動的に再起動し、立ち上がるとWiresharkが使えるようになる

図2-65 オプションの指定画面

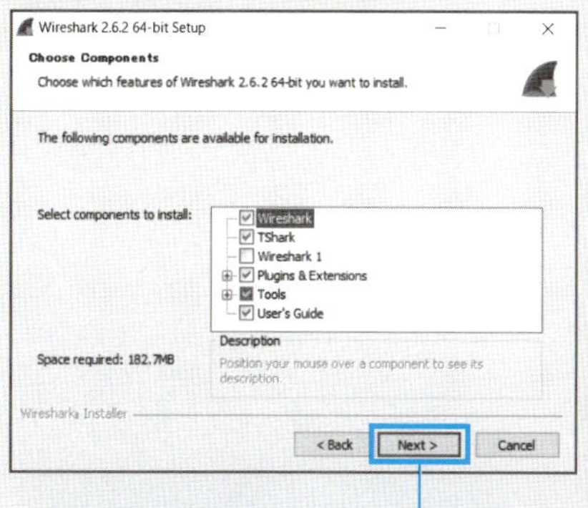

図2-66 インストール完了画面

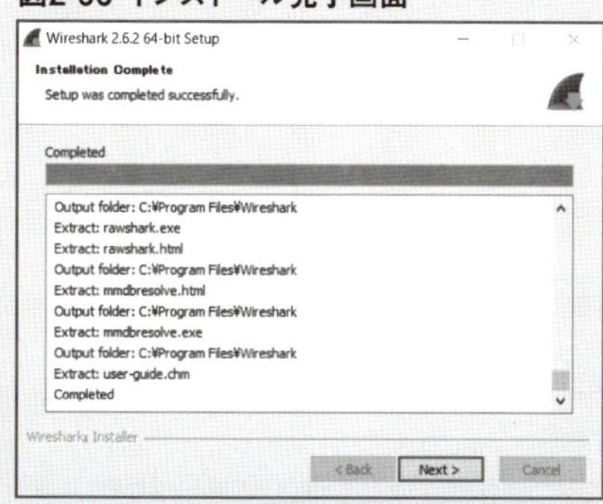

COLUMN　Wiresharkの使い方

Wiresharkは次のような手順で使用します。

1. Wiresharkを利用してパケットをキャプチャ（分析のために取得）するには、まず通信をキャプチャしたいPCにWiresharkをインストールする（前ページのコラム参照）
2. インストールが終わったら、Wiresharkでキャプチャを開始する。Wiresharkの起動画面に表示されるインタフェースの一覧でキャプチャしたいインタフェースをダブルクリックするとキャプチャが始まる（**図2-67**）。2回め以降は［キャプチャ］メニュー→［開始］でも始められる

図2-67 キャプチャするインタフェース（NIC）の選択

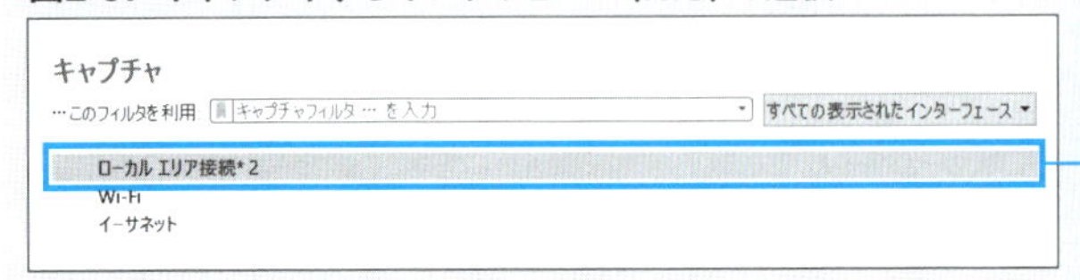

キャプチャしたいインタフェースをダブルクリックするとキャプチャが始まる。無線LAN接続のPCならWi-Fiを、有線LAN接続ならイーサネットを選べばよい

3. キャプチャを開始したら、キャプチャ対象のアプリを実行して必要な操作をする。この間、そのPCでやりとりする通信内容がすべてキャプチャされる。必要な操作を終えたら［キャプチャ］メニュー→［停止］でキャプチャを止める
4. キャプチャを停止すると、キャプチャした内容がメイン画面に時刻順で表示される。画面には上部、中部、下部があり、上部の概要を1つ選択すると、中部にその詳細が、下部に16進数ダンプが表示される。また、表示フィルタ（**図2-68**）を使うと、表示対象を絞り込むことができる
5. キャプチャ内容を後日分析したい場合は、［ファイル］メニュー→［保存］でキャプチャ内容を保存しておき、必要に応じて［ファイル］メニュー→［開く］で読み込み分析する

なお、同じネットワークにつながっていても、別の端末の通信内容をキャプチャすることはできません。なぜなら、近年のハブはすべてスイッチングハブであり、ほかのポートにつながった端末がやりとりするパケットは一切流れてこないからです。

図2-68 表示フィルタの指定方法

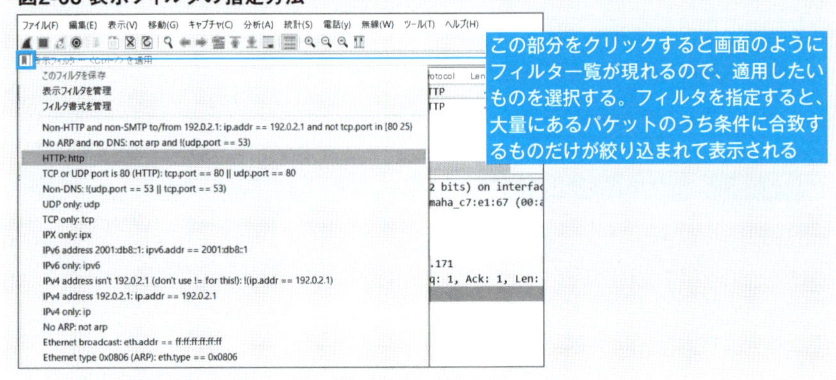

CHAPTER3

有線 LAN の基礎知識

Wired LAN Basics

この章では、進化を続けるイーサネットの技術と、それによって構成するネットワークの基本要素について学びます。

本章のキーワード

・CSMA/CD　・トポロジ　・コリジョン　・半二重　・全二重
・DIX 仕様　・IEEE 802.3 CSMA/CD　・UTP　・STP
・シングルモードファイバ　・マルチモードファイバ　・分布定数回路
・マンチェスタ符号　・4B5B　・MLT-3　・8B1Q4　・4D-PAM5
・MAC アドレス　・転送データベース　・フラッディング
・ワイヤスピード　・MTBF　・二重化　・n+1 構成
・スタンバイ方式　・ブロードキャストストーム
・単一障害点　・VRRP

CHAPTER3
Wired
LAN
Basics

01 イーサネットの仕様と種類

イーサネットの位置付け

イーサネットは、コンピュータをはじめとする各種の情報通信機器で幅広く用いられている、**有線で接続するネットワークの標準規格**です。イーサネットでは、電気信号や光信号の形式、コネクタ形状、対向する機器同士の通信方式などを規定しており、コンピュータ同士、コンピュータと入出力装置、コンピュータと通信装置、通信装置同士などの情報のやりとりに用いられています。

過去には、イーサネット以外のネットワーク規格として、トークンリング、FDDI、ATMなどが用いられた時期があります。しかし、今日の有線ネットワークにおいては、ほぼすべてがイーサネットに置き換わっており、それ以外の規格のネットワークを身近に見かけることは、まずありません。

イーサネットがこのように普及したのには、取り扱いやすい銅線のケーブルを使いながら通信速度が十分に速い、ケーブルや機器が廉価、設置に手間がかからない、といった使いやすさが功を奏したものと考えられます。なお現在では、銅線以外に、光ケーブルを使用するイーサネットもデータセンタなどで使われています。イーサネットの通信速度向上に向けた研究開発は、いまも続いていて、これからも当分はネットワーク規格の主流として用いられるものと考えられます。

ネットワークインタフェースカード

コンピュータや各種機器に組込まれる通信用コンポーネントを**ネットワークインタフェースカード**（以下、NIC）と呼びます。近年では、大部分のPCがネットワーク機能を内蔵していて、NICの機能はPCのマザーボードに搭載されるのが一般的です。しかし1台のPCに2つ以上のNICを搭載する場合や、内蔵のNICが機能不足の場合などには、別途、増設用のNICを用意して利用します。通常、これらはUSBインタフェースや、PCI Expressなどの拡張スロットに装着します（**図3-1**）。

図3-1 PCに装着するNICの一例

USBインタフェースに接続するNIC

PCI Expressに接続するNIC
（提供:株式会社アイ·オー·データ機器）

NICには、LANケーブル（銅線を芯線にしたケーブル）や光ケーブル（光ファイバを芯線にしたケーブル）を接続するポートが設けられており、PCをネットワークに接続するときには、NICの接続ポートにケーブルの片端を接続し、同じケーブルの別の片端をスイッチなどに接続します。増設用のNICは1つの接続ポートを搭載するものが主流ですが、8ポート程度の複数ポートを搭載するものも販売されています。

イーサネットに用いられるコネクタ

LANケーブルを使うイーサネットでは、NICとケーブルを接続するコネクタとして、一般に**RJ-45**と呼ばれるもの（正しくは8P8C）が使われています（**図3-2**左上）。RJ-45プラグは電話用のモジュラープラグを一回り大きくしたような形状をしていて、電気信号を伝えるためのピンが8つ設けられています。プラグには

図3-2 イーサネットで用いられるコネクタの形状

RJ-45コネクタ
（カテゴリ7未満のLANケーブルで使用）
（提供：サンワサプライ株式会社）

TERAコネクタ
（カテゴリ7以上のLANケーブルで使用）
（出典：Wikipedia）

SCコネクタ
（光ケーブルで使用）
（提供：サンワサプライ株式会社）

LCコネクタ
（光ケーブルで使用）
（提供：サンワサプライ株式会社）

弾力性のある小さなレバーが付いていて、そこにあるでっぱりがジャック内の溝とはまり合い、接続したプラグが容易に抜けないようロックされます。ジャックから抜くときはレバー部分を押しながらプラグを引き抜きます。

一方、光ケーブルを用いるイーサネットでは、NICとケーブルを接続するコネクタが標準化されておらず、いくつかのものが使われています（**図3-2**）。そのうちの1つであるSCコネクタは、手で押すあるいは引くことでコネクタの挿抜ができるもので、イーサネットでは送受信用に2つのコネクタが連なったものが多く用いられます。またSCコネクタは形状が大きく場所を取ることから、より小型化されたものとして、LCコネクタ（RJ-45と同様のレバー式ロック）やMUコネクタ（SCコネクタのような抜き差し式）も使われています。

イーサネットのトポロジ

トポロジとはネットワークを構成する要素をどのような形状に接続するか表したものです。イーサネットでは、古くはバス型と呼ばれるトポロジが用いられ、現在は主にスター型と呼ばれるトポロジが用いられています（**図3-3**）。

バス型は、1つの通信媒体に複数の端末を接続する方式です。通信媒体が1つしかないため、ある瞬間に通信媒体へ情報を送り出せるのは1台の端末に限られます。そのためバス型では1つの通信媒体を全端末でシェアするようなイメージで通信を行います。この通信媒体のシェアに際して、**CSMA/CD（Carrier Sense Multiple Access with Collision Detection）**と呼ばれるルールが用いられます。

CSMA/CDでは、送信しようとする端末は、まず、ほかの端末が媒体に信号を送っていないかどうか確認します。それにより誰も送っていないことが判明したら、そこで初めて自分が送信を開始します。もしこのとき、ほかの端末が同時に送信を始めたことを検出したら（コリジョンと呼びます）、双方が送信を中止して、

図3-3 各種のネットワークトポロジ

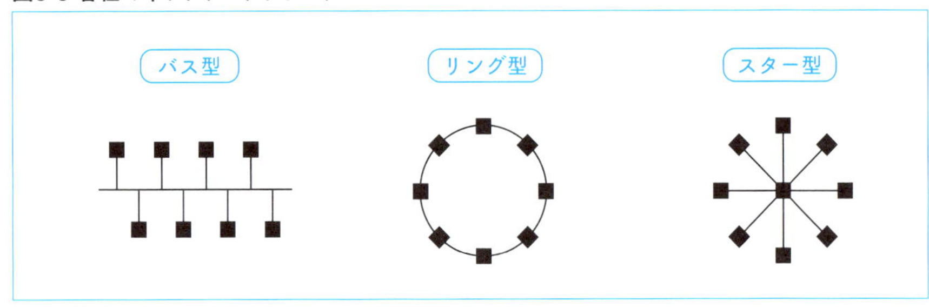

数ミリ秒程度のランダムな時間を待った後に、再度、送信を試みるというルールが用いられます（**図3-4**）。

この方式は、シンプルなルールで通信媒体をうまくシェアできますが、端末が増えてくるとコリジョンが急増して通信効率が悪くなります。また、ある瞬間に行うことができる通信は、いずれかの端末から別の端末への送信だけに限られるので、どの端末も送信と受信を同時に行うことができません。このように、ある瞬間には送信か受信のどちらかしかできない通信形態を**半二重**と呼びます。これに対して、常に送信と受信を同時に行うことができる通信形態を**全二重**と呼びます。半二重は通信媒体が1つで済みますが、通信効率は全二重より落ちます。

これに対し、スター型のトポロジでは、各端末が個別の通信媒体につながっていて、通信媒体を共用していません。そのため、ほかの端末の送信状況を気にすることなく、いつでも送信することができます。また、このトポロジのイーサネットでは、送信用と受信用の通信媒体が別々に用意されていることから、送信と受信を同時に行うことができる全二重での通信が可能です。このような理由から、スター型を採用する現在のイーサネットでコリジョンが起きることは通常ありません。

図3-4 CSMA/CDの動作イメージ

❶ 通信媒体が使用中でないことを確認

❷ 通信媒体を監視しながら信号を送出

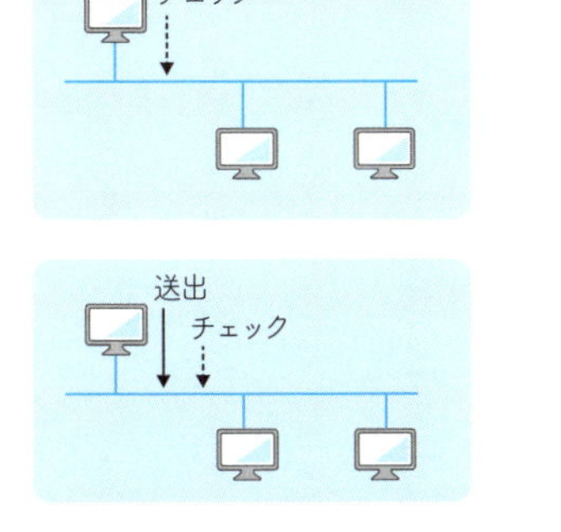

❸ ほかの端末も同時に送出を始めコリジョンが検出されたら、ただちに送出を停止し、数ミリ秒程度のランダムな時間の後に再送を試みる※1 ※2

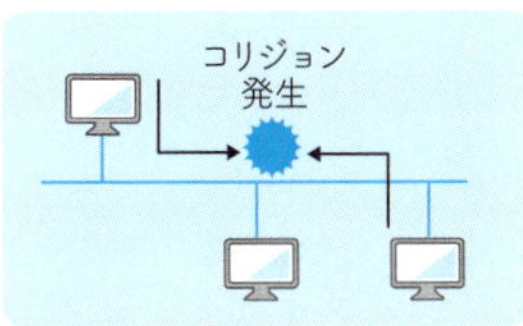

※1 待ち時間はランダムなので、次はコリジョンが起きない可能性が高い
※2 実際にはコリジョンを検出したらジャム信号を送出して他端末にコリジョン発生を通知してフレーム破棄を促す

イーサネットの規格

イーサネットの規格には、「1000BASE-T」といった具合に、速度や伝送方式などを組み合わせた名前が付いています。最初の「1000」は通信速度を表し、1000なら1000Mbps=1Gbpsの通信速度の規格です。続く「BASE」は伝送方式を表し、BASEはベースバンド伝送（変調をせず電圧などを直接変化させて情報を乗せる）を表しています。BROADならブロードバンド伝送（変調して情報を乗せる）を表しますが、こちらは使われていません。最後の「T」は使用する通信媒体を表し、Tは平衡対(へいこうつい)ケーブル（ツイステッドペアケーブル）を通信媒体に使うことを表します。

主要なイーサネット規格を**表3-1**に示します。2018年現在、オフィスや家庭では銅線を使用する1000BASE-Tが主に使われ、これから10GBASE-Tの普及が見込まれています。また企業の基幹ネットワークやデータセンタなどでは、光ファイバを利用して安定的に40Gbpsや100Gbpsといった高い通信速度が得られる規格が使われています。

表3-1 主なイーサネット規格

規格名	通信速度	通信媒体	使用ケーブル	最大長
10BASE-T	10Mbps	銅線	UTPカテゴリ3以上	100m
100BASE-TX	100Mbps	銅線	UTPカテゴリ5以上	100m
1000BASE-T	1Gbps	銅線	UTPカテゴリ5e以上	100m
10GBASE-T	10Gbps	銅線	UTPカテゴリ6A以上	100m
25GBASE-T	25Gbps	銅線	STPカテゴリ8以上	30m
40GBASE-T	40Gbps	銅線	STPカテゴリ8以上	30m
10GBASE-SR	10Gbps	光ファイバ	マルチモードファイバ	400m
10GBASE-LR	10Gbps	光ファイバ	シングルモードファイバ	10km
10GBASE-ER	10Gbps	光ファイバ	シングルモードファイバ	40km
10GBASE-LX4	10Gbps	光ファイバ	マルチモードファイバ シングルモードファイバ	300m 10km
40GBASE-SR4	40Gbps	光ファイバ	マルチモードファイバ	150m
40GBASE-LR4	40Gbps	光ファイバ	シングルモードファイバ	10km
40GBASE-ER4	40Gbps	光ファイバ	シングルモードファイバ	40km
100GBASE-SR4	100Gbps	光ファイバ	マルチモードファイバ	100m
100GBASE-LR4	100Gbps	光ファイバ	シングルモードファイバ	10km
100GBASE-ER4	100Gbps	光ファイバ	シングルモードファイバ	40km
100GBASE-SR10	100Gbps	光ファイバ	マルチモードファイバ	150m

※マルチモードファイバの種類によって最大長が異なるものは長いほうの値を示した

フレームフォーマット

イーサネットは、1979年にDEC、Intel、Xeroxにより共同開発されました。このときの仕様はDIX仕様と呼ばれます。その後、IEEE 802.3において標準化が行われ、Ethernet 2.0と呼ばれる規格を経て、1983年にIEEE 802.3 CSMA/CDとして発表されました。これが現在のイーサネットの仕様の出発点になっています。

イーサネットの802.3仕様は、DIX仕様を内包しながら拡張されていて、最も主要なプロトコルであるTCP/IPで使用する場合には、各フィールドの使い方がDIX仕様と同一になるよう工夫されています。

図3-5にイーサネットでやりとりする情報の形式（フレーム構成と呼びます）と各フィールドの役割を示します。イーサネットでのデータのやりとりは、このようなフレームを単位として行い、その宛先は**MACアドレス（NICに書き込まれているハードウェアのアドレス）**で指定します。このフレームの様子はパケットキャプチャソフトを使うと観察することができます。パケットキャプチャソフトについては2章末のコラムを参照してください。

図3-5 イーサネットフレームの基本的な構成

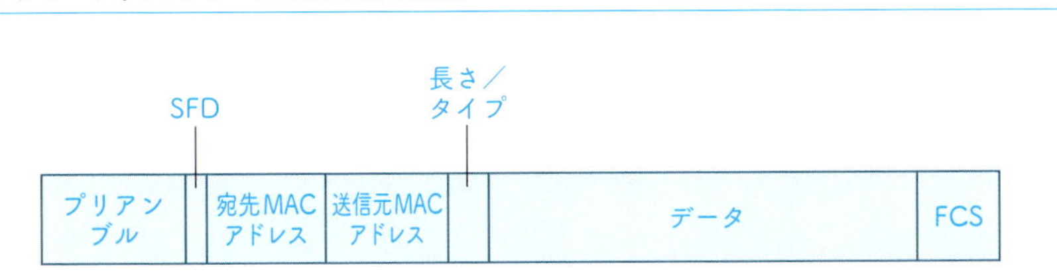

名称	サイズ	内容
プリアンブル	7バイト	同期をとるための符号（1と0の繰り返し）※1
SFD (Start Frame Delimiter)	1バイト	フレーム開始を示す符号（10101011）※1
宛先MACアドレス	6バイト	宛先NICのMACアドレス
送信元MACアドレス	6バイト	送信元NICのMACアドレス
長さ／タイプ	2バイト	長さまたは上位プロトコルのタイプ ※2
データ	46～1500バイト	送信するデータ本体
FCS (Frame Check Sequence)	4バイト	CRCによるエラーチェックコード

※1 「10101010」が7回続いた後、8回めに「10101011」が現れて、フレームが始まることを示す
※2 このフィールドの値が1500以下なら長さを表しているとみなし、1536（16進数で600）以上なら上位プロトコルを表しているとみなす。後者ではDIX仕様と同等のフレーム構成になり、TCP/IPではこれが使われる

CHAPTER3
Wired
LAN
Basics

02 イーサネットに用いる媒体

メタルケーブルの種類と特徴

有線でネットワークに接続するイーサネットでは、接続用のケーブルとして大きく分けて2種類のものが用いられます。1つめは**メタルケーブル**で、信号伝達の媒体に銅などの導体を使用し、そこに電気信号を流すことで情報を伝えます。もう1つは**光ファイバケーブル**で、信号伝達の媒体にガラスやプラスチックで作られた光ファイバを使用し、そこに光を通すことで情報を伝えます。

メタルケーブルの長所としては、価格が安い、引き回しやすい、コネクタ部の処理がしやすいといった点が挙げられ、また短所としては、長距離を伝送すると信号が減衰しやすい、周波数が高い信号（高速な通信）では減衰の増加やひずみが発生しやすい、周囲から雑音の影響を受けたり信号が漏れたりしやすいといった点が挙げられます。

メタルケーブルは、大きく平衡対ケーブルと同軸ケーブルに分類されます。平衡対ケーブルは、2本の芯線をよった構造をしていて、1つのケーブルに複数のより対線が含まれます。もう一方の同軸ケーブルは、中心に1本の芯線を配置し、間に絶縁体を介して、外側をもう1つの導体（細い銅線を編んだものが一般的）で覆う構造（**図3-6**）をしています。

両者を比較すると、一般に同軸ケーブルのほうが、高い周波数を扱えて、外側の導体がシールドの役目を果たすので周囲からの雑音や周囲への信号漏れが少ないといわれます。一方の平衡対ケーブルは、構造が簡単で安価なことがメリットです。このような特性があることから、イーサネットが登場した初期は、同軸ケーブルが通信媒体として使われていました。その後、平衡対ケーブルで高速通信を行う技術が考案され、**現在では取り扱いがしやすい平衡対ケーブルが主に用いられています。**また、平衡対ケーブルでは伝送が難しい超高速な通信については、同軸ケーブルに代わって光ファイバケーブルが使われるようになり、イーサネットに関しては同軸ケーブルが登場する機会は、いまやなくなっています（**図3-7**）。

図3-6 同軸ケーブルと平衡対ケーブルの構造

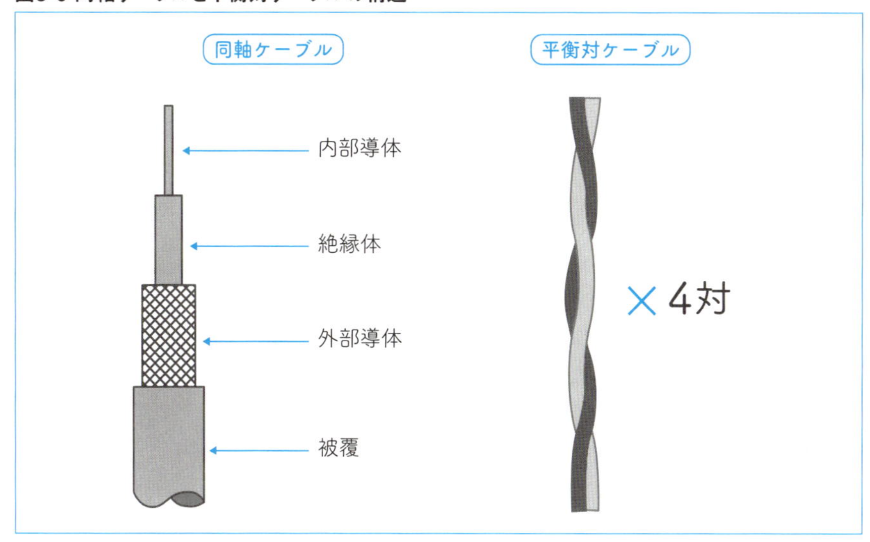

図3-7 イーサネットに用いる主な媒体の分類

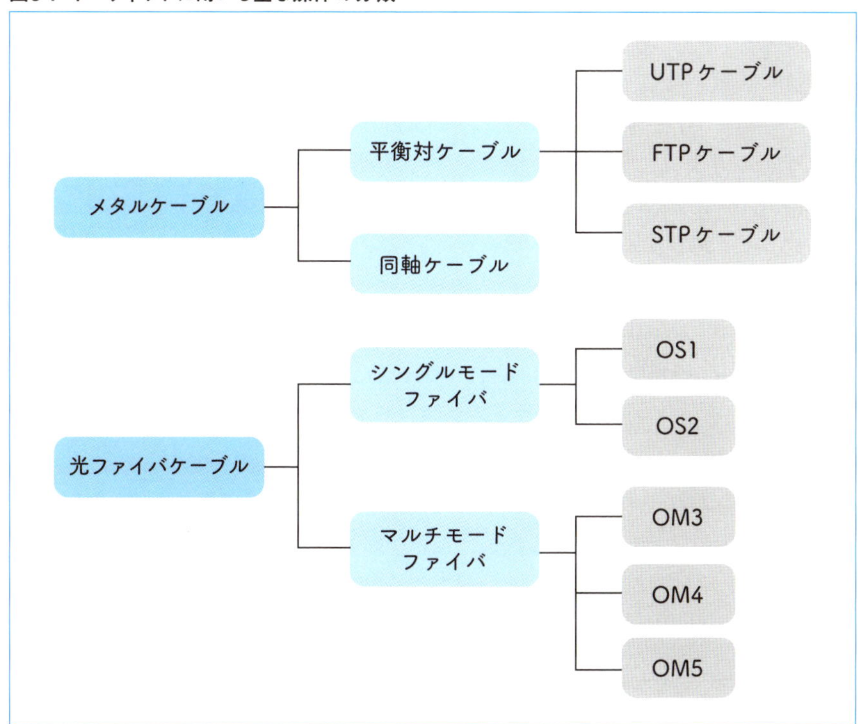

メタル平衡対ケーブルの種類

イーサネットで使われる平衡対ケーブルは、銅で作られた0.5mm程度の芯線をビニルの被覆で覆い、それを2本よって作られています。この**芯線には、1本の銅のワイヤで構成する単線と、細い銅のワイヤをよって作るより線のものがあります。**単線はケーブルがやや硬くて強く曲げると芯線が折れる恐れありますが、長い配線では減衰が少ないとされます。これに対しより線は、ケーブルが柔らかくしなやかで扱いやすいのですが、長い配線では減衰が増えるとされています。

その大きな理由は、一般に表皮効果（芯線を流れる信号は周波数が高いほど芯線の表面を流れる）として説明されます。複数の細い銅線で構成するより線より、単一の銅材で構成する単線のほうが、表面に近い部分の特性が均等で電流が流れやすく抵抗が少ないという理屈です。そのため、長く敷設するケーブルであるほど、高カテゴリのケーブルであるほど、芯線が単線のケーブルがよいとされます。

平衡対ケーブルは、シールドの有無や形態によって3つに分類されます。シールドとは周辺から受ける雑音を低減したり、逆に、自身が周辺に放出する雑音を低減したりするもので、ケーブルにおいては、金属箔や細い金属で編んだ網によって芯線やケーブル全体を覆うことでその効果を得ます。一般的に、やりとりする信号の周波数が高いほど、シールドが必要になります。

平衡対ケーブルのうち、シールドがないものは**UTP（Unshielded Twisted Pair）ケーブル**と呼ばれます。UTPケーブルは**図3-8**左上のような構造をしていて、よられた2本の芯線が1つのペアとなり、そのペアを4つまとめて、1つのケーブルとしています。シールドがない代わりに、UTPケーブルは芯線をよることによって周囲からの影響や、周囲へ与える影響を低減しています。その原理は**図3-9**のようなものです。カテゴリ7未満のLANケーブルはUTPケーブルです。

一方、シールドがあるものは**STP（Shielded Twisted Pair）ケーブル**と呼ばれます。これはUTPケーブルの全体あるいは対線のペアを金属箔や編んだ銅線で覆ったもので、金属箔で覆ったものを区別してFTP（Foilded Twisted Pair）と呼ぶこともあります。

STPは、一般論として、高速伝送、長距離伝送、ノイズが多いところなどに向きます。しかし、その効果を発揮するには、使用機器やコネクタが接地（アース）に対応している必要があることから、利用する場面はいまのところまだ多くありません。また、STPに非対応の機器やコネクタでの使用は、かえって通信に悪影響があるともされます。

図3-8 メタル平衡対ケーブルの内部構造

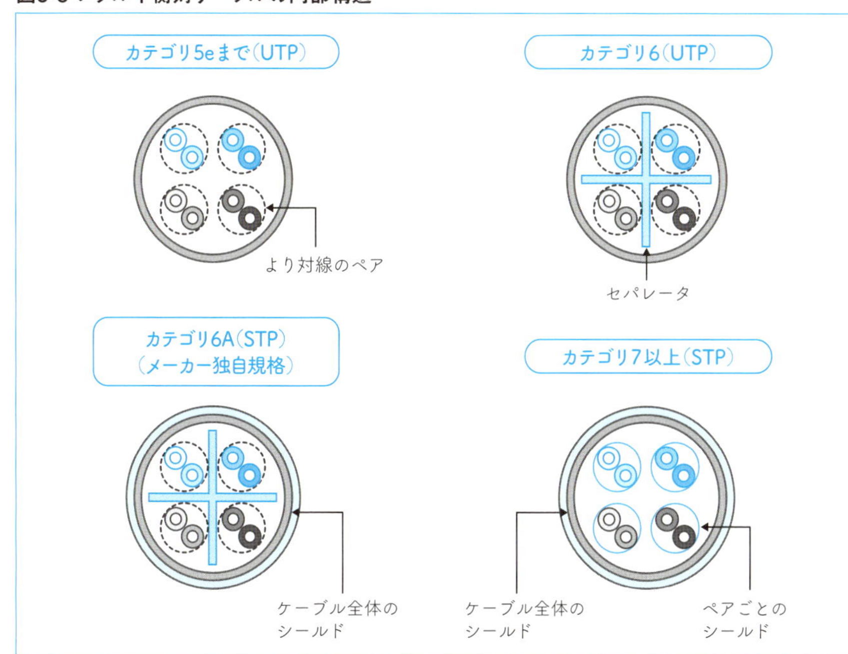

※ カテゴリはケーブルのグレードを表し、一般に数が大きいほど高い周波数の信号（=高速通信）を扱える

図3-9 芯線をよることで外部からの雑音を減らせる理由

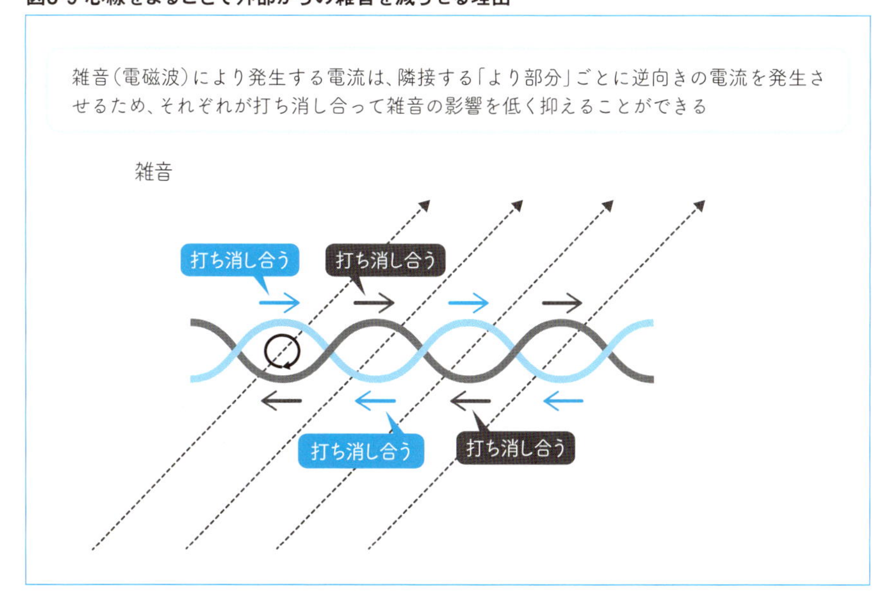

光ファイバケーブルの種類と特徴

光ファイバケーブルは、ガラスまたはプラスチックで作られた微細な繊維を芯線にして、光信号をやりとりするためのケーブルです。その中心で光を伝搬する部分の直径は、特にガラスで作られたものは、50～60μm（マルチモードファイバ）、あるいは、8～9μm（シングルモードファイバ）と非常に細くできています。

光ファイバケーブルの種類は、伝搬モードにより大きく2種類に分けられます。伝搬モードとは光が伝わる経路のことで、一定の幅の中を複数の経路で伝わるものをマルチモード、中心部のごく狭い部分を1つの経路で伝わるものをシングルモードと呼びます（**図3-10**）。

マルチモードファイバは、伝搬経路ごとに反射回数が違うため、それぞれの到着時間が違ってしまい波形がひずみやすいという性質があります。また伝送損失も大きめで、長距離伝送には向きません。しかし、芯線が比較的太いため、芯線同士を接続するコネクタ部の処理やケーブルの取り回しにあまり神経を使う必要がなく、また価格も安いという長所があります。

これに対し、**シングルモードファイバ**は、伝搬経路ごとの到着時間差によるひずみは原理上なく伝送損失が小さいため、長距離・高速伝送に向いています。ただし、芯線が細いためコネクタで芯線同士を接続することによる減衰などの影響が出やすく、ケーブルの取り回しにも神経を使う必要があり、マルチモードファイバほど取り扱いやすくありません。

光ファイバでの通信では、通常、送信と受信で別々の芯線を使うことから、1

図3-10 光ファイバ内の光の伝搬モード

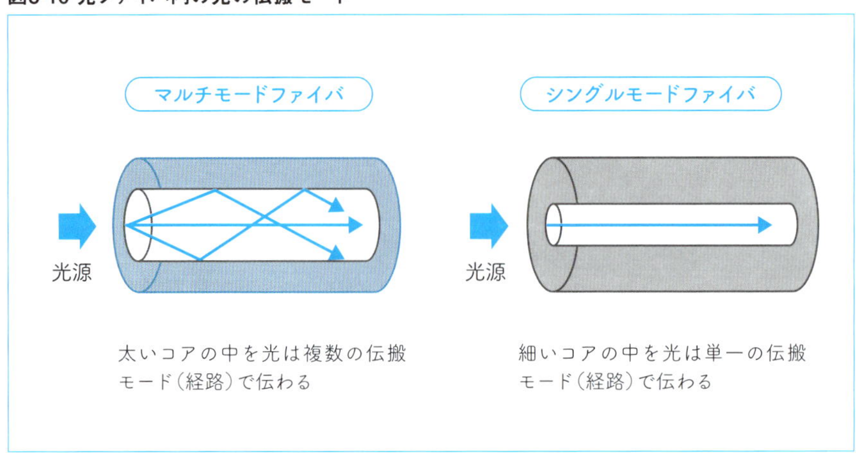

つのケーブルに2つの芯線が含まれる2芯ケーブルが多く使われます。このほか、1芯や多芯のケーブルが用いられることもあります。

主なイーサネット規格と使用するケーブルの対応は3章01の**表3-1**を参照してください。

ケーブルの種類を確認する

すでに敷設してあるケーブルを使いながら機器をアップグレードするようなケースや、保存していたケーブルを再度利用するようなケースでは、そのケーブルの種類や対応カテゴリを判別する必要があります。

このような場合、**ケーブル本体に小さく印字されている内容**から、ケーブルのカテゴリを判別できることがあります。これらの印字は省略表記が用いられるのが一般的で、例えば、対応するカテゴリは「CAT○」、シールドの有無は「UTP」や「STP」、伝搬モードは「MM」や「SM」といった記号で表されます（**図3-11**）。

図3-11 ケーブルの種類の印字（カテゴリ6ケーブルの例）

03 符号化

ケーブルの特性と符号化

メタルケーブルでは銅などの良導体を芯線に使用します。しかし、いくら良導体といっても、わずかながら電気抵抗があり、**ケーブルが長くなるほど信号は減衰します。**それだけではありません。通信に用いる信号は、一定方向に電流が流れる直流ではなく、流れる方向が刻々と変化する交流ですが、その交流電流に対してメタルケーブルは、長さの方向に連続してコイルとしてのはたらき（周波数が高いほど電流が流れにくい）を持ち、芯線と芯線の間および芯線と大地の間で連続してコンデンサのはたらき（周波数が高いほど電流が流れやすい）を持ちます。このように回路の特性を決める微細な要素が長く連なっているものを**分布定数回路**といいます（**図3-12**）。

こういった特性はケーブルが長くなるほど強く現れ、またそこを流れる交流信号の周波数が高くなるほど影響を強く受けて、波形がひずんだり信号が減衰したりする原因となります。そのため**メタルケーブルには、適切に通信ができる長さや流せる信号周波数の上限が存在します。**そして、このうち特に信号周波数の上限が、そのケーブルを使って行うことができる通信速度の上限に直結します。

通信速度を上げるには、この信号周波数の上限を引き上げる必要があり、それにはケーブルの材質や構造の工夫が有効ですが、そのほかに、流す信号の形式を工夫することで、見かけ上の信号の周波数を下げて高い通信速度を実現することもあります。このようなときに符号化という技術が使われます。

符号化とは「情報を別の表現方法に変換する」ことです。通信における符号化は、伝送路符号化とも呼ばれ、情報の区切りの明確化、タイミング信号（クロック）の抽出を容易にする目的のほか、長距離の通信や高速な通信を実現するためなどに行われます。なお、0と1の情報を何らかの別の対応に変換する以外に、0と1の情報を電気信号や光信号に変換することも符号化と呼ぶことがあります。

図3-12 分布定数回路のイメージ

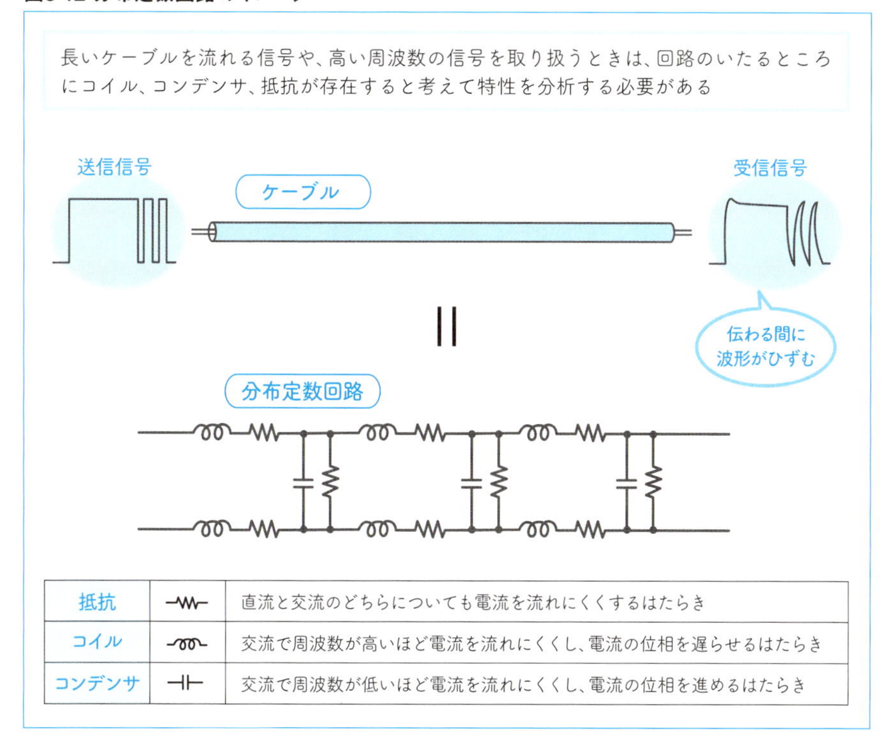

抵抗		直流と交流のどちらについても電流を流れにくくするはたらき
コイル		交流で周波数が高いほど電流を流れにくくし、電流の位相を遅らせるはたらき
コンデンサ		交流で周波数が低いほど電流を流れにくくし、電流の位相を進めるはたらき

10BASE-Tの符号化

イーサネット規格のうち、10BASE-Tではマンチェスタ符号と呼ばれる符号化が使われます。**マンチェスタ符号**では0を「1→0の変化」で、1を「0→1の変化」で表します（**図3-13**）。定義によっては、前者の変化を1に、後者の変化を0に対応付けることもありますが、どちらでも本質は変わりません。10BASE-Tでは、これを電気信号に対応させて、0を「+1V→－1Vの変化」で、1を「－1V→+1Vの変化」で表しています。

マンチェスタ符号には、0を伝えているとき（+1V→－1Vの変化）と情報がないとき（0Vのまま）が明確に区別できるという特徴があります。また情報が0でも1でも電圧が変化するため、その変化からタイミング信号（クロック）を抽出しやすくなります。また、変換後の電気信号は+1と-1の数が必ず同数で、その積算値はゼロになります。このような信号はその成分に直流分を含んでおらず、通信誤りを減らせる性質を持ちます。一方、マンチェスタ符号は送りたい情報量の

図3-13 マンチェスタ符号

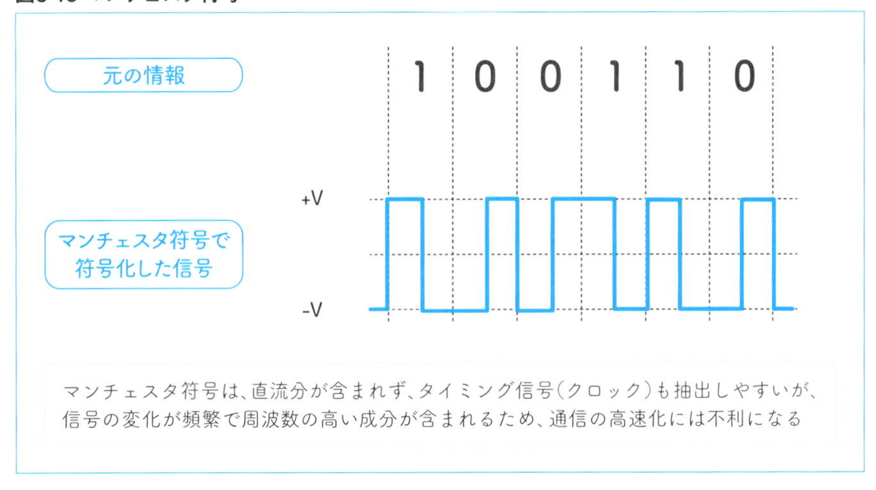
元の情報
1 0 0 1 1 0
+V
-V
マンチェスタ符号で
符号化した信号
マンチェスタ符号は、直流分が含まれず、タイミング信号（クロック）も抽出しやすいが、
信号の変化が頻繁で周波数の高い成分が含まれるため、通信の高速化には不利になる

2倍の0または1を送る必要があるため、通信の効率はよくありません。

10BASE-Tでは、LANケーブルが持っている4対の芯線のうち、1対を送信、1対を受信に使用し、残り2対は未使用のままになっています。

100BASE-TXの符号化

マンチェスタ符号は電気信号の変化が激しく、電気信号に高い周波数成分が含まれているため、ケーブルの上限周波数の点から、通信の高速化にはあまり都合がよくありません。そこで100BASE-TXでは、電気信号に含まれる周波数を抑えながら、速度を上げる新たな符号化が導入されました。

100BASE-TXでは符号化に「4B5B」と「MLT-3」が用いられます。**4B5B**は、5ビット（32種類の情報を表現可能）のビット列のうち、最低2回の1が現れるものを取り出して、それを4ビットの情報（16種類の情報）に対応付けるものです（**図3-14**）。

4B5Bによる符号化を行ったら、次に、スクランブルを適用して情報を均等化し、電気信号にしたとき周辺に与える電磁妨害を減らします。その後、電気信号に変換するときにMLT-3による符号化を行います。**MLT-3**は、情報の0と1を、0、+値、－値の3種類の電気信号に対応させる方式です。情報が0のときは電気信号が変化せず、情報が1のときは、0→+値→0→－値→0（以下同様）の順で変化します。こうすることで電気信号が変化しない状況が少なくなり、受信側でタイミング信号（クロック）の抽出が容易になります。なお100BASE-TXでは、+値は

図3-14 4B5BおよびMLT-3

4B5Bによる符号化

4ビットの元の値	5ビットに変換後の値
0000	11110
0001	01001
0010	10100
0011	10101
0100	01010
0101	01011
0110	01110
0111	01111
1000	10010
1001	10011
1010	10110
1011	10111
1100	11010
1101	11011
1110	11100
1111	11101

・表にない16種類の5ビット列はアイドル状態を表すコードなどに使われている
・このように一定以内の間隔で必ず1が現れるようにすることで、相手はタイミング信号(クロック)を得やすくなる

MLT-3による符号化

・1が現れるたびに、0→+V→0→-V→0→+Vと変化させる。0のときは変化させない
・信号をゆるやかに変化させることで、高い周波数成分が含まれないようにする

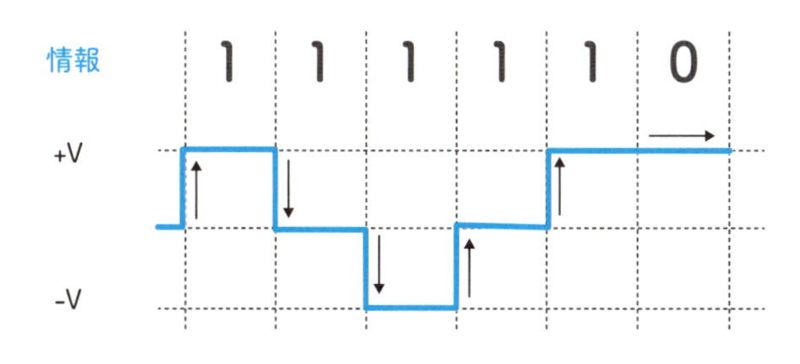

+1V、－値は－1Vと規定されています。

100BASE-TXでは、送る情報がないときアイドル状態を表すコードを送っており、情報の有無にかかわらず常に信号が出ています。LANケーブルは10BASE-Tと同じ2対の芯線を使用し、残り2対は未使用です。

1000BASE-Tの符号化

1000BASE-Tでは、100BASE-TXと同じケーブルを使いつつ通信速度を10倍に上げることを狙い、新たに「8B1Q4」と「4D-PAM5」と呼ばれる符号化が導入されました（**図3-15**）。

8B1Q4では、まず送信しようとする8ビットの情報に1ビットの冗長ビットを付け加えて、9ビットにします。この冗長ビットの値は畳み込み符号化（誤り訂正符号の一種）によって決めます。次に、冗長ビットを含む3ビット（0～7の値）

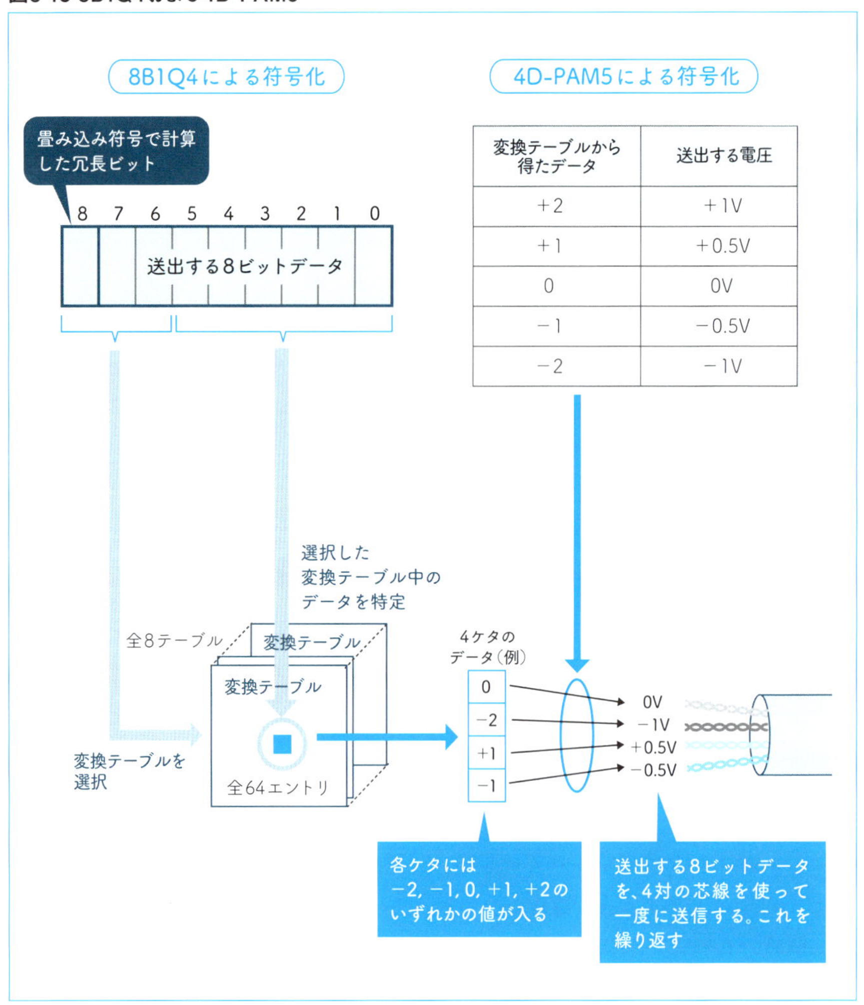

図3-15 8B1Q4および4D-PAM5

で変換テーブルを選択し、残りの6ビット(0～63の値)で変換テーブルの中のデータを特定します。この変換テーブルには、各ケタが5つの値を持つ4ケタの情報が書き込まれていて、この一連の変換によって、「各ケタが2つの値を持つ9ケタの情報」が、「各ケタが5つの値を持つ4ケタの情報」に変換されます。

この次に、**4D-PAM5**により電気信号への変換が行われます。8B1Q4で得られた、各ケタ5つの値を持つ4ケタの情報は、5つの電圧を使用する4つの芯線ペアの電気信号に変換されます。このとき情報と電圧は、「+2, +1, 0, －1, －2」→「+1V, +0.5V, 0V, －0.5V, －1V」のように対応します。

このようにして、4対の芯線を同時に使いながら、9ビット分の情報を1回で送信しますので、電気信号パルスの送信回数は1秒間に1×10の9乗 / 8 回 = 125×10の6乗回と少なくなります。さらに5値化したことで値の変化がゆるやかになり信号周波数が下がって、ケーブルに必要とされる帯域は80MHz程度に抑えられ、理屈上、100BASE-TXのケーブル（カテゴリ5）が使えることになります。ただ実際には、カテゴリ5のケーブルが4対の芯線で同時に送信することを想定していないため、カテゴリ5eケーブルの利用が推奨されています。

なお1000BASE-TではLANケーブルが備えている4対の芯線すべてを使うため、送信と受信で芯線を分けることができません。そのためエコーキャンセラ（受信した信号から自分が送信した信号を打ち消す機能）によって送受信の信号を分離しています。

COLUMN　メタルケーブルによる超高速化通信

25GBASE-T や 40GBASE-T など、メタルケーブルを使用して極めて速い通信速度を実現するイーサネットの規格では（3章01 **表3-1**）、カテゴリ8以上のしっかりシールドされたSTPケーブルを使っても、最大で30mまでしか伸ばすことができないとされています。このことは、極めて速い通信速度を実現しようとすると、LANケーブルを流れる信号の周波数が非常に高くなり、ケーブル特性の影響を大きく受けて制限が一層厳しくなることを示唆しています。古くはメタルケーブルでは超高速通信はできないと考えられていましたが、技術の進歩によってここまで高速な通信が可能になりました。しかし、メタルケーブルによる高速通信もそろそろ限界に近いのかもしれません。

04 MACアドレス

NICを特定するMACアドレス

MACアドレスは、PCなどの各種端末やプリンタなどの各種機器が持っている、それぞれのNIC（ネットワークインタフェースカード）を特定するためのアドレスです。例えば3台のPCをネットワークに接続したとき、実際に、どのPCにデータを送るかは、NICにあらかじめ割り当てられているMACアドレスによって指定されます（**図3-16**）。

別の言い方をすれば、**MACアドレスは、イーサネットというネットワークで直接つながっている機器同士がお互いを指し示すために使用する、イーサネットのためのアドレス**です。従来、MACアドレスは物理的なNICに対して割り当てられてきました。そのため、別名、ハードウェアアドレスとも呼ばれます。しかし近年では、仮想マシン（コンピュータの中で仮想的に作り出されたコンピュータ）にもMACドレスは割り当てられていて、かならずしもハードウェアとは対応しなくなりました。それでも慣習的にハードウェアアドレスと呼ばれています。

図3-16 イーサネットではMACアドレスで宛先を指定

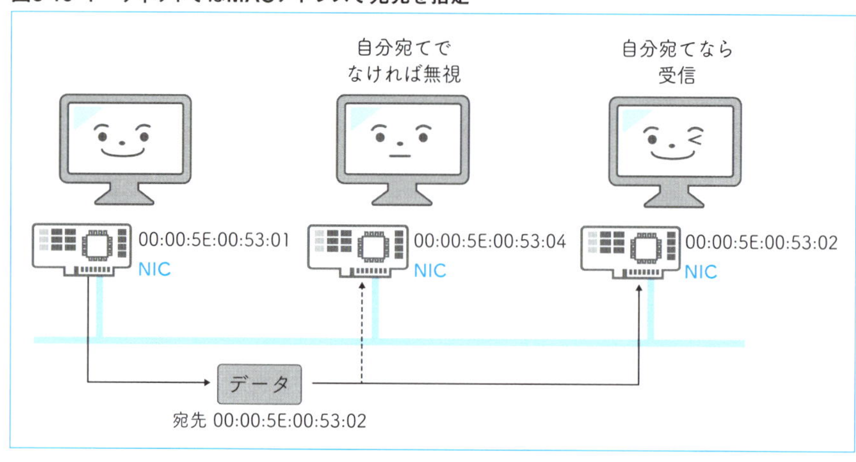

MACアドレスの割り当て

イーサネット用のNICは必ずMACアドレスが割り当てられています。しかしMACアドレスが割り当てられるのは、それだけではありません。ほかにも、無線LAN親機および子機、Bluetoothインタフェース、FDDIインタフェース、ATMインタフェースなど、IEEE 802が規定するネットワークに接続するすべての機器に割り当てられます。

MACアドレスは通常、NICを製造したメーカーが製造時にROMに焼き付けます。割り当てられているMACアドレスはNICごとに異なるため、世界中にあるすべてのNICが､異なるMACアドレスを持つのが本来の姿です。しかし実際には、自由にMACアドレスを書き換えられるNICなどあり、残念ながら、世界で唯一であることは言い切れないのが実態です。

そのため、MACアドレスに基づいて、何かを許可したり、禁止したりすることは、あまり勧められていません。例えば、無線LANの親機に接続する端末をMACアドレスによって許可あるいは禁止する機能をよく見かけますが、関係者の他意のないミスを防ぐことはできても、悪意を持つ者による不正接続を防ぐのにはあまり効果がないといわれています。その理由の1つはMACアドレスが世界唯一とはいえず、書き換えられている可能性があることに起因します。

MACアドレスの構造と意味

MACアドレスは、一般に、6つの16進数をコロン（:）またはハイフン（-）で区切る表記で書き表されます（**図3-17**）。これからわかるようにMACアドレスは

図3-17 MACアドレスの一般的な表記

nn:nn:nn:nn:nn:nn
または
nn-nn-nn-nn-nn-nn

（nnはいずれも16進数00～FF）

00:00:5E:00:53:01
または
00-00-5E-00-53-01

6バイトの値であり、イーサネットのフレームでも6バイトの領域を占めています（3章01 **図3-5**参照）。

MACアドレスを構成する6バイトのうち、最初の3バイトはOUIと呼ばれNICのベンダー（メーカー）を識別する役割を果たします。OUIはNICベンダーがIEEEに申請して割り当てを受けます*1。また後続する3バイトは、製品個別に一意になるようNICベンダーが自分で決める固有製造番号です（**図3-18**）。

またMACアドレスの1バイトめの最下位ビット（bit0）は、そのアドレスがユニキャストアドレス（1対1での通信に使用）か、マルチキャストアドレス（1対nでの通信に使用）かを表す目的で使われます。同じくその1ケタ上のビット（bit1）は、そのアドレスがユニバーサルアドレス（世界的に管理されているアドレス）か、ローカルアドレス（その拠点でのみ有効なアドレス）かを表すために使われます。

なお6バイトのすべてのビットが1のMACアドレス（FF:FF:FF:FF:FF:FF）は、そのイーサネットに接続したすべてのNIC宛てへ一斉送信することを意味し、**ブロードキャストアドレス**と呼ばれます。

図3-18 MACアドレスの構造

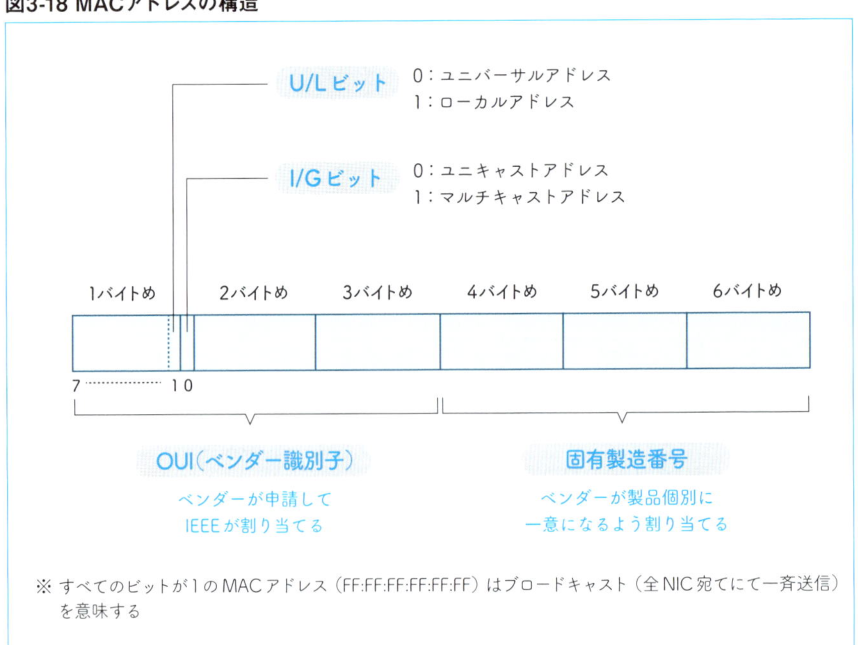

＊1 — OUIとベンダーの対応は「MACアドレス ベンダー」などでWeb検索すると確認できます。

MACアドレスを確認するには

次の手順でPCに搭載されているイーサネットや無線LANのNICが持っているMACアドレスを確認することができます。

・Windowsでの手順

無線LAN

1. コマンドプロンプトを開き「ipconfig /all ↵」と入力
2. [Wireless LAN adapter Wi-Fi：]と表示されている項目を確認する
3. [物理アドレス]と書かれた部分にMACアドレスが表示される

イーサネット

1. コマンドプロンプトを開き「ipconfig /all ↵」と入力
2. [イーサネット アダプター イーサネット：]と表示されている項目を確認する
3. [物理アドレス]と書かれた部分にMACアドレスが表示される

無線LAN

```
Wireless LAN adapter Wi-Fi:

   接続固有の DNS サフィックス . . . . .:
   説明. . . . . . . . . . . . . . . . .: Qualcomm QCA9377 802.11ac Wireless Adapter
   物理アドレス. . . . . . . . . . . . .: 2C-**-**-**-**-**
   DHCP 有効 . . . . . . . . . . . . . .: はい
   自動構成有効. . . . . . . . . . . . .: はい
   (以下省略)
```

＊は伏字

イーサネット

```
イーサネット アダプター イーサネット:

   メディアの状態. . . . . . . . . . . .: メディアは接続されていません
   接続固有の DNS サフィックス . . . . .:
   説明. . . . . . . . . . . . . . . . .: Realtek PCIe FE Family Controller
   物理アドレス. . . . . . . . . . . . .: 58-**-**-**-**-**
   DHCP 有効 . . . . . . . . . . . . . .: はい
   自動構成有効. . . . . . . . . . . . .: はい
   (以下省略)
```

＊は伏字

・macOS での手順

1 アップルメニューから、[このMacについて]→[システムレポート]→[ネットワーク環境]とたどる

2 イーサネットなら[Ethernet]項目の[ハードウェア(MAC)アドレス]にMACアドレスが表示され、無線LANならば[Wi-Fi]項目の[ハードウェア(MAC)アドレス]にMACアドレスが表示される

無線LAN

Wi-Fi:

種類:	IEEE80211
BSD装置名:	en1
ハードウェア(MAC)アドレス:	24:

イーサネット

Ethernet:

種類:	Ethernet
BSD装置名:	en0
ハードウェア(MAC)アドレス:	78:

COLUMN　MACアドレスによる無線LANへの接続制限にあまり意味がないわけ

無線LANには暗号化機能が搭載されていて、それを使って通信内容は暗号化されているため、万一、誰かが電波を受信して内容を盗み見てたとしても、通常、通信内容が漏洩することはありません。

ところで、無線LANでは通信内容そのもの以外に、通信制御に必要な情報をやりとりしています。その中にはPCやスマホなどのMACアドレスも含まれているのですが、実はこれらの情報は暗号化されていません。そのため、無線LANに接続したPCやスマホのMACアドレスは、簡単なツールがあれば電波を受信するだけで見えてしまいます。

こうやって見えてしまうMACアドレスは、接続が許可されている端末のMACアドレスですから、前述したようなMACアドレスを自由に設定できるNICにこれを設定すれば、偽装端末として無線LAN親機への接続に成功します。

MACアドレスでの接続制限にあまり意味がないといわれるのは、このような事情があるからです。

CHAPTER3
Wired
LAN
Basics

05 スイッチ／ハブ

イーサネットのトポロジ変化とハブ

イーサネットの黎明期に用いられた規格10BASE-5では、ネットワークを必要とする場所に1本の太い同軸ケーブルを敷設し、その同軸ケーブルにトランシーバと呼ばれる機器を取り付けて、そこから1台の端末に向けてAUIケーブルを伸ばしてやり、端末のNICに用意されているAUIインタフェースにそれを接続する形でネットワークを構成していました（**図3-19**）。一目でわかるように、このネットワークを敷設しようとすると、かなり大がかりな工事が必要です。

しかし、その後、10BASE-Tが登場してから事情は大きく変わりました。10BASE-Tでは、**ハブ**と呼ばれる接続ボックスを設置し、各端末とハブの間を細いUTPケーブルで接続するだけでネットワークを利用できるようになり、太い

図3-19 10BASE-5のネットワーク構成

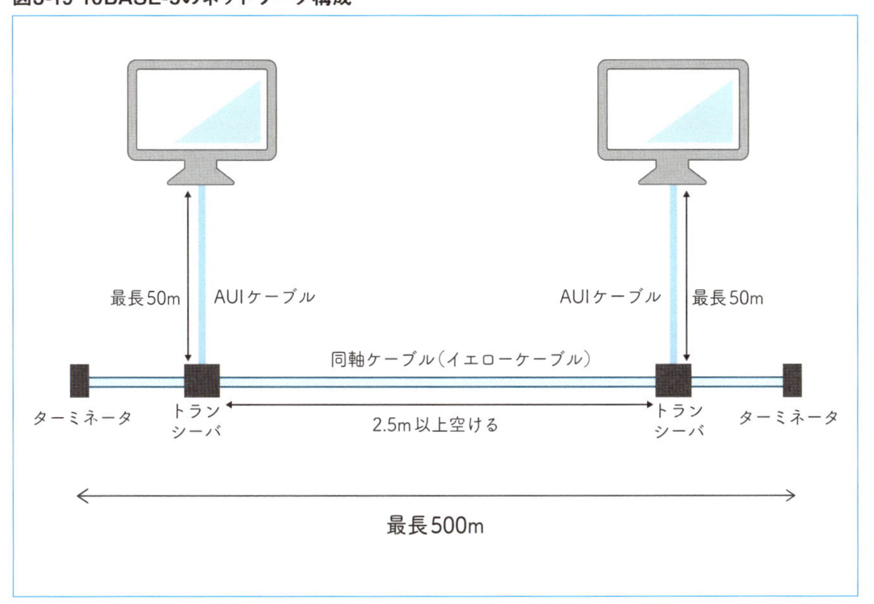

図3-20 10BASE-Tのネットワーク構成

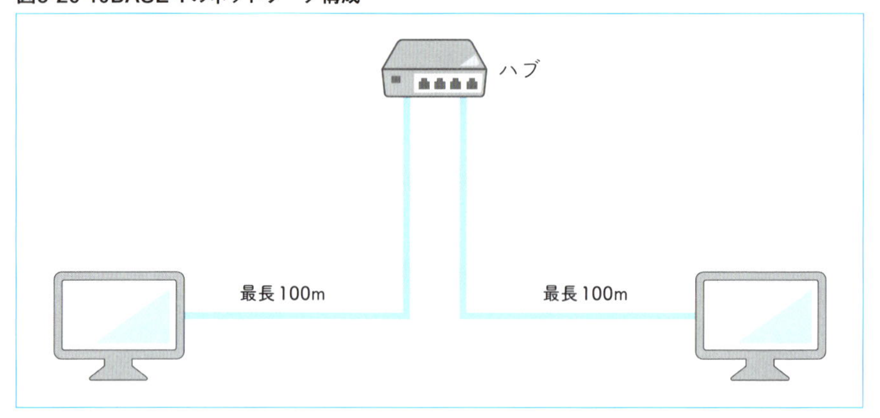

同軸ケーブルを敷設する作業が不要になりました(**図3-20**)。これ以降、イーサネットは、1本の同軸ケーブルに端末をつなぐバス型から、ハブが中心になり各端末を接続するスター型へとトポロジが変わりました。

ただ、物理的なトポロジはスター型になりましたが、実は、当初のハブはその中に1本の同軸ケーブルが入っているようなイメージのもので、論理的な構成はバス型のままでした。つまり、配線の方法はハブに接続する形になったけれど、その実態は従前どおり1つの通信媒体を共用していて、ある端末が送信している間は、ほかの端末は送信できずに待っている必要がありました。このようなハブは**リピータハブ**とか**シェアードハブ**と呼ばれます。

その後、ハブは進化を遂げ、端末から送ったデータをハブが受け取ったら、その宛先をハブが能動的にチェックし、宛先に指定された端末がつながっているポートを選んで、そこへ選択的にデータを送り出すような仕組みに大きく変化しました。その結果、通信媒体を共用するような動作をしなくてよくなり、ほかの端末が送信を終えるのを待つ動作が不要になりました。このようなハブを**スイッチングハブ**と呼びます。

現在使われているハブは、すべてこのスイッチングハブであり、ハブといえばスイッチングハブを指すと考えて間違いありません。ほかに似たような言葉でスイッチという言葉がありますが、これはもともとはスイッチングハブの省略形として使われていたもので、昨今では、単機能なものをハブ、高機能なものをスイッチと呼び分けることが多いようです。

スイッチングハブの動作

スイッチングハブの動作の大枠は、次のようになります。

1. 送信元コンピュータのNICが送出したイーサネットフレームを受信
2. 受信したフレームの宛先を分析
3. 宛先コンピュータがつながったポートにフレームを転送
4. 宛先コンピュータのNICに対して送出

実際のスイッチングハブでは、もう少しいろいろなことを行っています。ハブがコンピュータからフレームを受信したら、まず、そのフレームに含まれる**送信元MACアドレス**を読み取り、そのMACアドレスが転送データベース（FDB）に登録されているかどうかを確認します。もし登録されていなければ「MACアドレス」と「フレームが届いた接続ポートの番号」を転送データベースに登録します。

次に、フレームから**宛先MACアドレス**を読み取り、同じ転送データベースにそのMACアドレスが登録されているか確認します。首尾よく登録されていたら、そのMACアドレスに対応する接続ポートの番号を読み出して、その接続ポートにフレームを転送します。そして、その接続ポートからコンピュータのNICにフレームが送出されます（**図3-21**）。

他方、ネットワークに接続したばかりなどの理由で転送データベースにMACアドレスが登録されていない場合は、ハブは転送するポートを特定できないため、フレームが送られてきたポートを除く、ほかのすべての接続ポートにフレームを転送します。そしてその内容は、ポートに接続している各コンピュータのNICに送出されます。このような動作を**フラッディング**と呼びます（**図3-22**）。

フラッディングが起きたとき、自分宛てではないフレームを受け取ったコンピュータは単にそれを破棄します。また自分宛てのフレームを受け取ったコンピュータは、おそらくその後、何らかの返信用のフレームをハブに向けて送出することになり、そのフレームを転送する際に、ハブは前述のようにそのコンピュータの情報を転送データベースに登録します。これにより、次回からはフラッディングを起こすことなく、そのコンピュータにだけフレームが転送されるようになります。

なお、宛先にブロードキャストやマルチキャストのアドレスが指定されたフレームでは常にフラッディングが発生します。

図3-21 転送データベース（FDB）にMACアドレスが登録されているケース

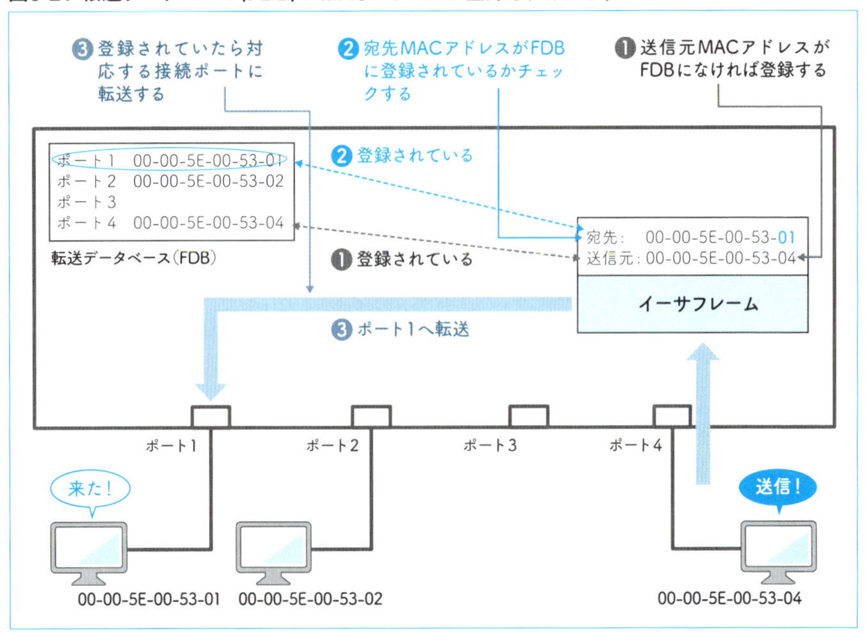

図3-22 転送データベース（FDB）にMACアドレスが未登録のケース

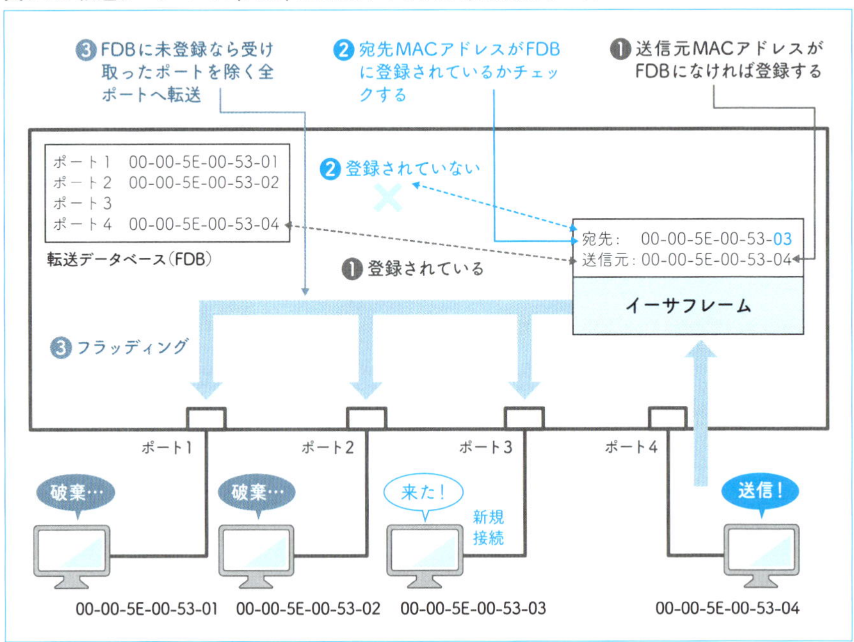

ハブやスイッチの性能を表す指標

ハブやスイッチの性能を表す主要な指標として「スイッチング容量」と「パケット転送能力」が挙げられます（**図3-23**）。

スイッチング容量は、バックプレーン容量、スイッチングファブリックなどとも呼ばれ、転送コンポーネントが1秒間に転送できるデータ量を表します。単位はビット/秒（bps：bit per second）が使われます。この値が「1ポートあたりの速度 × ポート数 × 2」（両方向の通信を扱うので2倍にする）以上ならば、スイッチング容量は十分に満足しているといえます。

パケット転送能力は、スイッチング能力などとも呼ばれ、1秒間に処理できるパケット数を表します。単位はパケット/秒（pps：packet per second）が使われます。1000BASE-Tでは、最も短いパケットばかりの場合に、1秒に最大で1,488,095パケットが発生します。これを**ワイヤスピード**と呼びます。すべてのポートにワイヤスピードでパケットが到着しているとき、それを滞りなく処理するためには、1秒間に「1,488,095 × ポート数」のパケットを処理する必要があります。パケット転送能力がこの値以上ならば、パケット転送能力は十分に満足しているといえます。

スイッチング容量とパケット転送能力を十分に満足していて、ハブやスイッチを挟んでいてもケーブルだけの状態と変わらない通信速度が得られることを**ノンブロッキング**と呼びます。近年は廉価なハブでもノンブロッキングのものが多数を占めています。

図3-23 両指標の違いをイメージしてみる

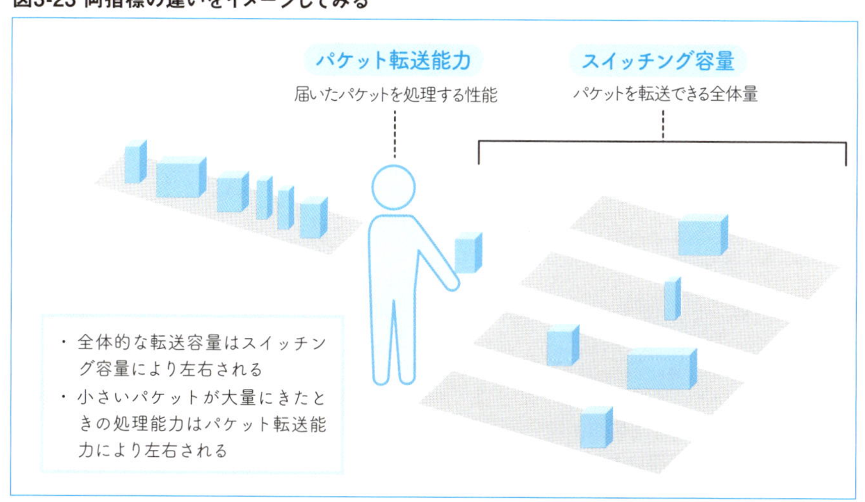

L2スイッチとL3スイッチ

スイッチの種類について「L2スイッチ」と「L3スイッチ」という呼称がよく使われます。このうち**L2スイッチは、ハブやスイッチとほぼ同等**のもので、接続ポートの間でイーサネットフレームを転送する機能を持ち、高機能なものについては、さらに**VLAN**と呼ばれる仮想的なLANを作り出す機能などを備えています（**図3-24**）。

これに対し**L3スイッチは、L2スイッチに高速なルータを搭載したような装置**です。L3スイッチに搭載されたルータは、VLANで作り出した仮想的なLANの間でIPパケットを転送する役目を果たします。このようなルータの機能はレイヤ3（L3）の機能に当たるため、その機能を持つスイッチということでL3スイッチと呼ばれ、それと区別できるようルータ機能を持たないものをL2スイッチと呼んでいます。

L2スイッチのうち単機能なものは電源さえ入れれば使えるただの箱ですが、L2スイッチでも高機能なものやL3スイッチは、搭載する各種機能を設定するWeb画面や、上級者向けの管理コンソール機能を備えていて、使いこなすには一定の知識を求められることが多いようです。

図3-24 L2スイッチとL3スイッチの機能

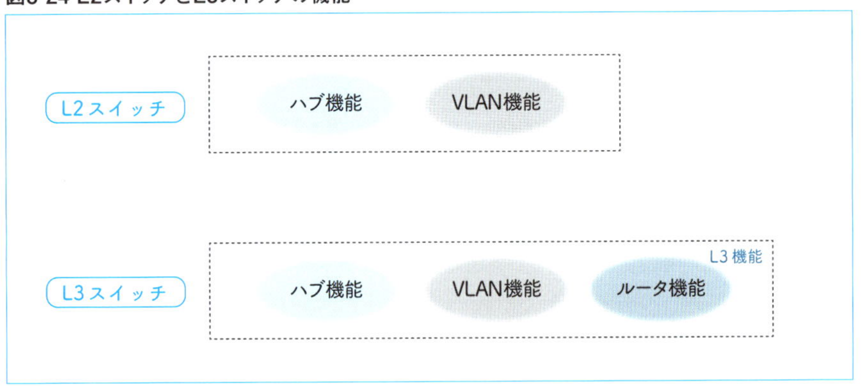

COLUMN　全二重で通信するスイッチングハブ

リピータハブでは、端末とハブの通信が半二重（送信と受信を交互に行う通信方式）で行われていましたが、スイッチングハブでは、通常、ハブと端末の通信を全二重（送信と受信を同時に行うことができる通信方式）で行います。全二重では、LAN ケーブルの通信容量をフルに活用でき、通信の効率が向上します。

CHAPTER3
Wired
LAN
Basics

ルータ

ルータのはたらき

ルータは、あるネットワークから別のネットワークへパケットを中継する機器や機能の名称です。より具体的には、ネットワーク層のプロトコル「IP」が取り扱う**IPパケットを、イーサネットのネットワークの間で中継する**機能を持ちます。この中継はIPの手順に沿って行われ、その動作を**ルーティング**と呼びます(**図3-25**)。

過去、IP以外のプロトコルである、IPXやAppleTalkなどが使われていた頃には、それらのプロトコルのためのルータがありましたが、現在では、ルータといえばほぼ間違いなくIPパケットをルーティングするためのIPルータを指します。

ルーティングは、イーサネットのネットワーク同士をつなぐこととは異なります。各ネットワークは独立したままであり、その独立したネットワークの間で、IPパケットを中継して転送するものです。これをレイヤの考え方で表現すると、

図3-25 ルータはイーサネットのネットワーク間でIPパケットを中継する

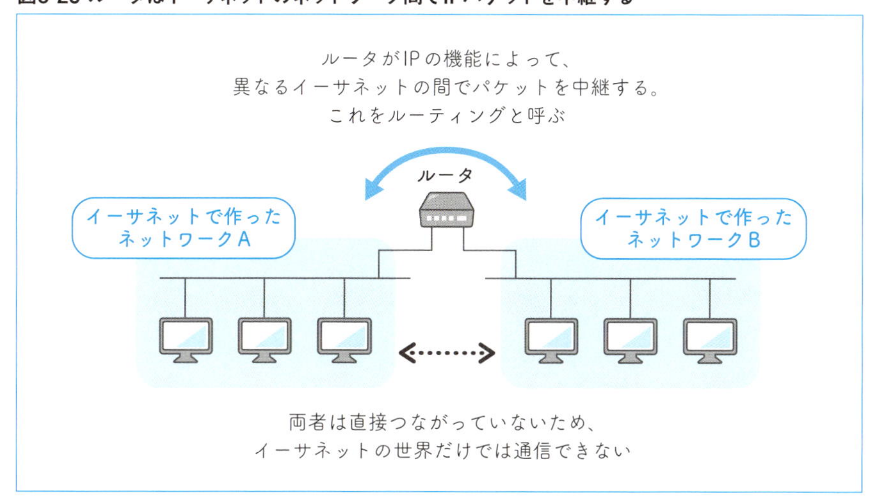

物理層とデータリンク層で構成される独立したイーサネットの間で、ネットワーク層の機能を利用してパケットを中継することであるといえます。

ルーティングとレイヤの関係

ここで、それぞれ別のイーサネットにつながっているコンピュータAとコンピュータBがあり、2つのネットワークがルータでつながっているとします（**図3-26**）。コンピュータAとコンピュータBは、物理層からアプリケーション層までの7つのレイヤを持ちますが、**ルータはイーサネットに対応する物理層とデータリンク層、そしてIPに対応するネットワーク層だけを持っています。**

コンピュータAはルータとイーサネットで直接つながっているため、イーサネットの機能により通信を行うことができます。またコンピュータAのIPとルータのIPも下位機能（イーサネット）を使うことで通信ができます。同様に、ルータとコンピュータBもイーサネットでつながっていますので、ルータのIPとコンピュータBのIPも通信を行うことができます。

では、コンピュータAとコンピュータBの間はどうでしょうか。この2つの間は、イーサネットで物理的にはつながっていません。そのため、何もしなければ通信できないことになります。しかしルータはIPの機能の1つとして中継機能を持っていて、その機能によってコンピュータAから届いたIPパケットを、コンピュータBに送り出すよう動作します。これにより、コンピュータAのIPが送出したIP

図3-26 ルータが別のネットワークのコンピュータ間で通信を実現する様子

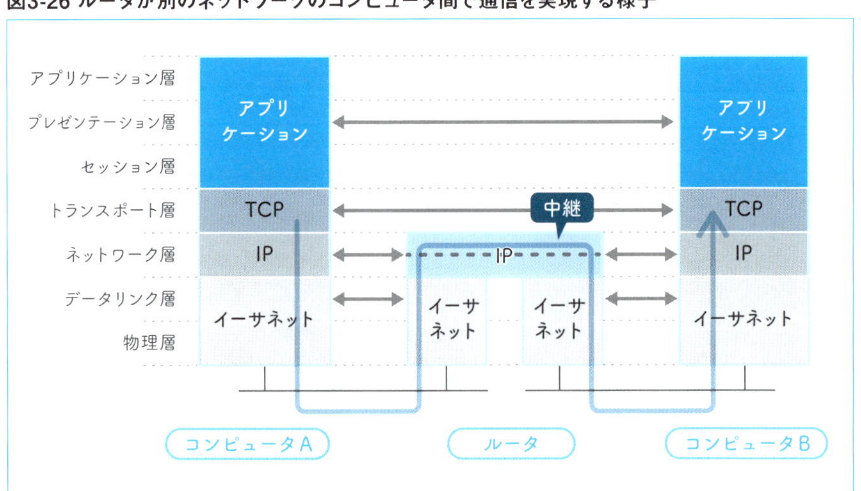

パケットは、コンピュータBのIPに届くようになります。つまりコンピュータA、ルータ、コンピュータBの各ネットワーク層の機能によって、コンピュータAからコンピュータBにパケットが届くようになります。IPの上位にあるTCPは、このIPの機能を利用して、より信頼性のある通信を実現して、それをアプリケーションに提供します。

このように、ルータのネットワーク層が持つ中継機能を使ってパケットを中継することで2つのイーサネットで通信できるようにするのと、イーサネット同士をハブで接続して物理層とデータリンク層でネットワークを拡張するのでは、その考え方はまったく異なります。

ルータの種類と搭載機能

専用機器として提供されるルータは、IPパケットを中継する機能のほかにも、ネットワークに必要とされる様々な機能を提供します。ルータは、ネットワークに欠かせない機能を提供する、なくてはならない中核的機器として位置付けられてきました。ルータに搭載されることがある機能としては**表3-2**のようなものがあります。これらのうち、実際に搭載されている機能は製品によって違います。また標準搭載はしないがオプションとして用意されることもあります。

ルータと呼ばれる機器には、家庭用のWi-Fiルータ（～数万円）、小型／中型／大型のアクセスルータ（営業所や支店などに設置、～数100万円）、中型／大型のコアルータ（本社やデータセンタに設置、1000万円～）など、多様なものがあります。そして、処理能力、機能、価格がそれぞれ違います（**図3-27**）。

図3-27 各種規模のルータの一例

家庭用Wi-Fiルータ

Aterm WG2600HP3
（提供：NECプラットフォームズ株式会社）

アクセスルータ

YAMAHA RTX1210

コアルータ

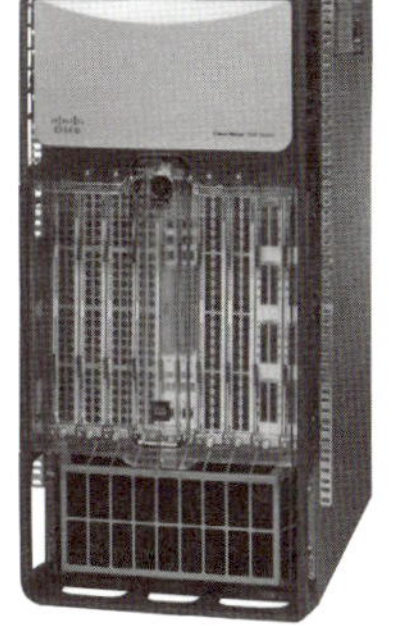

Cisco Nexus 7000
（提供：Cisco Systems, Inc.）

表3-2 ルータに搭載されることがある機能

区分	名称	説明
ネットワーク機能	ルーティング機能	IPパケットを中継する
	ルーティングプロトコル機能	近隣のルータとルーティング情報を交換する
	ファイアウォール機能	外部から届いたパケットや外部に出ていくパケットの疎通を制御する
	DHCP機能	DHCPサーバとして端末にIPアドレスなどを割り当てる
	NAT/NAPT機能	外部と内部のやりとりの際にIPアドレスを変換をする
	DNS機能	外部DNSとのやりとりを中継したりDNSサーバとして動作する
	PPPoE機能	インターネット接続事業者のゲートウェイ装置との間でインターネットへの接続を確立する
	VPN機能（トンネル／暗号化）	トンネルと暗号化を用いて安全なVPNを構築する
	QoS制御機能	帯域制御などにより通信品質を管理する
	VLAN機能	VLAN（1つの機器の中に設ける仮想的なLAN）を構築する
	各種フィルタリング機能	アクセス先URLや接続端末のMACアドレスなどを制限する
	L2スイッチ機能	装置に設けられたポートに端末や機器を接続する
	各種WAN回線収容機能	イーサネット以外の各種WAN回線を接続する
	データ圧縮機能	送出するデータを圧縮したり受け取ったデータを伸張したりする
管理運用機能	ネットワーク監視機能	ネットワークの利用状況を監視する
	機器監視機能	機器の動作状況を監視する
	ロギング機能	ネットワークや機器の動作ログを記録したり表示したりする
	統計機能	ネットワークや機器の利用状況などを記録したり表示したりする
	GUI管理画面機能	WebブラウザなどのGUIでネットワークや機器を管理する
	コマンドコンソール機能	コマンドコンソールでネットワークや機器を管理する
	スクリプト実行機能	自動管理のためのスクリプトを実行する
	二重化機能	WAN回線や各種機能を二重化して故障に備える
	省エネ機能	不要なポートへの電力供給などを止めて消費電力を抑える

一般的に、家庭用のWi-Fiルータや、小型～大型のアクセスルータには、より多くの機能が標準で搭載される傾向があります。この背景には、これらの機器が用いられる家庭やオフィスなどでは、複数の機器を設置したり管理したりすることが困難な場合が多く、**ルータを1つ置くだけでネットワークに必要なほぼすべての機能が提供される**状況が求められることが考えられます。逆に、大型のコアルータなどでは、使用者の要求条件に応じてオプション提供されることが多いようです。

ネットワークの中核的機能を担うルータは、故障や誤動作による機能停止が少なく、負荷の大小を問わず常に安定して動作することが求められます。これはルータの規模に関係なく、すべてのルータについていえることです。このような側面を推測する1つの指標として、通信機器を専門とするベンダーなどの製品では、製品仕様の中にMTBF（平均故障間隔）を表記している場合があります。MTBFは製品で故障が発生する平均間隔を表す統計値で、必ずしも実際の故障間隔とは一致しませんが目安の1つにはなります。「11.5年」や「220,000時間」といった値で表記されます。また一部機能の動作が不安定になるようなケースについては反映されていない可能性があり、導入済みユーザーのレビューや購入前の試用などが参考になることがあります。

ルータの新しい形

ルータは、独立した専用機器として提供されるのが一般的ですが、近年では**PCで動作するソフトウェアとして提供されるルータ**も出てきました。もともと、Windows、macOS、LinuxなどのOSは、標準でルーティング機能を搭載していて、その機能を使ってPCをルータとして使うことは以前から行われていました。しかし、それらはパケットを中継する速度がとても遅いため、実験的な用途であればともかく、実用的といえるものではありませんでした。これに対して、独立した専用機器として作られるルータは、中継などの処理速度を高めることに注力し、また動作も安定していることから、長らく本番用のルータとして使われてきました。

このような中、近年になり登場しているソフトウェアルータは、OSに頼らない独自のパケット処理アルゴリズムと高速パケット処理のためのライブラリなどを活用して、パケット処理の大幅な高速化を実現しました。その結果、PCの上でソフトウェアルータを動かせば、専用機器のルータに匹敵する処理速度が得られるようになりつつあります。ソフトウェアですので、専用装置と比べると、とても柔軟な使い方が可能です。専用機器のルータがすべてソフトウェアに置き換わるわけではありませんが、用途に応じた使い分けが少しずつ始まっています(**図3-28**)。

図3-28 専用装置のルータとソフトウェアルータ

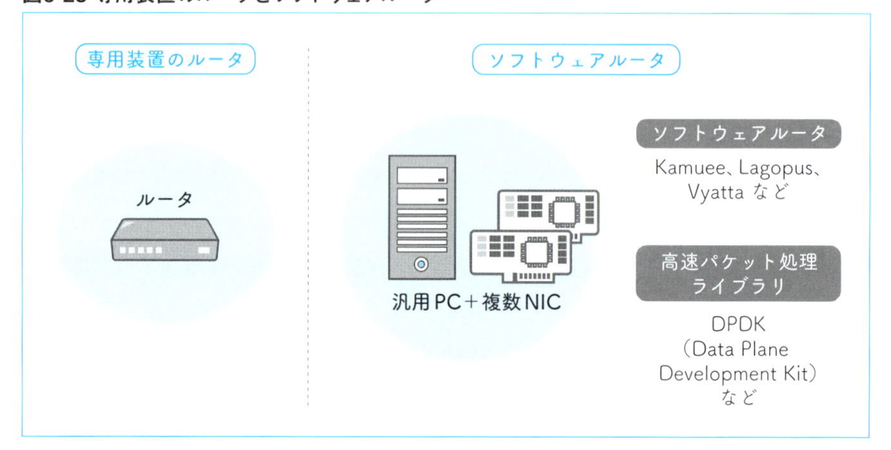

COLUMN GUIとCUI

ルータの設定操作や管理作業はGUIを使って行う場合とCUIを使って行う場合があります。GUI（Graphical User Interface）はマウスでブラウザ画面などを操作して作業する方式、CUI（Character-based User Interface）はコマンドプロンプトのような画面で文字によりコマンドを入力して実行結果も文字表示を見ながら作業を進める方式です。

家庭用Wi-Fiルータについては大部分でGUIによる設定が可能です。アクセスルータについても、管理者がエキスパートでないことがあり、メーカーによる差はありますがGUI操作の導入が進んでいます。ただし細かい設定はCUIを併用することもあります。コアルータなど大規模なルータでは従来どおりCUIが多く使われています。

CHAPTER3
Wired LAN Basics

07 ネットワークやスイッチの冗長化

冗長化の考え方

冗長化とは、同じ機能を持つコンポーネントを必要数より多く用意しておくことを意味します。冗長化したコンポーネントの1つに故障が起きたら、余剰になっているコンポーネントがそれを肩代わりして、その機能の停止や処理能力の低下を防ぎます。そうすることにより、その機能やシステム全体の信頼性が向上します。冗長化を導入してシステムの可用性（継続して動作する能力）を高めた構成のことをHA（High Availability）構成などと呼ぶことがあります。

待機系を置く冗長化構成

冗長化する際の代表的な構成に、2つのコンポーネントを用意してその一方を使う**「二重化」**と、複数コンポーネントを用意してそのうちの1つを予備のコンポーネントにする**「n+1構成」**があります（**図3-29**）。

図3-29 二重化とn+1構成の切り替え動作

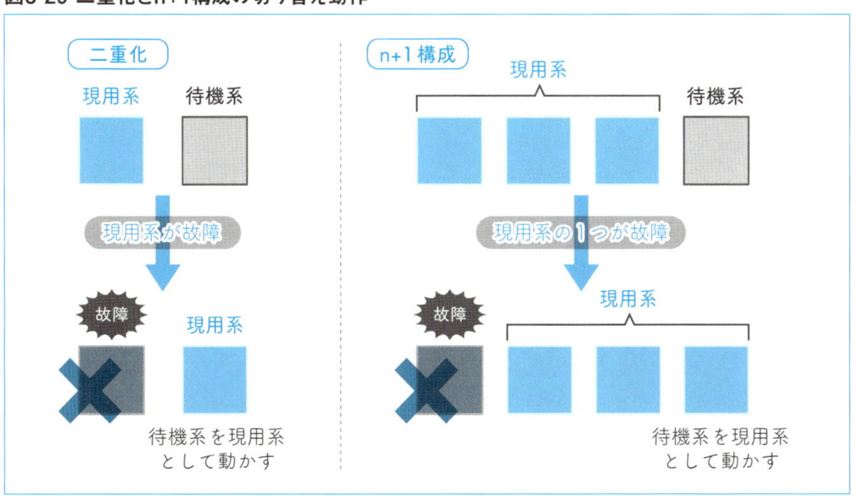

これらの構成において、実際に機能を提供しているコンポーネントのことを**「現用系」**、予備のコンポーネントのことを**「待機系」**と呼びます。

待機系をどのような状態にしておくかによって、冗長構成はさらに3つに分類できます（**図3-30**）。

・コールドスタンバイ

普段は待機系を止めておき、現用系が故障したら待機系を起動して、状態を同期してから処理を始める方式です。この方式は考え方がシンプルでシステム構成を簡潔にできますが、故障を検出して初めて待機系を立ち上げ始めるため、切り替えにかかる時間は長くなります。

・ウォームスタンバイ

待機系を普段から動しておいて、故障が発生したときの待機系の立ち上げ時間

図3-30 待機系の状態に違いによる分類

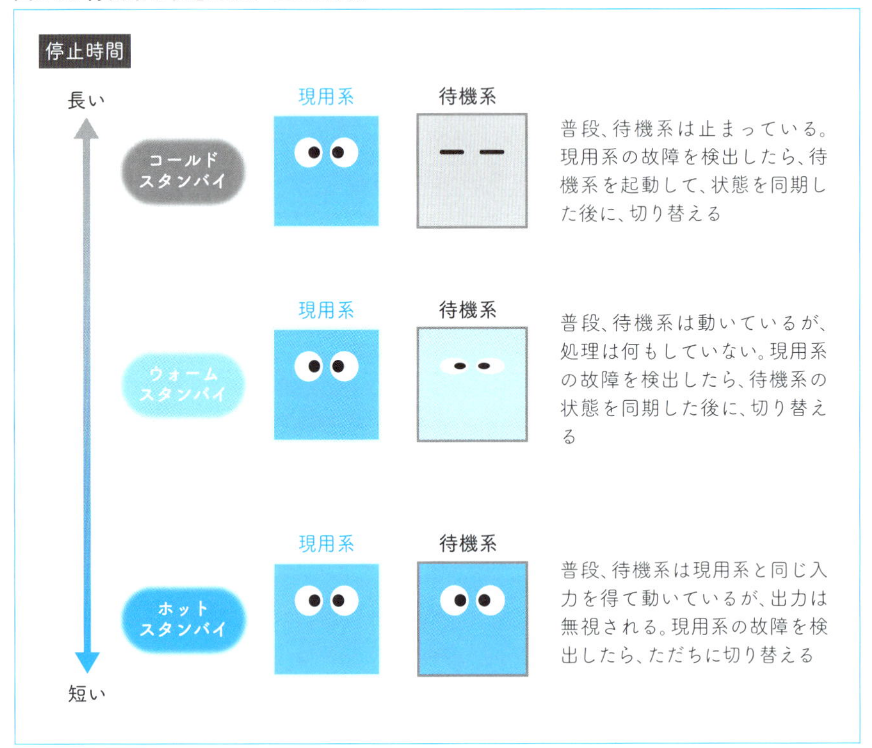

の削減を狙う方式です。現用系の故障を検出したら、待機系の立ち上げを待つことなく、状態の同期を行うだけで処理を継続できますので、切り替えにかかる時間は短くなります。

・ホットスタンバイ

ウォームスタンバイよりも、さらに切り替え時間の短縮を狙う方式です。ホットスタンバイでは、普段から待機系を動かしておき、さらに現用形と同じ入力を与えて処理もさせます。ただし出力は無視します。普段から現用系と同じ処理をしているため、現用系の故障を検出したときには、状態の同期を必要とせずただちに待機系へと切り替えることができ、切り替え時間は大幅に短くなります。ただしシステム構成は複雑になり、待機系の保守作業が必要になるため、導入や運用のコストは高くなります。

どの方式を選択するかは、現用系が故障したときに許容されるサービス停止時間、システムコスト、保守コストなどを考慮して決めるのが一般的です。このような冗長構成は高い信頼性を必要とするシステムで古くから用いられています。

待機系を置かない負荷分散構成

待機系を置かない冗長構成を取ることもあります。そのような構成では、正常時から複数コンポーネントに処理を分散しておき、1つのコンポーネントが故障したら、ほかのコンポーネントでその処理を受け持つことによって機能が停止することを防ぎます。

このような構成では、1つのコンポーネントが故障すると、残りのコンポーネントが受け持つ負荷が上昇しますので、それに対応できるよう個別コンポーネントの処理能力やコンポーネント数を設計しておきます（**図3-31**）。

このような待機系を置かない構成は、待機系を遊ばせておく必要がないことや、冗長性を高めると同時に負荷分散ができること、処理能力を柔軟に増減できることなどのメリットがあり、昨今のクラウドシステムなどで多く用いられています。

ネットワークの冗長化

冗長化が必要なのは機器だけに限りません。ネットワークについても信頼性を高めるために冗長化が行われます。ネットワークの冗長化は、**対象に到達するた**

図3-31 待機系を置かない負荷分散構成

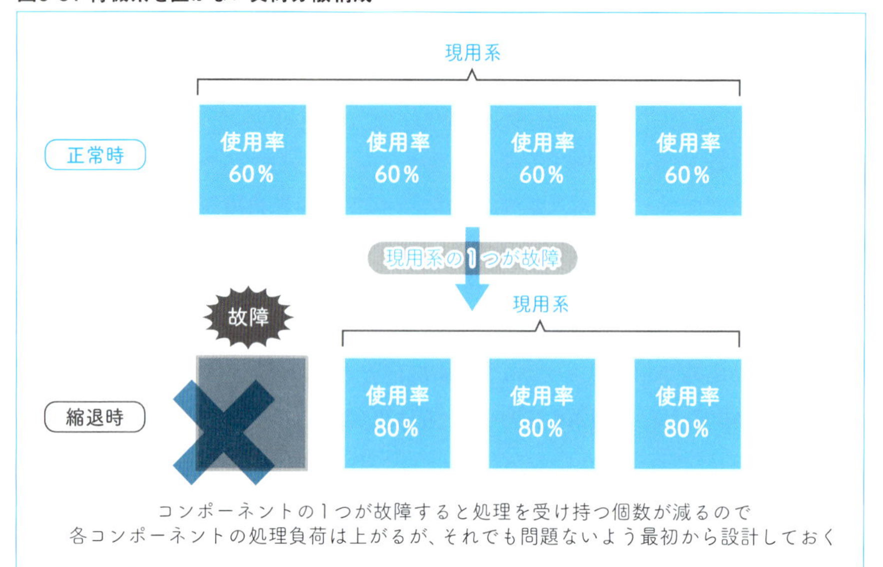

めの経路を複数用意することで実現します。

しかしイーサネットを使って単純にネットワークの経路を複数用意してしまうと思わぬ事故が発生します。典型的なものが**ブロードキャストストーム**です。ブロードキャストストームは、ブロードキャストフレームがLANの中を無限に回り続けてしまい、ネットワークや端末をダウンさせてしまうネットワーク事故の1つです。ブロードキャストストームが発生すると、ブロードキャストフレームがネットワークを占有して本来の通信が困難になります。また、ブロードキャストフレームを大量に受信するため、ネットワークに接続したコンピュータの負荷が異常上昇するといった現象が起きます。

図3-32はブロードキャストストームが起きてしまうケースの1つです。スイッチ1とスイッチ3の区間が2重化されています。この構成でスイッチ1に何らかのブロードキャストが届くと、スイッチは1それを受信ポート以外の全ポートにそのまま送出します。スイッチ2とスイッチ3も同様に受信ポート以外の全ポートに送出し、そのブロードキャストは再びスイッチ1に戻り、スイッチ1-2-3の間にループが形成され、ブロードキャストパケットがその中を無限に回り始めます（この例では2方向）。またブロードキャストパケットは各スイッチに接続している端末にも届いてその動作を混乱させます。

図3-32 ブロードキャストストームが発生する例

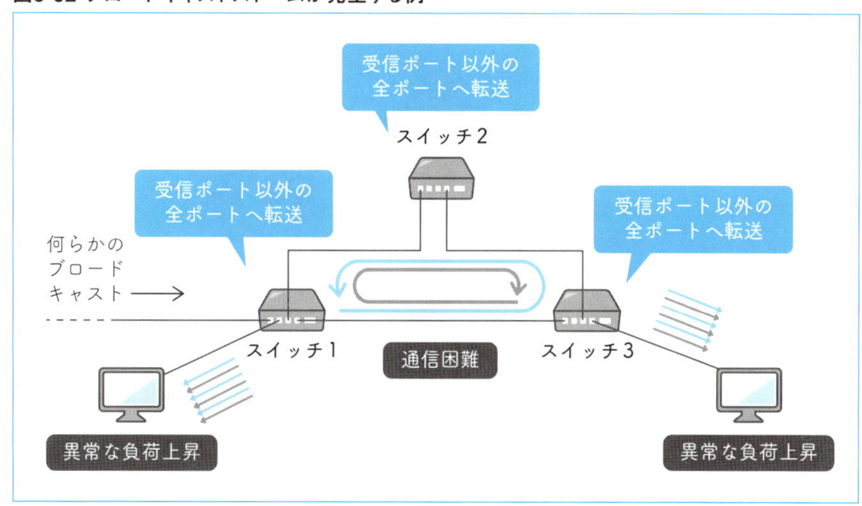

図3-33 STPがポートを無効化してブロードキャストストームを防ぐ例

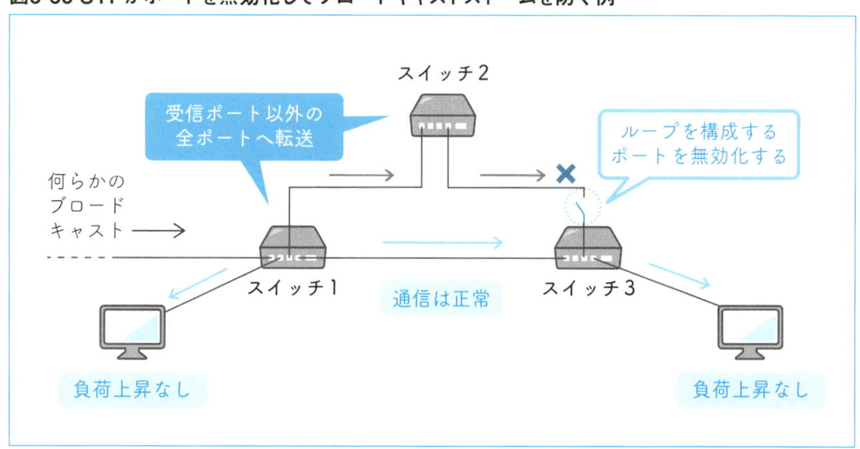

このような事故を防ぐ仕組みとして、IEEE 802.1Dにスパニングツリープロトコル（STP: Spanning Tree Protocol）が定められました。STPではBPDU（Bridge Protocol Data Unit）と呼ばれる制御フレームを2秒に1回送信して、ループが生じるポートを検出して無効化しブロードキャストストームを防ぎます。また現用中の経路に故障が生じると、無効にしていたポートを有効にして、そのルートを使って通信を再開します（**図3-33**）。このSTPには、管理や運用が難しい、切り替え時間が長い、未使用の経路が無駄になるなどの使いにくい面があり、それら

を改善したRSTPなどの新たな規格が提唱されています。

スイッチのスタッキングによるネットワークの冗長化

STPの扱いにくさから、近年では**スイッチのスタッキングとリンクアグリゲーションを利用して、ネットワークを二重化する**ケースが増えています。スタッキングは複数のスイッチを組み合わせて1つに見せる技術で、リンクアグリゲーションは、複数のケーブル接続をまとめて利用する技術です。

図3-34はその一例です。経路を二重化したい部分は、スタッキングしたそれぞれのスイッチに対してケーブルを接続し、それらをアグリゲーションして利用します。スタッキングした2台のスイッチは論理的には1つに見えるため、通常時は、2本の接続分の通信帯域を持ったリンクとして利用できます。また、ケーブルのどちらか1本が切れた場合や、スイッチのどちらか1台が故障した場合も、残る1本のケーブルあるいは1台のスイッチを使って、接続状態は変わらないまま1本分の通信帯域を利用できます。

この手法ではネットワークがループを構成しないため、ブロードキャストパケットの無限ループによるブロードキャストストームが発生する心配がありません。このようなスタッキング機能は、中～大規模の高機能スイッチを中心に搭載されていて、ネットワークの二重化において中心的な役割を果たしています。

図3-34 スイッチのスタッキングとリンクアグリゲーションを使った冗長化

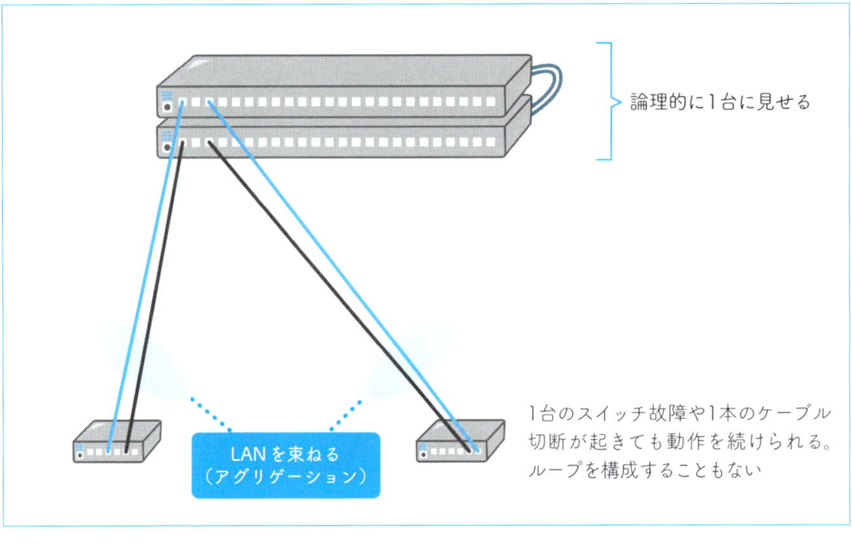

CHAPTER3
Wired
LAN
Basics

ルータや接続回線の冗長化

単一障害点の概念

ネットワークやシステムの信頼性を考えるうえで、特に気を付けなければならないのが「それが1つ故障するとすべての機能が止まってしまう」部分の存在です。このような部分のことを**単一障害点（SPOF：Single Point of Failure）**と呼びます（**図3-35**）。

単一障害点は、ないに越したことはなく、可能であれば生じないような設計にすべきです。しかし、構成、予算、日程などの制約から、仕方なく単一障害点ができてしまうこともあります。

そのような単一障害点に対するアプローチの1つは、それを構成するコンポーネントの信頼性を徹底的に高めることです。しかし一般に信頼性は100%に近づくほど、その伸び方がゆるやかになるとされ、徹底的に信頼度を高めようとすればするほど、多くのコストがかかることになります。

もう1つのアプローチは、使用するコンポーネントを**冗長化して見かけ上の信**

図3-35 単一障害点の概念

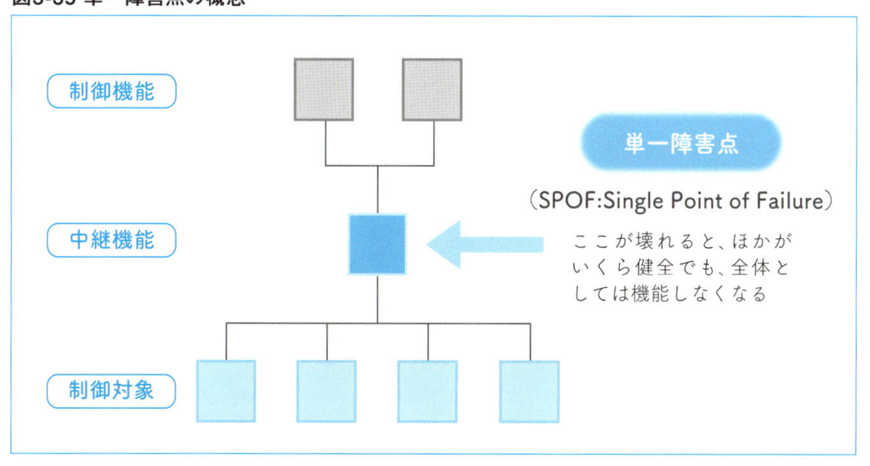

頼性を高めることです。例えば99%の稼働率のものを2つ用意して、一方が壊れたら他方で代替するとしたら、理屈上は、両方が一度に壊れなければ動き続けるので、100% - 両方が止まる確率=1-(1-0.99)×(1-0.99)=0.9999=99.99%の稼働率になり、単一障害点の影響を一定程度に和らげることができます（**図3-36**）。

このように単一障害点と冗長化には深い関係があります。

図3-36 二重化した構成要素の稼働率

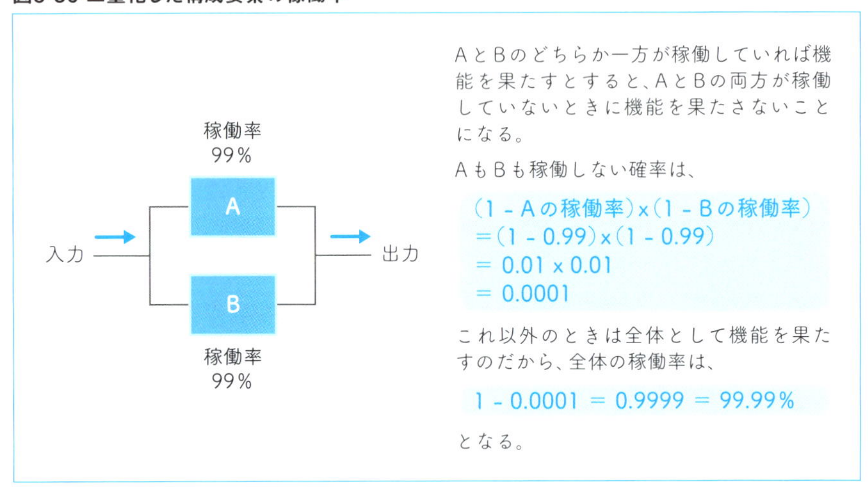

※ 実際のシステムでは二重化を制御するコントローラの稼働率なども考慮する

VRRPを使ったルータの冗長化

オフィスなどのネットワークから外部への出入口となるルータ（デフォルトゲートウェイあるいはデフォルトルータ）は単一障害点になる可能性があり、ルータの冗長化が選択されることがあります。

VRRP（Virtual Router Redundancy Protocol）は、そのようなケースで用いられる代表的なプロトコルです（**図3-37**）。最新の仕様はRFC 5798で定義されています。VRRPを使用すると、仮想IPアドレス（同一ネットワークのいずれかのIPアドレス）と仮想MACアドレス（IPv4なら00:00:5E:00:01:グループID）を持つ仮想ルータが用意されます（**図3-38**）。ネットワーク内の各端末はデフォルトルータとしてその仮想ルータの仮想IPアドレスを指定します。

仮想ルータに送られたパケットの実際の処理は、VRRPでグループを構成する物理ルータのいずれかが行います。パケットを処理するルータはマスタルータと

図3-37 VRRPの動作概念

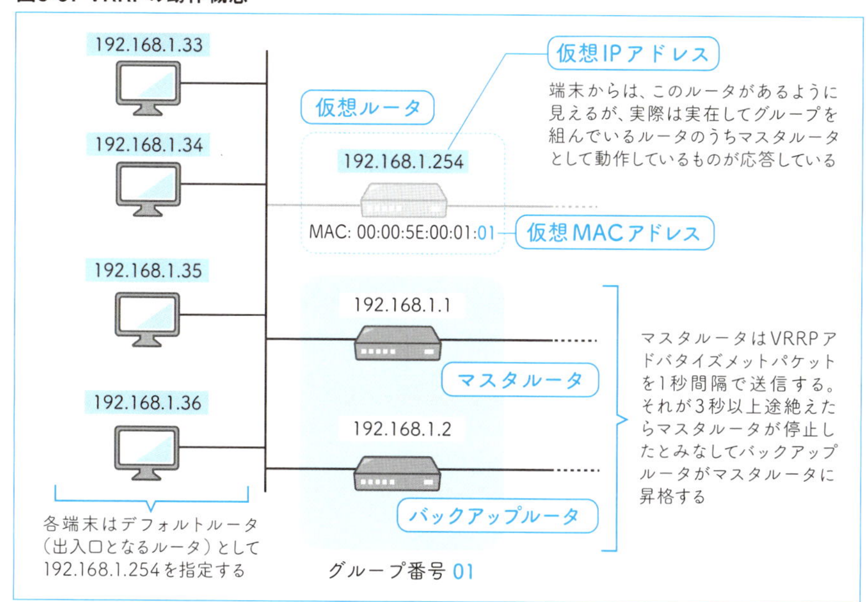

図3-38 実在ルータが仮想ルータとして応答するイメージ

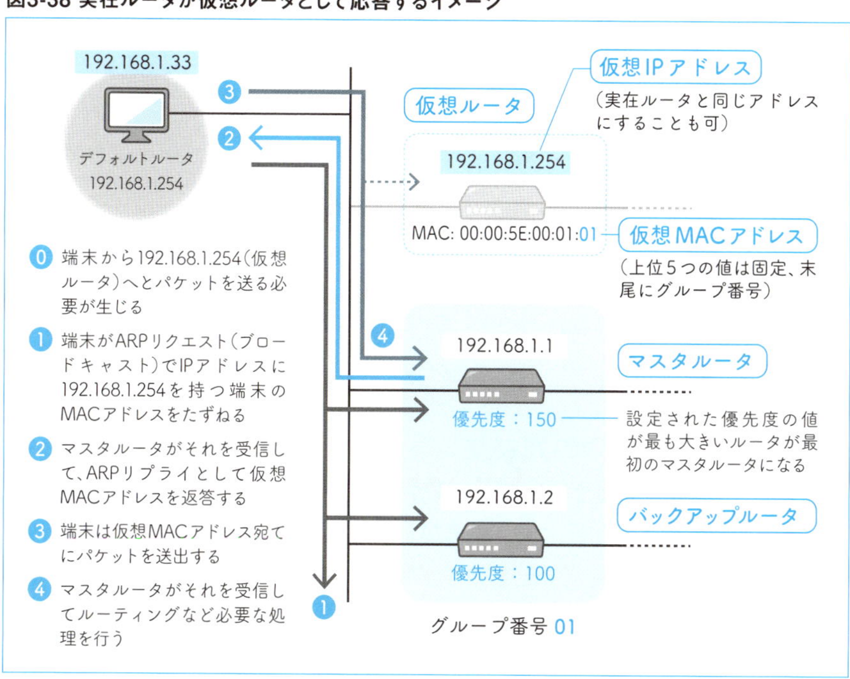

呼ばれ、そうでないルータはバックアップルータと呼ばれます。最初にマスタルータとバックアップルータを決める際には、各ルータに与えられた優先度の値を比較し、最も大きい値を持つルータがマスタルータになり、ほかのルータがバックアップルータになります。

マスタルータは、バックアップルータに対して、通常、1秒間隔でVRRPアドバタイズメントパケットを送り続けます。マスタルータの停止やリンク断などの故障の発生、あるいはWAN回線断などに伴うルータ切り替え条件の成立で、一定時間（通常は約3秒）継続してVRRPアドバタイズメントパケットを受信できなくなると、優先度が最も高いバックアップルータがマスタルータに昇格して、VRRPアドバタイズメントパケットの送信と、仮想ルータに送られたパケットの処理を代行し始めます。

その後、停止した前マスタルータが復旧して、その時点のマスタルータが自分より優先度が高いルータの存在を知ると、そのマスタルータはバックアップルータに降格します。また復旧したルータは自分のほうが優先度が高ければマスタルータに再昇格します。この動作はプリエンプトと呼ばれ止めることもできます。

各端末が送出したパケットを物理ルータが受け取る仕組みには、通常の端末と同様にARPが使われます。VRRPでは、仮想IPアドレスに対するARPリクエストがあると、マスタルータが仮想MACアドレスを返します。すると端末はそれをARPテーブルに登録し、仮想IPアドレスへのパケットはマスタルータが返した仮想MACアドレス宛てに送られるようになります。マスタルータは仮想MACアドレスが宛先に指定されているパケットを取り込みます。

なお、マスタルータに変更があった場合、マスタルータに昇格したルータは、直ちに自分のIPアドレスを問い合わせるARP（Gratuitous ARP）を送出して、ネットワーク内のスイッチの転送データベース（FDB）を書き換えます。これにより、すぐに新しいマスタルータへフレームが転送されるようになります。

インターネット接続の冗長化

インターネットに接続する回線もまた単一障害点になりやすい要素の1つです。いまや小規模な拠点については、光回線の普及により1回線だけでも容量が不足することは少なくなりました。しかし、インターネットVPNなどを利用している場合、何らかの故障によりインターネット接続ができなくなると、業務システムへのアクセスができないなど、業務への支障を来す状況が起こり得ます。

インターネット接続の冗長化には、冗長化する部分や手法の違いにより、いくつかのケースが考えられます（**図3-39**）。

1つめのケースはインターネット接続事業者（以下ISP）の冗長化です。これは既存の1回線を使用して、PPPoEで接続するISPを複数にして冗長化するものです。あるISPの中で故障が起きて通信が不可能になるようなケースで、自動あるいは手動でISPを切り替えることで通信を復旧することができます。これは家庭用Wi-Fiルータでも対応できるものが多くあります。

2つめのケースは接続回線そのものの冗長化です。ルータのWAN回線ポートが複数あれば、ルータ単独で対応可能です。また、WAN回線ポートが1つしかない場合でも、VRRPに対応しているルータなら、複数のルータで仮想ルータを作ることで対応できる可能性があります。接続回線を冗長化し、さらに、それぞれ異なる通信事業者とISPを利用することで、前述のISP内での故障に加えて、通信事業者Aの通信網での大規模故障発生時に、通信事業者Bの接続サービスで通信を復旧するといったことが可能になります。

こちらの冗長化については、通常、小規模なアクセスルータ以上が必要です。また、ルータの機種によっては、有線による接続が途絶えたときに、LTE/3Gアダ

図3-39 インターネット接続の冗長化

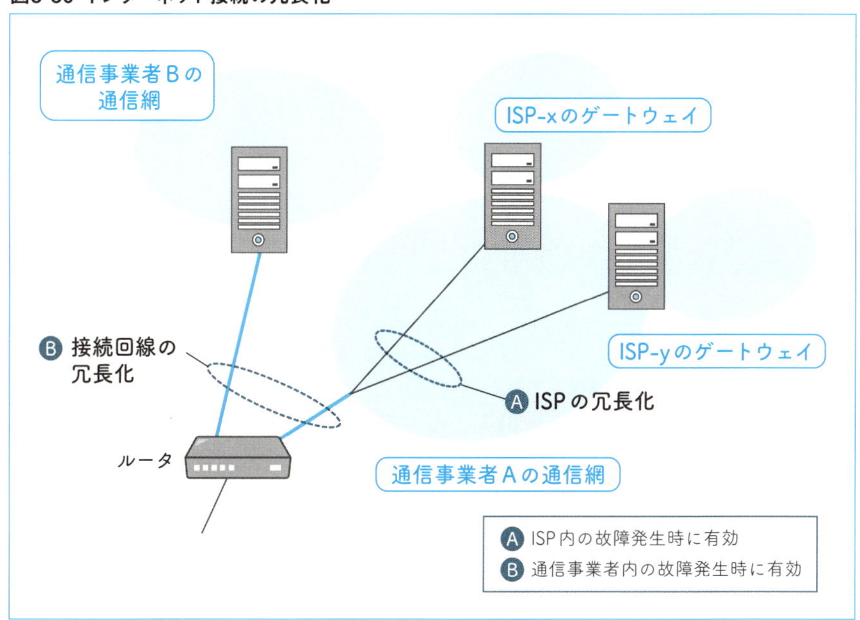

プタを使い無線でインターネット接続を復旧させる機能を持つものもあります。

なお、回線の冗長化を行った場合、その冗長回線を普段は使わないでおき、主回線が故障したときに自動または手動で切り替えるケースと、普段から両方の回線を利用するケースがあります。後者については、複数ある回線への分散方法として、ルータの接続ポートによって振り分ける、端末のIPアドレスの範囲によって振り分ける、接続先のドメインによって振り分ける、などの方法があります。どのような方法が利用できるかはルータの機種によって異なります（**図3-40**）。

図3-40 ルータも含めたインターネット接続の冗長化の例

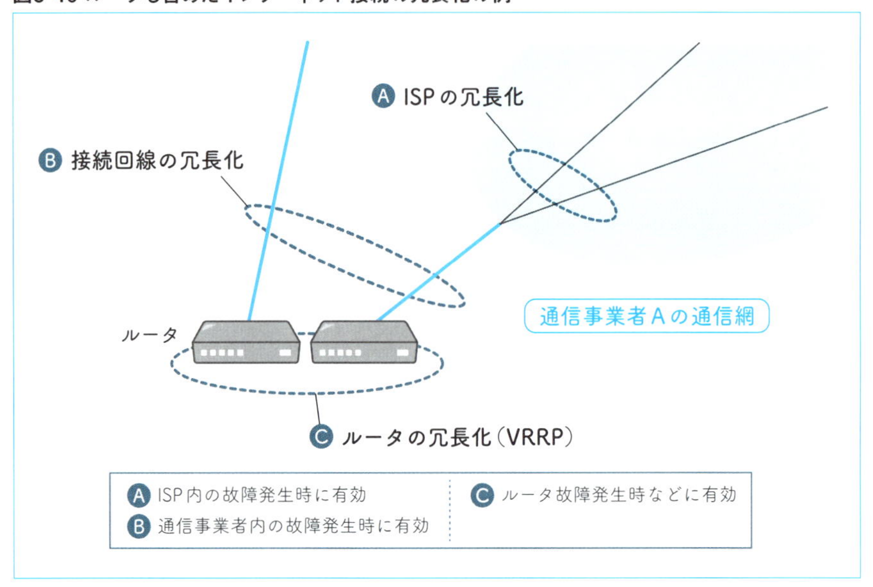

COLUMN BGPを使ったマルチホーミング

大規模な組織のネットワークでは、BGPとよばれるルーティングプロトコルを使い、ISPの経路選択に作用することによって、外部からの通信を冗長化した回線に分散させることがあります。これを行うには、各種の申請、専門的な知識、対応するルータが必要なため、中小企業や個人で取り組む機会は少ないと思いますが、このような方法もあることは覚えておくとよいでしょう。

CHAPTER4

Internet and Network Services

インターネットとネットワークサービス

この章では、地球規模で広がるインターネットの構成と、その活用に欠かせない様々な技術とサービスについて学びます。

本章のキーワード

・AS ・BGP-4 ・Tier1 ・トランジット ・ピアリング
・IX ・IP 到達性 ・PPPoE ・IPoE ・ONU
・OLT ・ベストエフォート ・NAT/NAPT ・ドメイン名
・DNS ・名前解決 ・コンテンツサーバ ・キャッシュサーバ
・スタブリゾルバ ・HTTP ・ステートレス ・認証
・Cookie ・SMTP ・POP3 ・IMAP4 ・OP25B
・DHCP ・リース期間 ・切り分け
・ルーティングプロトコル

CHAPTER4
Internet and Network Services

01 インターネットの構成

インターネットに用いられる技術

家庭やオフィスなどのネットワークで用いられる概念や技術と、インターネットと呼ばれる、より大きなネットワークで用いられる概念や技術は、基本的には同じものです。イーサネットで直接的に接続する端末や機器で構成される「ネットワーク」同士が、ルータを介して相互に接続し、そこをIPパケットが次々と中継されることを繰り返すことにより、最終的に、インターネット接続事業者Aのネットワークに接続する端末が、インターネット接続事業者Bのネットワークに接続するサーバと通信することを可能にしています。そこでは使われるプロトコルはTCP、UDP、IPといったもので、家庭やオフィスで使うものとまったく同じです。

違う点もあります。インターネットの規模でネットワークを考えるときには、インターネット接続事業者（ISP：Internet Service Provider）同士やコンテンツ事業者などの組織間でのルーティング（宛先情報に応じて適切な相手に情報を送り出すこと）や、そのルーティングを制御するプロトコルの技術が大きな位置を占めます。家庭や小規模なオフィスでは、これらを考慮する必要はあまりありません。

ISPやコンテンツ事業者は、多くの場合、自らのネットワーク全体を1つの**AS（Autonomous System）**としてとらえます（より正確には、ASはルーティングポリシーが同じネットワーク群を指していて、そのため場合によって1つのISPが複数のASを持つこともあります）。そして、そのASを基にルーティングの制御が行われます。こうすることで、世界規模の巨大なネットワークのルーティングが、効率的に制御されています。このようなAS間のルーティングを制御するプロトコルはEGP（Exterior Gateway Protocol）と呼ばれ、現在のインターネットでは**BGP-4（Border Gateway Protocol Version 4）**が用いられます。

インターネットの階層構造

いまやインターネットは重要な社会インフラの1つになり、多数の組織や家庭が様々な形でそこに接続しています。インターネットに接続した利用者同士は、相手がどこにいても、お互いが自由に通信できなければなりません。また、誰でもネットワークに接続できるよう、社会インフラとなるネットワークをなるべく効率よく構築することも求められます。

例えば4拠点が相互に自由に通信できるようにするには、4拠点それぞれが自分以外の3拠点に対して接続を用意すれば実現できます。このような接続をフルメッシュ接続といいます。フルメッシュ接続は、ほかの拠点と確実に通信できる特長を持ちますが、一方で、拠点が増えるにつれ必要な接続数が大幅に増えるという欠点があります（**図4-1**）。そのため、現在のようにインターネットを利用する拠点数が非常に多い状況には適用できません。

現在のインターネットは、このようなフルメッシュ接続の代わりに、**階層構造を使うことによって、多数の拠点をインターネットに接続しています。**このうち、階層構造のトップでは、Tier1と呼ばれる10社程度の超大手ISP群が相互に接続して、インターネットの根幹を構成しています。そして、その下部にTier2と呼ばれるISPが接続し、さらにその下部にTier3と呼ばれるISPが接続するといった形

図4-1 フルメッシュは拠点数増に伴い接続数が激増する

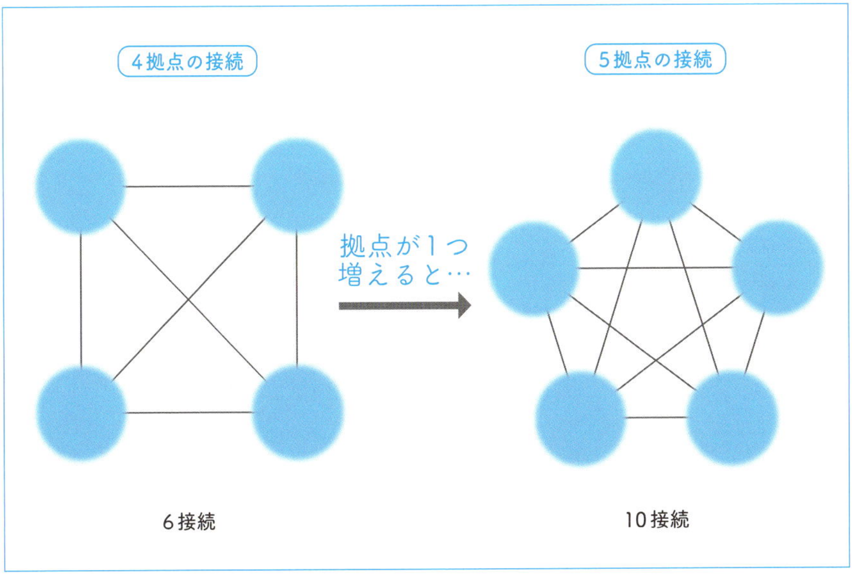

で、膨大な数の利用者の拠点へとインターネットサービスを提供しています。この階層構造では、Tier2やTier3のISPは、**上位ISPから接続性を提供してもらい、下位のISPやユーザーにそれを提供している**といえます。このように接続性を提供することを**トランジット**といいます。トランジットを利用することで、下位ISPは様々なISP（正確にはAS）への接続が可能ですが、通常、その通信量に応じて上位ISPへ料金を支払うことになります（**図4-2**）。

また、個別のISPやコンテンツ事業者との間に直接的な接続を設けて、トランジットを経由せずに直接通信する形を取ることもあります。このような接続でお互いがダイレクトにやりとりすることを**ピアリング**と呼びます。ピアリングによって、相互間での遅延が減って通信品質が高まることや、トランジットの通信量が減ってトランジット料金を抑える効果が期待されます。ピアリングの形態に

図4-2 インターネットの階層構造

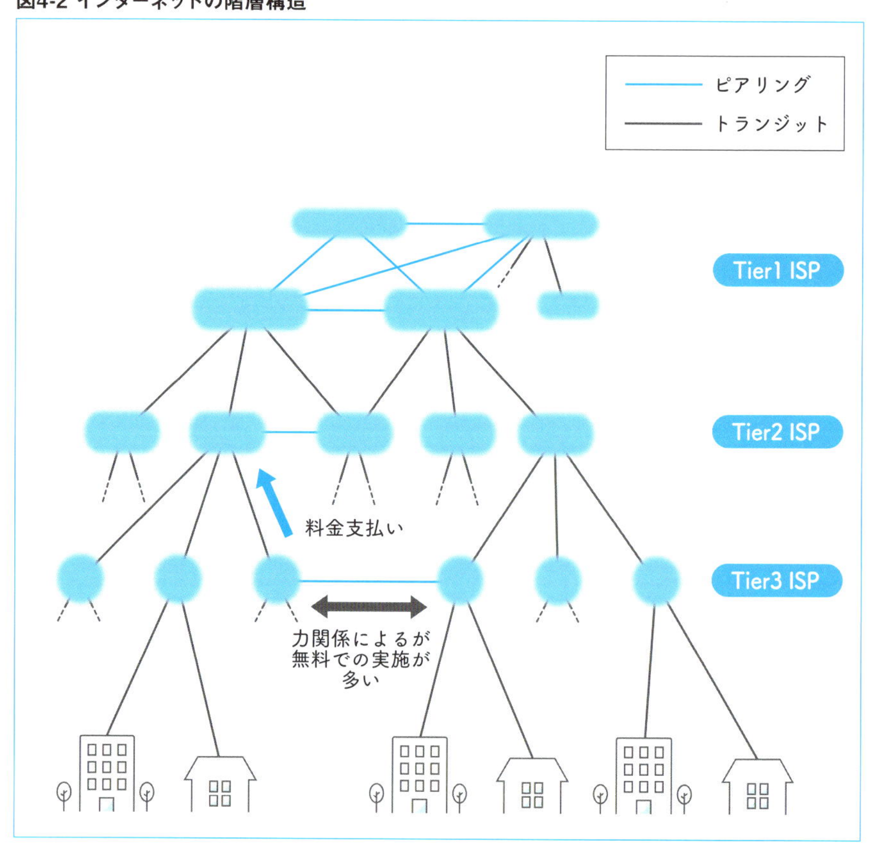

図4-3 ピアリングの形態は2種類ある

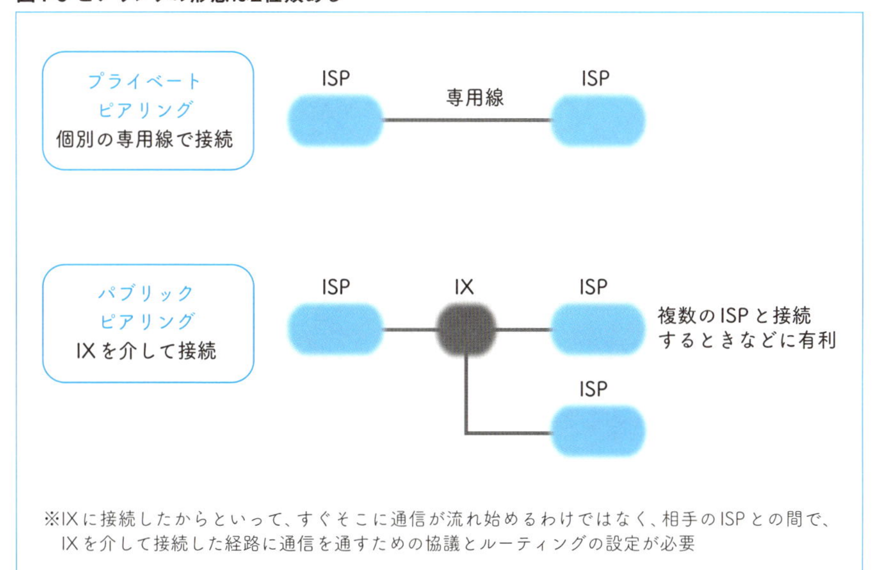

は、ISP同士の接続サービスを提供するIX（Internet eXchange）を介して接続する**パブリックピアリング**と、お互いを直接結ぶ**プライベートピアリング**があります（**図4-3**）。なお、ピアリングは個別の契約に基づき、お互いに無料で実施するケースが多いようですが、相互の力関係によっては料金が発生することもあります。またIXや通信回線の利用料がかかります。

IXの概要

ISP間の接続は、個別の専用線を使って1：1で行う場合と、IXに設けられたスイッチを介して1：nで行う場合があります。とりわけ複数のISPとの間でピアリングを行うようなケースでは、相手のISPごとに専用線を敷設することはコスト面や管理面で不利で、IXを介しての接続が有利になります。

日本で最初のIXはNSPIXP-1で、相互接続の研究を目的として1994年に東京に設置されました。その後は、各種の商用IXがサービスを開始して、ISP、コンテンツ事業者、データセンタ事業者、企業などに向けた接続サービスを提供しています。国内のIXは、その多くが東京または大阪に設置されていますが、各地域での相互接続サービスや、東京や大阪のIXへの接続サービスを提供する、地域IXも運用されています。

02 インターネットが提供するIP到達性

IP到達性

インターネットは現代の社会生活に不可欠な通信インフラであり、いまや世界中の人々がインターネットが提供する各種の機能を利用して日々の生活を送っています。あまりに多くのことができすぎて、ややもすると「インターネットはいろいろな通信ができるもの」だと漠然と考えてしまいがちですが、実はインターネットで提供される機能はいくつかの種類に分類できます。中でも、最も重要なものが**IP到達性**です（**図4-4**）。

インターネットとそれに接続するコンピュータについての最も基本的な考え方

図4-4 IP到達性のイメージ

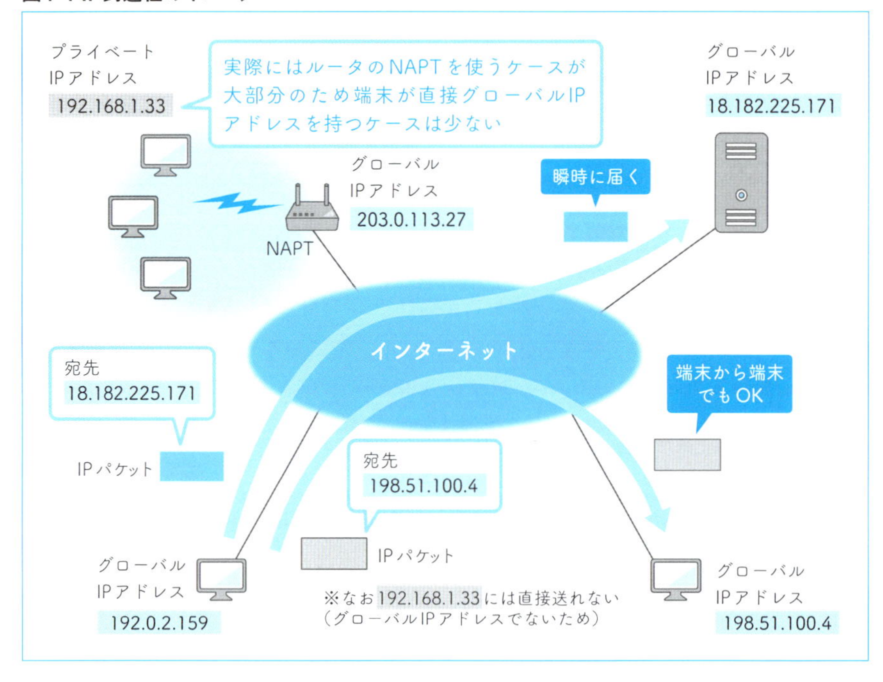

では、**インターネットに接続したコンピュータにはグローバルIPアドレスが割り当てられます。**そのグローバルIPアドレスは、インターネットで唯一のもので、ほかのコンピュータもそれぞれグローバルIPアドレスを持っています。

これらのコンピュータ同士は、相手のグローバルIPアドレスを宛先に指定してIPパケット（2章07参照）をインターネットに送出することで、そのIPパケットが瞬時に相手へと届けられます。これがIP到達性です。アクセス回線事業者、ISP、国などを問わず、また端末からサーバであっても、端末から端末であっても、インターネットに接続していれば、このIP到達性が提供されます。冷静に考えると、これは驚くべきことです。インターネットで提供されるすべてのサービスは、このIP到達性を基盤として利用し、そのサービスを実現しています。

しかしながら、家庭用のWi-Fiルータやアクセスルータを使う場合をはじめ、多くのケースにおいてIPv4で通信する場合には、通常、**端末にはプライベートIPアドレスが割り当てられていて、グローバルIPアドレスは割り当てられていない**ので（4章06 NAT/NAPT参照）、それらの端末からIP到達性を確認することは簡単ではありません。けれども、そのような環境であっても次の方法でIP到達性を確認できる場合があります。

自宅のLANでIP到達性を確認してみよう

家庭用のWi-Fiルータを使っていて、「ISPが一括提供するインターネット接続サービスを利用している」場合や「アクセス回線事業者とISPを組み合わせて（フレッツ光ネクスト＋OCNなど）インターネットを利用している」場合には、次の方法によりランプの点滅からIP到達性を確認できることがあります。

1 割り当てられているグローバルIPアドレスを確認する
まず4章11に説明する方法（P.209）で、Wi-Fiルータに割り当てられているグローバルIPアドレスを調べ、メモしておきます。ドメイン名よりもIPアドレスのほうが取り扱いが簡単です。

2 インターネットに接続している機器を止める
LAN内にWi-Fiルータを介してインターネットを利用している機器（PCやスマートフォン、ゲーム機など）があったら、いったんその動作を止めます。次に、Wi-Fiルータ本体やONU（Wi-Fiルータ内蔵のこともあります）に付いている通信状況を示すランプのうち、WAN側へのアクセスを示すランプ（Wi-Fi ルータや ONU の UNI ランプ、Wi-Fi ルータの WAN 側ポートのアクティブランプなど）が点滅していないことを確認します。どのようなランプが付いているかは Wi-Fi ルータや ONU の機種によって違いますので、取扱説明書などで確認してください。なお機種によっては、これらのランプがない場合もあります。

3 スマートフォンに ping を送信できるアプリをインストールする

3G/LTE の SIM が入ったスマートフォン（Android でも iPhone でも構いません）を用意し、Google Play あるいは App Store で「ping」と検索して、ping（4 章 11 参照）を送信できるアプリをインストールします。

4 スマートフォンの 3G/LTE を有効にした状態で ping を送信する

スマートフォンが Wi-Fi 接続していたら切断し、3G/LTE での通信を有効にします。次に 3 でインストールしたアプリを起動して、1 で調べた IP アドレスに ping を送信します。これにより、「スマートフォン→携帯電話事業者のネットワーク→インターネット→ Wi-Fi ルータ」というルートで ping（IP パケット）が送信されます。

5 Wi-Fi ルータ本体などのランプを確認する

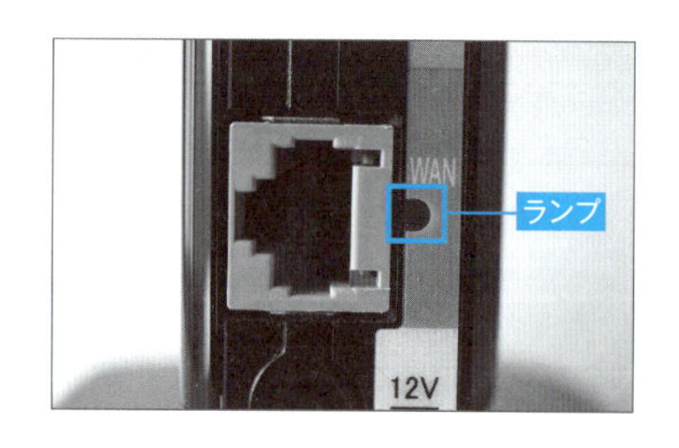

ここで WAN 側へのアクセスを示すランプ（Wi-Fi ルータや ONU の UNI ランプ、Wi-Fi ルータの WAN 側ポートのアクティブランプなど）を確認します。ping の送信に合わせて（通常、1 秒間隔）これらのランプが点滅を始めたら、スマートフォンから送信した IP パケットが、インターネットを経由して、Wi-Fi ルータへ到着していると判断できます。

つまり 1 のグローバル IP アドレス宛てに IP パケットを送ったら、インターネットの IP 到達性によって、それが瞬時に宛先のコンピュータ（ここでは Wi-Fi ルータ）に届いたということです。

このときの ping アプリには、スマートフォンから ping を送信して、それがインターネットを通して Wi-Fi ルータに届き、Wi-Fi ルータからの反応が再びインターネットを通って戻ってくるまでの時間（ラウンドトリップタイム。RTT や Round Trip Time などと表記）が表示されます（**図 4-5**）。この時間は通常なら数 10 ～数 100 ミリ秒程度で、文字通り、瞬時に通信が行われたことを見て取れます。

図4-5 ping送信ツールの例（Ping Analyzer）

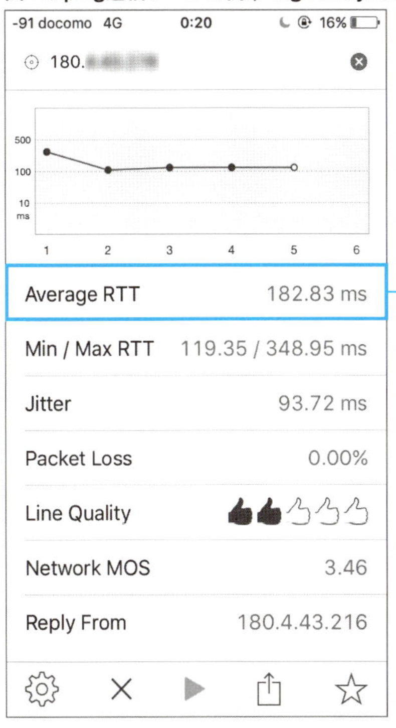

CHAPTER4
Internet
and
Network
Services

03 インターネットに接続する方法

インターネット接続の選択肢

インターネットへの接続性を手に入れる手段として、現在はいくつかの選択肢があり、利用目的、利用場所、通信品質、費用などに応じてそれぞれを使い分けることができます。それらは大きく分けて**有線回線による接続と無線による接続の2つ**に分類されます。

有線回線による接続は利用場所が回線を引き込んだ建物に固定されますが、通信速度が速く、通信状態が安定していて、通信量の制限も少なく、通信量に対する費用は比較的安価です。

一方、無線による接続は一般に利用場所が限定されずどこでも利用可能ですが、通信速度は有線より遅く、通信状態は変動しがちで、一定期間の通信量の上限が定められることも多く、通信量に対する費用は有線回線による接続より高価なのが一般的です。

そのため可能な場合は、有線回線による接続と併用しながら、無線の特徴が必要とされるときに無線による接続を活用するといった使い分けがなされます。

光回線での接続

有線回線による接続の代表的なものが、**光回線によるインターネット接続**です(**図4-6**)。アクセス回線の種類には光回線以外にもADSLやCATVなどがありますが、昨今では光回線による接続が主流です。

光回線でのインターネット利用を申し込む方法としては、次のようなものがあります。

- アクセス回線サービスとISPサービスを別々に申し込む
- アクセス回線サービスの申し込みと一緒にISPサービスを申し込む
- ISPサービスの申し込みと一緒にアクセス回線サービスを申し込む
- 光コラボレーション事業者に申し込む

　このうち**アクセス回線サービス**は、電話局から利用拠点まで物理的な回線を設置するサービスで、通常、NTTやKDDIなどの通信事業者が提供します。**ISPサービス**は、アクセス回線サービスを介してやりとりする情報をインターネットへ中継するサービスで、通常、インターネットサービスプロバイダ（ISP）が提供します。**光コラボレーション事業者**は、自らは回線を持たないものの、卸売りされているアクセス回線サービスを利用して、アクセス回線サービスとISPサービスを一括して自社サービスとして提供する事業者です。これについては後述します。

　アクセス回線サービスとISPサービスは、本来、別々に提供されるものですが、選択するアクセス回線サービスなどによって、自由に組み合わせを選べるケース、決められた中から選べるケース、選べないケースがあります。同様に、アクセス回線サービスはそのままでISPサービスを他社に乗り換える、といったことも自由にできるケースと、制限があるケースがあります。また、光コラボレーションにより提供されるものは、その事業者が自社サービスとして包括的に提供するため、通常、ISPサービスだけの乗り換えなどはできません。

図4-6 光回線でのインターネットサービス提供イメージ

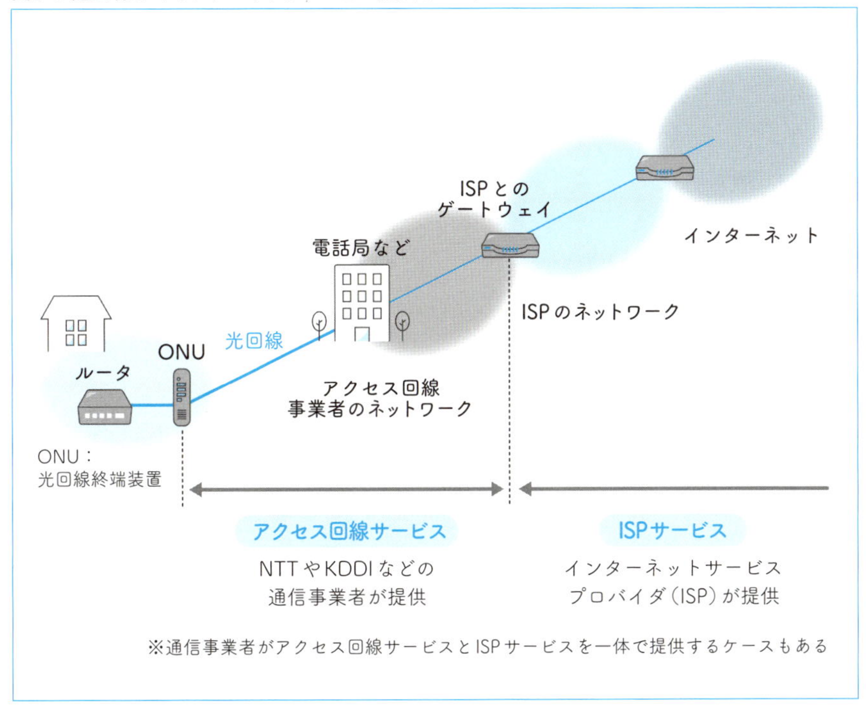

携帯データ網による接続

無線による接続で代表的なものが、**携帯電話のデータ通信ネットワークを利用してインターネットに接続する**方法です。無線による接続を利用すると物理的な回線を引く必要がないことから回線工事が不要になり、非常に短い日数（多くは即日）で利用を始めることができます。

携帯電話のデータ通信ネットワークを利用したインターネット接続では、携帯電話事業者が提供するモバイルタイプのWi-Fiルータと回線を申し込む方法がよく使われます（**図4-7**）。携帯電話の電波が入るところでモバイルタイプのWi-Fiルータを稼働させると、それが親機となり、無線LANで各種の端末を接続できるようになります。親機に接続した端末は、その時点からインターネットに接続された状態となり、インターネット上のサーバなどと通信可能です。また手持ちのスマートフォンがある場合は、スマートフォンのテザリング機能を利用して、モバイルタイプのWi-Fiルータと同様のことを行うことができます。

この方法はインターネットへの接続手段としては手軽ですが、従量制のデータ通信料を選択すると通信量が高価になる恐れがあるため、1カ月で5ギガバイト、20ギガバイト、無制限といった形でのパケット定額サービスを利用するのが一般的です。スマートフォンの場合と同様に、無制限以外の契約で利用する場合は上限容量に注意する必要があります。なお、昨今では置くだけでインターネット接続できることを謳う無線による接続サービスも登場しています。

これら無線によるインターネット接続は、有線回線によるインターネット接続と比べて、通信速度、安定性、料金体系などが異なりますので、それを納得したうえで利用することが大切です。

PPPoE接続とIPoE接続

光回線によるインターネット接続サービスでは、アクセス回線からISPへと接続する方式として、**PPPoE（Point to Point Protocol over Ethernet）**と、**IPoE（Internet Protocol over Ethernet）**の2つが使われます（**図4-8**）。

光回線を使った接続サービスで提供されるのはイーサネットの仕様に沿った通信機能です。つまり一般的なLANとほぼ同じものですので、それをそのまま使ってLANと同様にIPパケットを使った通信が可能です。

しかし、これまでの光回線を使ったアクセス回線サービスの多くでは、ISPへの接続にあたってユーザー認証を行う必要があるということで、**認証機能を持っ**

図4-7 モバイルタイプのWi-Fi ルータ製品の一例

Aterm MR04LN

図4-8 PPPoE を使うケースとIPoE を使うケース

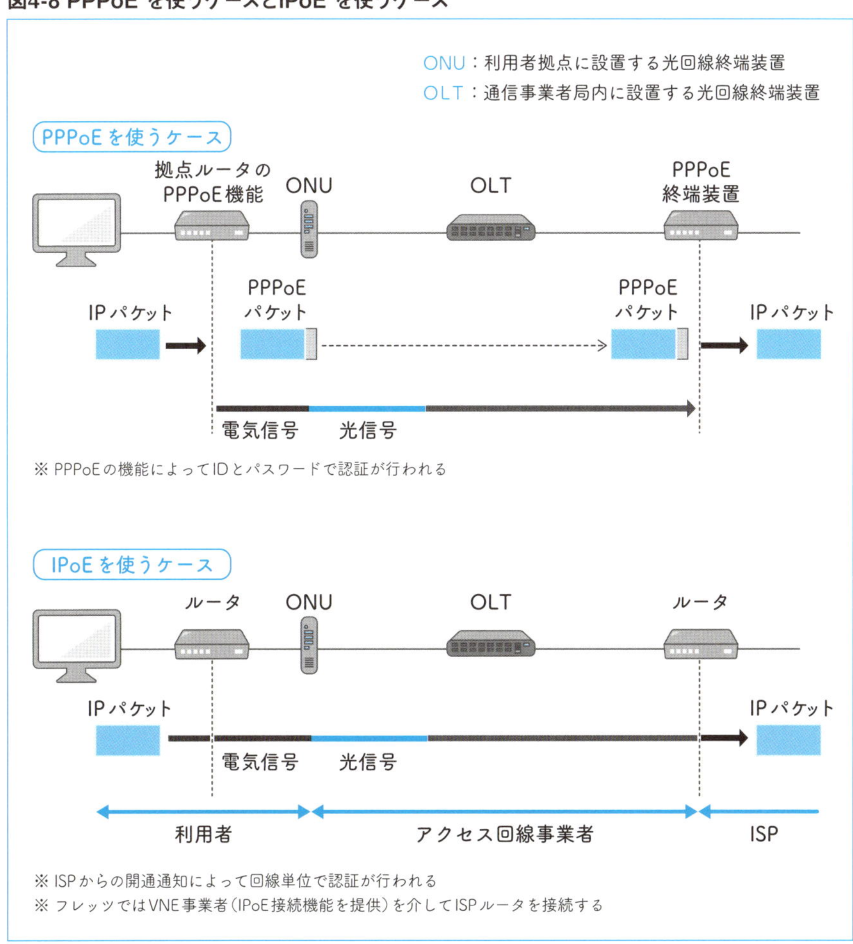

たPPPプロトコルをイーサネットでやりとりするPPPoEのパケットを光回線上でやりとりし、そのPPPoEのデータ部分にIPパケットを乗せる形を採用していました。

この方式では、やりとりごとに少量ながらPPPoEの制御情報が付加されるため、直接IPパケットを乗せる場合と比べて一度に送ることができるデータ量が少し減り、その結果、通信効率が低下してしまいます。また、PPPoEの制御に関する処理をする必要があることから、ルータなどの処理能力もそれに少し割かれてしまいます。

この点を踏まえ、新たにサービスが始まったIPv6による接続などでは、**光回線にIPパケットをそのまま送出するとISP側のゲートウェイルータまで転送されるIPoE方式**と、従来からのPPPoE方式の両方が提供されるケースが増えています。

また近年では、混雑しがちなPPPoE接続（IPv4/IPv6）よりもIPoE接続（IPv6のみ）のほうがおおむね通信速度が速いことに着目し、IPoE接続のIPv6パケットに載せる形でIPv4パケットを途中まで運ぶことで、IPv4でのインターネット接続を高速化する技術も使われ始めています。これは「IPoE/IPv4 over IPv6」などと呼ばれ、ISPによって、MAP-E、DS-Liteなど、異なる規格が採用されています。

COLUMN　光コラボレーションモデル

従来、NTT東日本とNTT西日本が提供する光アクセス回線サービス「フレッツ光」シリーズは、両社のサービスとして両社が販売（委託などを含む）していました。しかし2015年2月から、両社はアクセス回線サービスの卸売りをスタートし、これを機に、通信回線設備を持たない企業が、両社からアクセス回線サービスを仕入れて、自社サービスとして販売できるようになりました。このような販売方法は**光コラボレーションモデル**と呼ばれています。

それ以来、この光コラボレーションモデルを利用して、自社サービスとして一括してインターネット接続サービスを提供する企業は増え続け、現在では、ISP、携帯電話事業者、ケーブルテレビ局、ソフトウェアベンダー、家電量販店、事務用品販売、エネルギー販売、コンサルティングファームなどの幅広い企業が、この分野に参入しています。

また、過去にNTT東西が販売して、すでに使用している光アクセス回線サービスを、光コラボレーション型サービスのアクセス回線に充当して他事業者に移管する、「転用」と呼ばれる制度も導入されています。

なお、光コラボレーション型サービスとして申し込んだ回線や、転用により光コラボレーション型に変更した回線は、事業者変更と呼ばれる手続きを行うことで、光回線の契約先をNTTやほかのコラボレーション事業者に変更することができます。以前、このようなケースでは現契約の解約と回線撤去工事、そして新たな契約と回線開通工事を経る必要がありました。しかし現在は、光回線の工事をすることなく事務処理のみで変更が可能です。ただし、メールアドレスの継続利用の可否や、事業者変更にかかる契約解除料・手数料などについては、変更前後の事業者に確認する必要があります。

CHAPTER4
Internet and Network Services

アクセス回線の種類

アクセス回線の位置付け

インターネットや拠点間接続サービスを利用するためには、**それらに乗り入れるための通信回線を利用拠点まで引く必要があります。** そのような目的に用いられる回線はアクセス回線と呼ばれるほか、通信サービスを提供するための最後の1区間という意味で、ラストワンマイルと呼ばれることもあります。アクセス回線は、通信サービスを利用するすべての拠点に引く必要があり、通信設備として大きなボリュームを占めることから、通信事業者の立場からは、通信の性能もさることながら、設備の導入、管理、運用などの廉価性も重要視されます（**図4-9**）。

アクセス回線を提供するには、電柱や共同溝（通信や電力ケーブルなどを収めるため地中に埋設された施設）などを使って物理的な回線を街の中に張り巡らし

図4-9 アクセス回線のイメージ

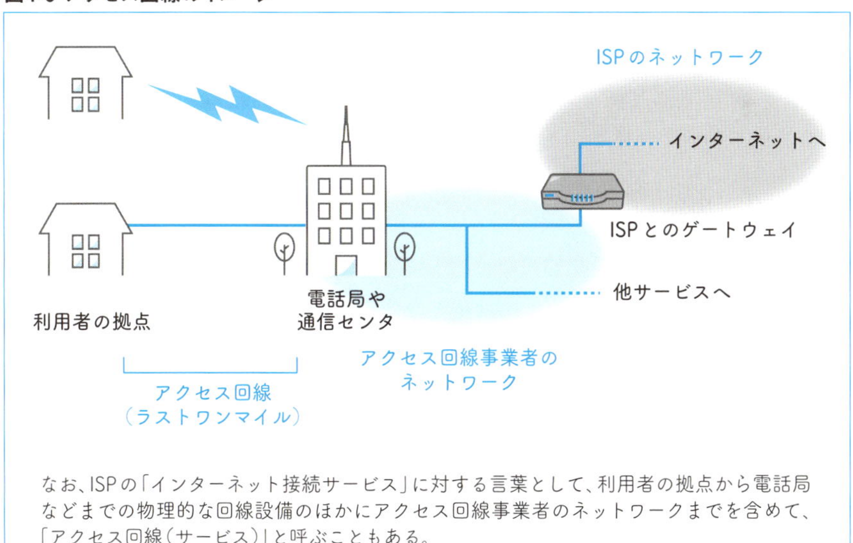

なお、ISPの「インターネット接続サービス」に対する言葉として、利用者の拠点から電話局などまでの物理的な回線設備のほかにアクセス回線事業者のネットワークまでを含めて、「アクセス回線（サービス）」と呼ぶこともある。

図4-10 電柱の光ケーブルから家庭などへの引き込みに分岐させる端子函(たんしかん)

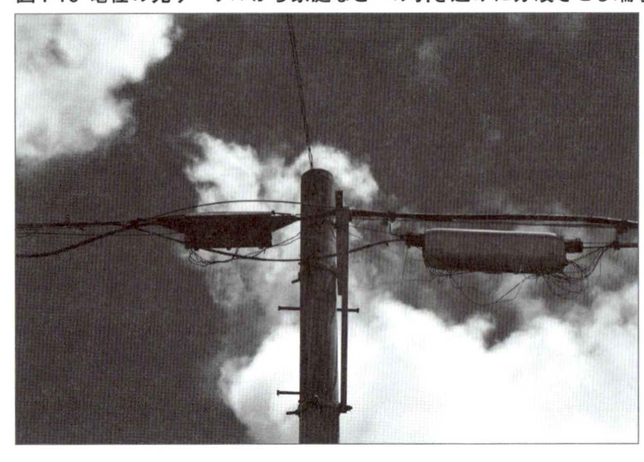

電柱のケーブルから家庭などへの引き込み線に分岐させる端子函（クロージャ）。右は光回線用、左はメタル回線用

たり、電波を送受信する設備を建設する必要があります（**図4-10**）。このようなことを行うことができる事業者は、許認可の点からごく一部に限られ、多くの場合、アクセス回線を所有するのは通信事業者や電力事業者となります。

なお、2015年に通信事業者による光アクセス回線サービスの卸売りが始まったことを受け、本来なら物理的な回線設備を持てないISPなどが、アクセス回線サービスと接続サービスをセットにして提供するケースが増えています。

代表的なアクセス回線

アクセス回線は有線または無線で提供されます。有線のアクセス回線のうちで主流になっているのは光回線です。規格上の最高通信速度が上り下りとも1Gbpsのサービスが中心で、一部の事業者により地域限定ながら最高通信速度が10Gbpsのサービスも始まっています。通常、光回線は上りと下りに同一の速度が提供されます。光回線を家庭などに引くことを**FTTH（Fiber To The Home）**と呼びますが、これを実現するには莫大な費用がかかるとされ、長らく実現していませんでした。しかし技術の進歩によって光ケーブルや関連機器の値段が下がり、通信事業者がこれからの稼ぎ頭は電話ではなく高速インターネット接続サービスと考えるようになり、また国も情報通信環境の高度化を支援したことから、光回線の導入が大きく進みました。その結果、現在では多くの地域で、通信速度がとても速く、通信状態が安定していて、電話局からの距離の影響を受けにくい、光回線によるアクセス回線サービスを利用できるようになっています。

光アクセス回線を利用する場合、**ONU（Optical Network Unit）**が利用者の拠点に設置されます（**図4-11**）。アクセス回線事業者の局内に設置されたOLT（Optical Line Terminal）から延びる光回線は、通常、途中の光スプリッタによって多ければ32程度に分岐され、このONUに接続されます。このような構成において、ONUはOLTが送信する情報の中から自装置向けのものを抽出したり（TDM：時分割多重化）、ほかのONUと衝突しないようOLTが指示するタイミングでOLTへ情報を送出したり（TDMA：時分割多元接続）、異なる波長の光で上りと下りの通信を同時に行ったり（WDM：波長分割多重化）する機能を備えています。

光回線以外では、既存の電話回線を利用する**ADSL（Asymmetric Digital Subscriber Line）**や、ケーブルテレビ回線を利用する**CATV（Community Antenna TeleVision）**も使われています。このうちADSLは、音声を伝えるために作られた電話回線を使い、下り最高50Mbps程度の通信を実現する技術です。無線の2次変調方式であるOFDMと同様の考え方で通信を高速化するDMT（Discrete MultiTone modulation）と呼ばれる技術が用いられます。ADSLは上りと下りの通信速度が非対称で、下りは50Mbps程度の速度でも、上りは数Mbps程度の速度になります。ADSLは、既存の電話回線を利用するためコストが安く、また一定程度の通信速度が得られます。その半面、利用拠点から電話局までの電話回線の物理長が長くなるほど最高通信速度が落ちる、通信の不安定さが原因で

図4-11 ONUの一例

時に短時間の無通信が発生するなど安定性にやや欠ける、といった弱点があります。一時はアクセス回線の主役を担ったADSLですが、事業者の多くが新規受付の停止やサービスからの撤退をしていて、現在では、光回線が利用できない地域の代替手段として、あるいは価格を最重視する場合の廉価なアクセス回線として限定的に使われている状況です。

またCATVは、ケーブルテレビを配信するために用いられる同軸ケーブルを主に使ってアクセス回線サービスを提供するものです。ADSLと同様に上りと下りで通信速度が異なり、一般に提供されているサービスは、速いもので下りが数100Mbps程度、同じく上りが10Mbps程度です。ADSLと同様、光回線が提供されない地域で使われるほか、ケーブルテレビサービスなどとセットでインターネット接続サービスを安く提供することや、ワンストップサービスなどを謳うものが多く見られます。

無線によるアクセス回線サービスは国内では一般的ではありません。あえて挙げるなら、携帯端末で用いられる3G/LTEサービスが利用できることや、その応用として機器を置くだけでインターネット接続できることを売りにするサービスが提供されています。そのほかに、通信速度は非常に低速ではあるものの、携帯電話と同じくらいのサービスエリアで、非常に廉価に通信サービスを提供するLPWA（Low Power Wide Area）と呼ばれる種類の通信サービスが始まっています。こちらは主にIoTなどの通信量が少ない装置での利用を想定しています。

最大通信速度とベストエフォート

アクセス回線について表示される最大通信速度は、通常、**ベストエフォートでの提供**と但し書きがなされます。これには「規格上の速度に近づくよう最善をつくす」との意味があり、「帯域保証型」と違って、広告表示の速度が出なくても提供事業者は責を負いません。そのため、状況によっては、広告表示の速度を大きく下回る速度しか出ないこともあり得ます。通信速度は同じ設備を共用するほかの利用者からも影響を受けるため、利用開始時は広告表示に近い速度だったものが、時間が経つにつれて通信速度が低下するといった現象が見られることもあります。なお、2015年に総務省より電気通信サービスの広告表示についてのガイドラインが公開されています。

CHAPTER4
Internet and Network Services

05 スピード測定

測定の目的

インターネット接続の善し悪しを評価する尺度には、通信遅延、混雑度、安定性、料金など、いくつかの指標がありますが、一般に最も重視されるのが**実際の通信速度**です。十分に速い通信速度を変動なく引き出せていれば、そのインターネット接続は良好な状態にあると考えます。

インターネット接続のスピード測定が行われる代表的なシーンとしては、通信が遅く感じられたとき、通信速度の現状を数値化したいとき、機器交換などを行って状況を確認したいときなどが考えられます。また、通信が遅く感じられたときは、不具合の切り分けのためにスピード測定を行うこともあります。例えば、家庭内で無線LANを使っているときと、有線LANを使っているときとで、それぞれ同じ対象に対してスピード測定をすれば、その測定値の違いから遅い原因が家庭内の無線LANにあるのか、ルータから先（ルータ、アクセス回線、ISP、インターネットなど）にあるのか、おおよそ推測がつくといった具合です。

ネットワークのスピード測定を行うには、本質的に、1台の端末だけでは行えず、それに対向する何らかのコンピュータが必要です。そのようなコンピュータを測定のたびに自分で用意するのはとても難しいため、多くの場合、通信事業者やコンテンツプロバイダなどが提供する**スピード測定サービス**を利用することになります。具体的には、PCではWebサイトにアクセスする方法が、またスマホでは測定アプリを入手して利用する方法が一般的です。

しかし、それらが行うスピード測定は、基本的に、各サービスが独自に設定した前提条件や測定方法によって行われるため、利用者はただ漫然と測定値だけを見るのではなく、その測定手法や測定条件などを十分に考慮したうえで、得られた測定値を分析する必要があります。

測定区間と測定条件

スピード測定サービスを利用すると、実際に測定用サーバと通信した後に、通信速度（1秒に送ることができるデータ量で、単位はMbpsやkbpsなど）やラウンドトリップタイム（RTT、測定用サーバまでパケットが行って戻る時間で単位はミリ秒など）などの値が提示されます。

測定に使用する測定用サーバの設置場所は、おおよそ、1）アクセス回線事業者のネットワーク内、2）ISPのネットワーク内、3）国内のインターネット、4）海外のインターネットの4つに分類できます（**図4-12**）。これらはそれぞれ測定する区間が異なり、例えば1）ならば、測定者が使用する端末の状況＋測定者のローカルネットワークの状況＋アクセス回線事業者のネットワークの状況＋測定サーバの状況が加味された測定値になります。**スピード測定サービス利用時には、第一に、そこで得られる測定値が何の状況を反映しているか意識する必要があります。**

スピード測定サービスの多くは、通信速度を上り（測定端末→ネットワーク）と下り（ネットワーク→測定端末）に分けて測定します。このうち特に注目すべきは下りの速度で、Webブラウザを使ったWebサイトの閲覧やインターネットからのファイルダウンロードなど、ネットワークから大量の情報が送られてく

図4-12 測定サーバの位置と受ける影響

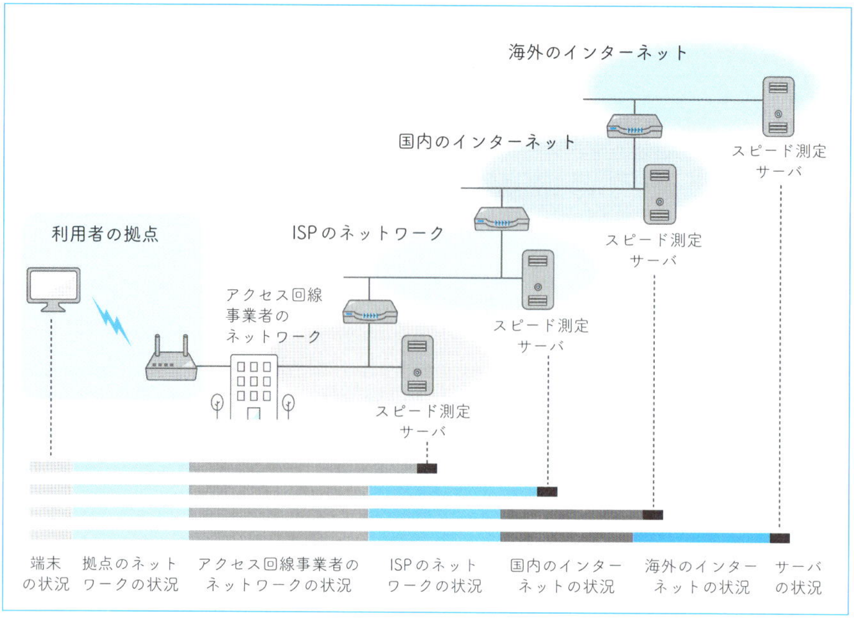

る使い方に影響を与えます。一方、上りの速度は、テレビ会議やサーバ設置など、端末からネットワークへ大量の情報を送る使い方に影響を与えます。ただ、上り速度の影響を受けるアプリケーションは、下り速度ほど多くありません（**図4-13**）。

図4-13 上りと下り、それぞれの通信速度が求められるケース

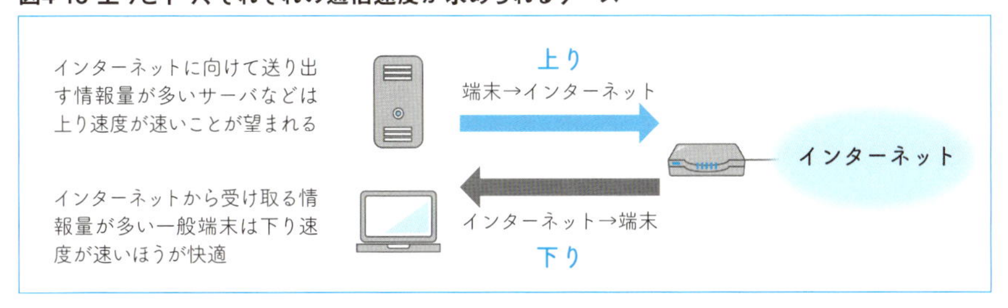

スピード測定サービスによっては、単一セッションでの測定と複数セッションでの測定を選択できるものがあります。これは、1つの接続だけを使って測定するか、複数の接続を同時に使って測定するかを選択するものです（**図4-14**）。遅延が通信速度に与える影響などが原因で、TCP/IPの接続1つで消費できる帯域には限りがあります。そこで、複数の接続を並行して使ってネットワークの全帯域を測ろうとするのが複数セッションでの測定です。一方、単一セッションは通常、1つのアプリケーションで使える最大帯域を測ることができます。何を測りたいかによって、いずれかを選択します。

そのほか、測定に使用するデータとして、**圧縮率が高いデータを使うか圧縮率**

図4-14 測定サーバの位置と受ける影響

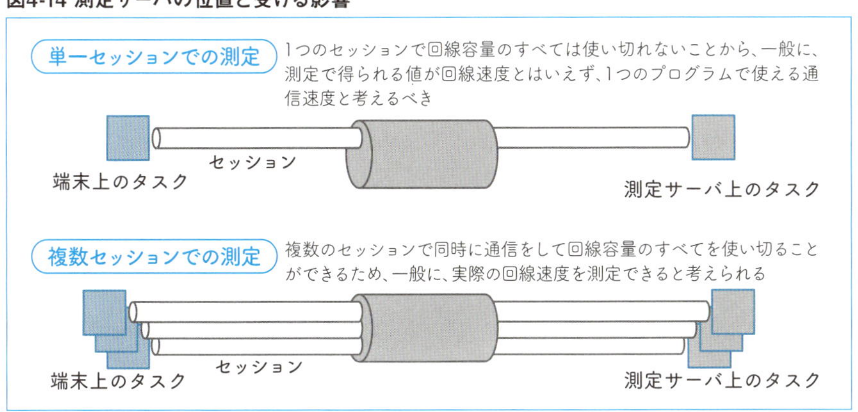

が低いデータを使うかの選択肢が可能な場合もあります。これは経路の途中にデータ圧縮機能が使われている場合に意味を持つ選択肢で、前者を選ぶと実際にやりとりできるデータ量に近い値が、後者を選ぶと回線の通信速度に近い値が、それぞれ得られます（**図4-15**）。

図4-15 圧縮率が高いと通信回線の速度が反映されにくい理由

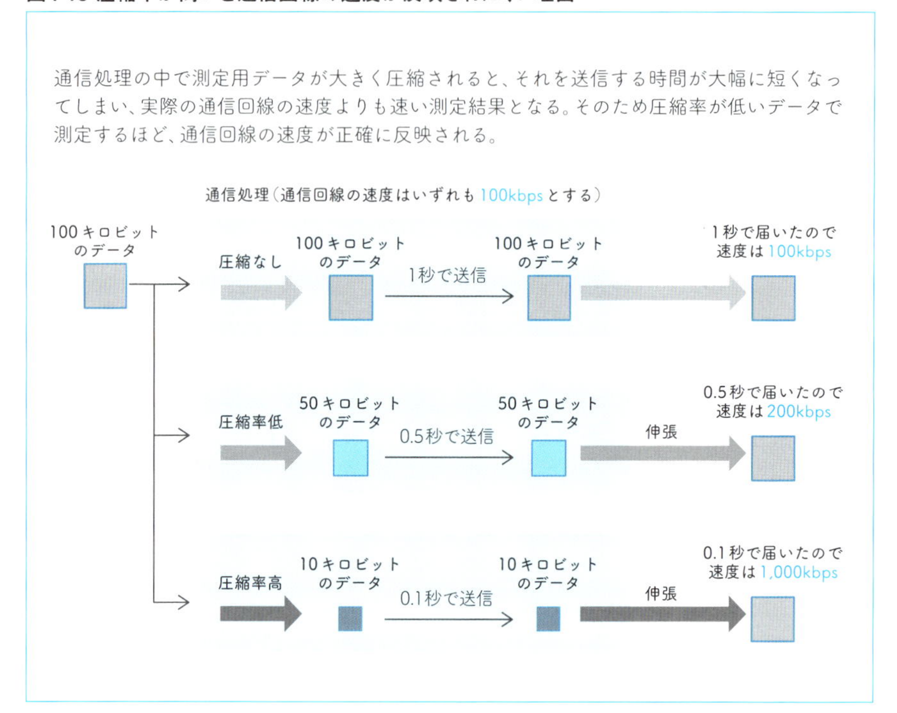

測定時に気を付けること

ネットワークの利用状況は刻々と変化するため、比較対象となる値は、極力、時間を空けずに続けて測定するほうがよいでしょう。それが難しい場合でも、同じ曜日の同じ時間帯にする、端末の種類やアクセス回線を揃えるなど、できるかぎり測定条件を一致させることが大切です。また、第三者が測定した結果と比較する場合には、測定する時間帯や曜日、アクセス回線事業者、ISP、測定地などの条件を加味しながら比較するとよいでしょう。

CHAPTER4
Internet and Network Services

06 NAT/NAPT

NAT/NAPTのはたらき

NAT/NAPT(ナット/ナプト)は、IPアドレスを一定のルールで変換する機能です。アドレス変換とも呼ばれます。NAT/NAPTを使用すると、NAT/NAPTの内側(ローカル側)にいる端末は、本来のIPアドレスとは別のIPアドレスに見えます。

よく似た名前ながらNAT (Network Address Translation) とNAPT (Network Address Port Translation) は動作が異なります。**NATはアドレスだけを変換する機能**を指し、変換前と変換後のアドレスは1:1になります。これに対し、**NAPTはポート番号の変換も含んだ機能**を指していて、多くの場合、変換前と変換後のIPアドレスはn:1になります。つまり別々のIPアドレスを持つ複数の端末があっても、NAPTを通せば、それらすべてが1つのIPアドレスを使うよう変換されます。ポート番号も同時に変換することでこのような変換が可能です。このようにNATとNAPTは異なるものですが、昨今では単にNATといえばNAPTを指すことが多くなりました。また、NAPTはIPマスカレードとも呼ばれます。

NAPTは、オフィスや家庭のネットワークの内部で使用するプライベートIPアドレスを、インターネット上で唯一のグローバルIPアドレスへ変換するために多く使われます(**図4-16**)。NAPTを使用すれば、プライベートIPアドレスを持つ

図4-16 ルータのNAPT機能を使用するときの典型例

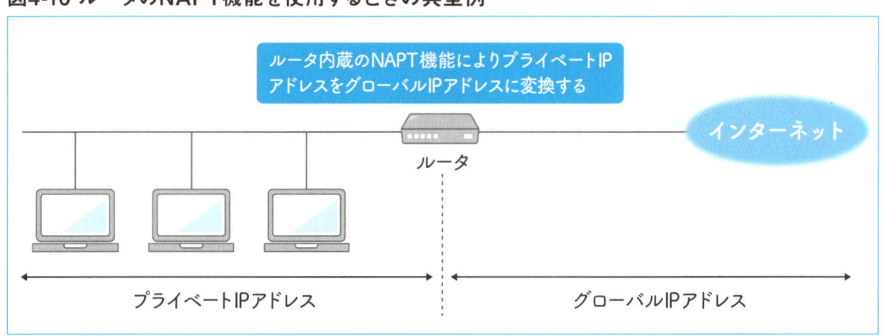

複数台の端末に対して、グローバルIPアドレスを1つ使用するだけで、各端末がインターネットにアクセスできる状況を作れます。このような複雑なことをする背景には、グローバルIPアドレスが世界的に底をついているIPv4の「IPアドレス枯渇問題」があり、NAPTを利用することでグローバルIPアドレスの不足を和らげているのが現状です。

このほか、通常、NAPTの外側（インターネット側）からNAPTの内側（ローカル側）にはアクセスできず、内側のIPアドレス割り当て状況や端末台数などを外から把握できなくなることから、ファイアウォールに代わるものではないものの、**簡易的なセキュリティの仕組み**としてとらえられることもあります。

なおIPv6については、IPアドレスの空間が広くアドレスが潤沢なため、IPアドレスの枯渇に対処する目的ではNAT/NAPTは使われません。またセキュリティへの対処にはファイアウォールのフィルタなどを用いるべきとされています。

NAT/NAPTの動作

NAT/NAPTの機能は、独立した機器としてネットワークに用意されることもありますが、多くの場合、**ルータが内蔵する機能**を利用します。アクセスルータはもちろん、家庭用Wi-Fiルータにも NAP/NAPT機能は搭載されていて、特にNAPT機能はインターネット接続で必須になっています。以下、ルータが内蔵するIPv4のNAT/NAPTの動作イメージを説明します。

NATでは、内部の端末がインターネットにIPパケットを転送するとき、それに含まれるプライベートIPアドレスを、自身がプールしているグローバルIPアドレスの1つに書き換えます（**図4-17**）。転送方向が逆、つまりインターネットから内部の端末へ転送するときには、逆の書き換えを行います。この変換によって、インターネットのサーバから見ると、内部の端末はグローバルIPアドレスを持っているかのように見え、インターネットのサーバと正常に通信を行えます。この方法では、同時に通信する内部の端末台数分だけグローバルIPアドレスが必要です。つまり、もし使用できるグローバルIPアドレスが1つしかなければ、同時に通信できる内部の端末は1台に限られます。そのため、IPアドレスの枯渇防止にはあまり役立ちません。

一方、NAPTでは、インターネットにIPパケットを転送するとき、プライベートIPアドレスとポート番号の組み合わせを、ルータのグローバルIPアドレスとルータが管理するポート番号の組み合わせに書き換えます（**図4-18**）。逆方向の

図4-17 NATの動作イメージ

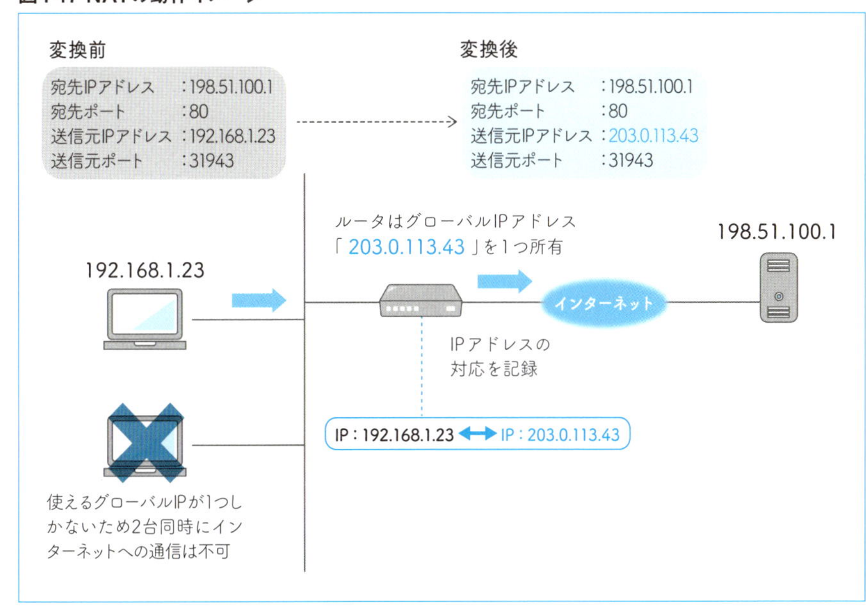

図4-18 NAPTの動作イメージ

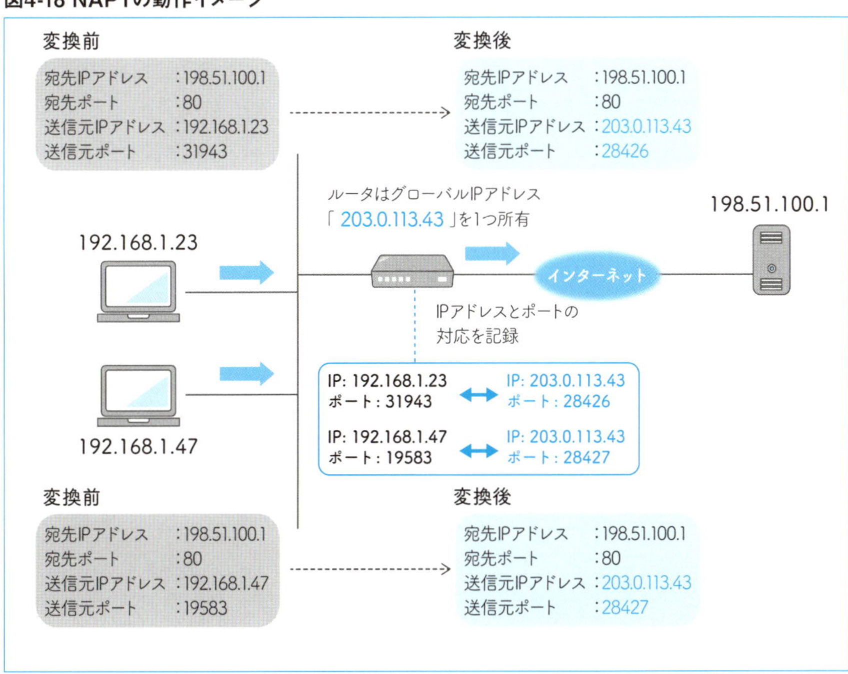

転送であれば、逆の書き換えを行います。このような変換で1つのIPアドレスを共用できるのは、TCP/IPのパケットに、宛先IPアドレスと宛先ポート番号の他に、送信元IPアドレスと送信元ポート番号が含まれているためです。複数ある内部端末からの通信は、変換後のポート番号を変えることで、外部サーバから見ると同じ端末からの別の接続のように見えます。

NAT/NAPTの支障を解決するNAT越え

一般的なWebアクセス、メール、ファイル転送、SNSなどであれば、その利用にNAT/NAPTが支障となることはほとんどありませんが、インターネット電話やテレビ会議などのアプリケーション、ゲーム専用端末などでは、正しく動作せず問題が起きることがあります。

NAT/NAPTを介して通信している端末は、その端末自身が認識しているIPアドレスと、外部のサーバが受け取るパケットに含まれる送信元IPアドレスが違います。そのため、パケットのデータ部分に端末が自分のIPアドレスを埋め込むような使い方をすると、それを受け取った外部のサーバが混乱してしまうのがその原因の1つです。

このような状況に対応できるよう、様々な「NAT越え」と呼ばれる技術が開発されていますが、越える対象のNAT/NAPTに様々な方式が存在していて、一般にその詳細は公開されていないことから、あらゆるケースに対応できるNAT越えの実現には至っていません。そのため、時にポートの解放など手動での対応を求められることがあります。

COLUMN　多重NAT/NAPT

NAT/NAPT機能を持つルータを多段階に接続すると、NAT/NAPTが二重、三重と重複してしまうことがあります。このような状態でも、Webやメールなどは問題なく使えることがほとんどですが、NAT越えを必要とするアプリケーションでは支障が起きることがあります。そのためNAT/NAPTが多重になるような接続は避けたほうがよいでしょう。

例えば、すでにNAT/NAPT機能を持つルータが設置してあり、そこにWi-Fiルータを接続するような場合、Wi-Fiルータはルータモードではなく、ブリッジモードで動かして、NAT/NAPTの機能は止めておくよう設定します。

CHAPTER4
Internet and Network Services

07 ドメイン名とDNS

ドメイン名とは

ネットワーク層にIPを用いる現在主流のネットワーク構成では、通信相手を特定するためにIPアドレスを使用します。例えばIPv4のIPアドレスは8ビットの値を4つ組み合わせた計32ビットの値で、192.168.1.1のように0～255の4つの値をピリオド（.）で区切って記述します。

このような記述法はシステマチックな方法ですが、数字の羅列に対する意味付けや連想が働きにくく、これをそのまま人間が覚えるのは容易なことではありません。この点を解消するものとして、ネットワークにおいて人間が覚えやすい意味のある名前をコンピュータに与える「ドメイン名」と、そのドメイン名とIPアドレスを相互に変換する仕組みであるDNSが大きな役割を果たします。

ドメイン名の割り当て機構

例えば、インターネットにwww.sbcr.jpと名付けられたWebサーバがあります。**このドメイン名は世界で唯一になるよう定められていて、この名前に対応するようIPアドレスが決まっています（図4-19）。**1つのドメイン名に対応するIPアドレ

図4-19 ドメイン名の構造

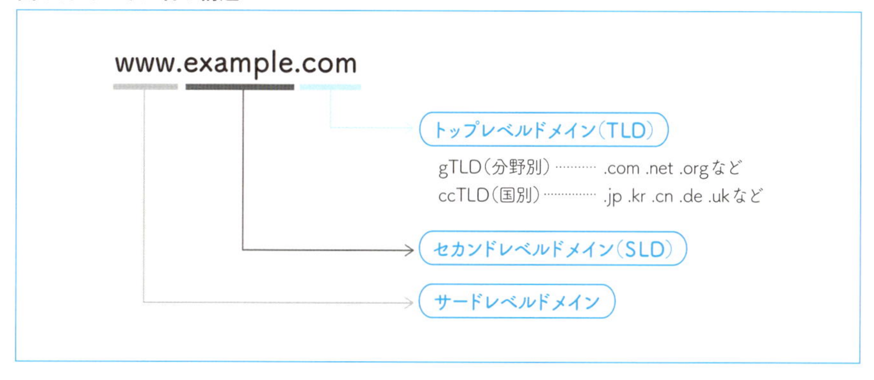

スは1つのこともありますし、複数のこともあります。

世界で唯一の名前になるようドメイン名の割り当てをコーディネートしているのはICANN（Internet Corporation for Assigned Names and Numbers）と呼ばれる組織です。ICANNがコーディネートするのはトップレベルドメイン（TLD: Top Level Domain）で、それはいくつかの種類に分けることができます。基本的なものとしてはgTLD（.com、.net、orgなど分野別のもの）、ccTLD（.jp、.kr、.deなど国別のもの）などがあります。

TLD以下の実際の管理はそれを委任されたレジストリ（管理組織）が行います。例えば米国のVeriSign社は.comや.netを、日本の日本レジストリサービス（JPRS）は.jpを、それぞれ管理しています。これらのレジストリは、そのTLDを使うドメイン名の割り当てを行い、そのTLDのためのDNSを運用します。

一般ユーザーがドメイン名を利用するには利用登録が必要です。その登録を受け付ける窓口になるのがレジストラです（**図4-20**）。レジストラはレジストリと契約して、ドメインの利用を希望する人からの登録や変更を受け付けます。そのほか、レジストラと契約してドメイン名の登録や変更を行うリセラと呼ばれる企業もあり、それらが競争しながら多様なサービスを提供しています。

図4-20 ドメイン名の割り当て機構

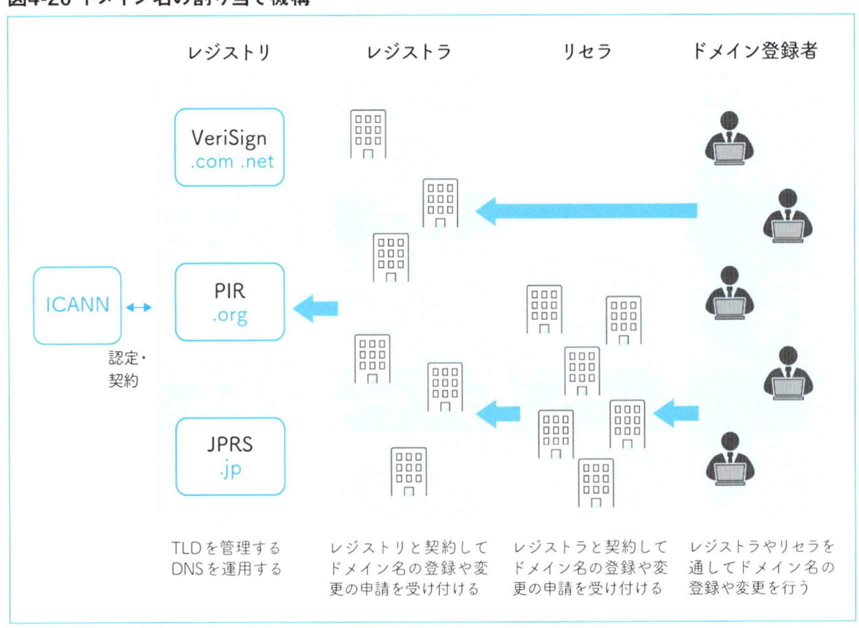

ドメイン名の種類

昔は、gTLDといえば.com、.net、.org、.edu、.gov、.milくらいしかありませんでしたが、2000年ごろから新しいgTLDの利用が始まりました。新しいgTLDとしては、.info、.biz、.nameといった汎用的なもの、.tokyo、.osaka、.nagoyaなど地域名を付したもの、.travel、.mobiなど特定業界向けのもの（sTLD）、企業名やブランド名を付したものなどがあり、その数は年々増えています。

またccTLDの中で、日本で使われている.jpドメインについては、汎用jpドメイン（.jp）、都道府県型jpドメイン（都道府県名.jp）、属性型jpドメイン、地域型JPドメイン名といった種類が規定されています（**図4-21**）。

図4-21 ドメイン名の種類

DNSの概要

DNS（Domain Name System）は、ドメイン名（コンピュータに与えた階層的な名前）とIPアドレスを相互に変換する仕組みです。DNSは、Web、メール、SNS、音声･動画ストリーミング、ファイル転送など、おおよそすべてのインターネットサービスで使われていて、インターネットの根幹をなすサービスの1つといっても過言ではありません。

DNSが行う変換のうち、ドメイン名からIPアドレスを求めることを「正引き」といい、その逆に、IPアドレスからドメイン名を求めることを「逆引き」といいます。また、これらの変換のことを総称して**名前解決**と呼びます（**図4-22**）。

DNSによる名前解決は、特定のコンピュータが一手に行うのではなく、ドメインの階層（.で区切られた要素）ごとに分散して設置されたDNSサーバが協調しながら行います。このような形式を一般に分散協調型と呼び､信頼性を高める、管理がしやすくなる、などの特徴があります。

なお、DNSでは、各種の問い合わせや応答にUDPのポート53番を、DNSサーバ間の情報複製などを目的に行うゾーン転送にTCPの53番を、それぞれ使用します。

図4-22 正引きと逆引き

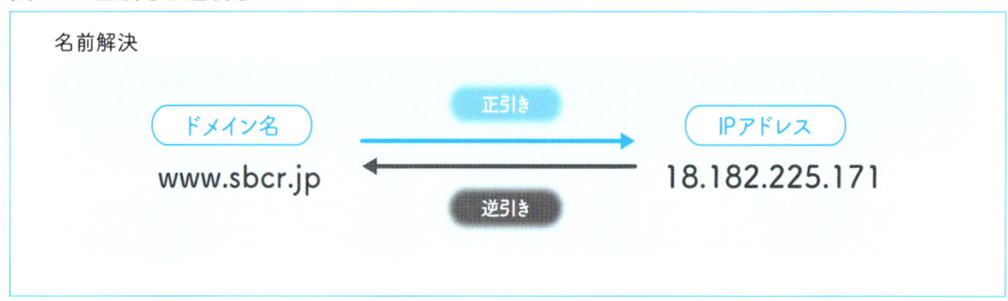

DNSの動作

サーバ、端末、各種機器で動作する各種のプログラムは、ネットワークを介してアクセスしようとする対象がドメイン名で指定されていたら、まずそのドメイン名をIPアドレスに変換し、その後に、そのIPアドレスを指定して、対象と通信を始めます。この変換の際にDNSが使われます。

ネットワークを利用する端末のネットワーク設定には、この変換の際にアクセスするDNSサーバが指定されています。この指定にはドメイン名ではなくIPアドレスが使われます。DHCPを使ってネットワーク設定を行う場合は、このDNSサーバも自動設定されるのが普通です。

DNSは、大きく分けて、コンテンツサーバ、キャッシュサーバ（フルサービスリゾルバ）、および、コンピュータ内のスタブリゾルバから構成されます。コンピュータで動作するプログラムが名前解決を要求したとき、コンピュータ内でそれを受け付けるのがスタブリゾルバの役目です。スタブリゾルバは、その要求に基づき、キャッシュサーバに名前解決をリクエストします。すると、キャッシュサーバが、コンテンツサーバに順次アクセスして必要な名前解決を行い、その結果がスタブリゾルバに返されます。そしてスタブリゾルバがそれをプログラムに引き渡します。

図4-23にDNSの動作例を示します。この図では、ブラウザなどのプログラムがwww.sbcr.jpというドメイン名を持つコンピュータにアクセスしようとしているとします。このとき、アクセスに先立って、そのドメイン名をIPアドレスに変換するための名前解決を行います。

プログラムからの名前解決を要請されたスタブリゾルバは、名前解決のリクエストをキャッシュサーバに送ります。するとキャッシュサーバはまず、ルートDNSサーバと呼ばれる特別なサーバに問い合わせを行います。するとそこでは

図4-23 DNSの動作イメージ

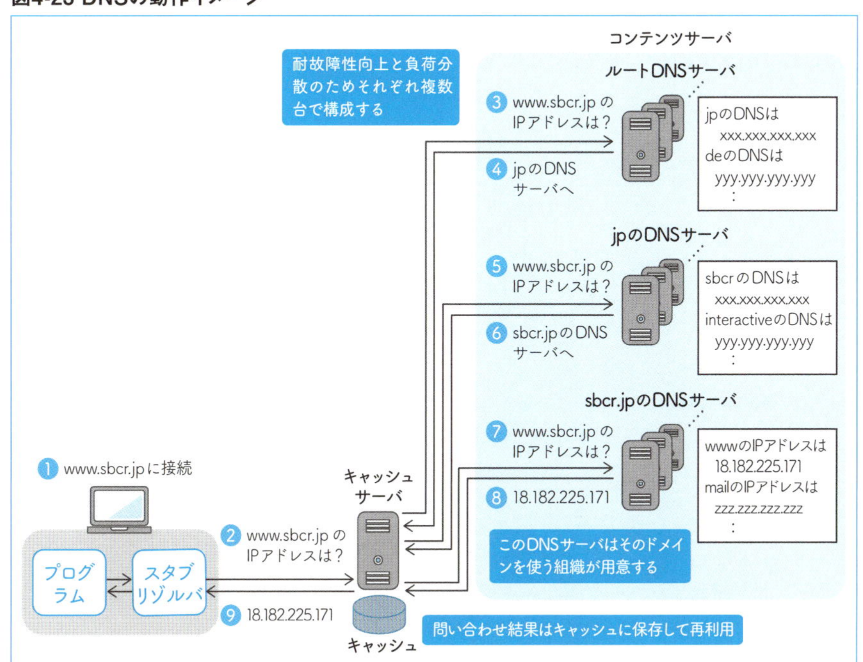

「jp」を管理するDNSサーバのIPアドレスを教えてもらえますので、続いてそのDNSサーバに対して問い合わせを行います。そこでさらに「sbcr.jp」を管理するDNSサーバのIPアドレスを教えてもらい、そして、そのDNSサーバに「www.sbcr.jp」について問い合わせます。

sbcr.jpを管理するDNSサーバは、それ自身がwww.sbcr.jpとIPアドレスの対応を知っているので、対応するIPアドレスを返してきます。その回答を受け取ったキャッシュサーバは、それをスタブリゾルバへ返して、さらにそれがプログラムに引き渡されます。このようにして、各機能が協調しながら名前解決が行われます。

問い合わせの各段階で取得した対応情報は、近い時期に同じ問い合わせがきたらすぐに答えられるよう、キャッシュと呼ばれる領域にその情報を保存しておきます。こうすることで、各機能の間で無駄な問い合わせを減らすことを狙います。しかしこれが永久に続いてしまうとサーバが情報を変更してもそれが反映されなくなるため、通常、キャッシュ内の情報には有効期限が設けられ、その期限を過ぎたら、また実際に各DNSサーバへ問い合わせるようにしています。

なお、家庭用Wi-Fiルータやアクセスルータの多くが持っているDNSフォワーダ機能（DNS問い合わせの転送とキャッシュ保存）を利用して、端末のDNSサーバ設定にルータのIPアドレスを指定することもよくあります。**図4-24**はDNSフォワーダ利用時のやりとり例です。

図4-24 DNSフォワーダ機能

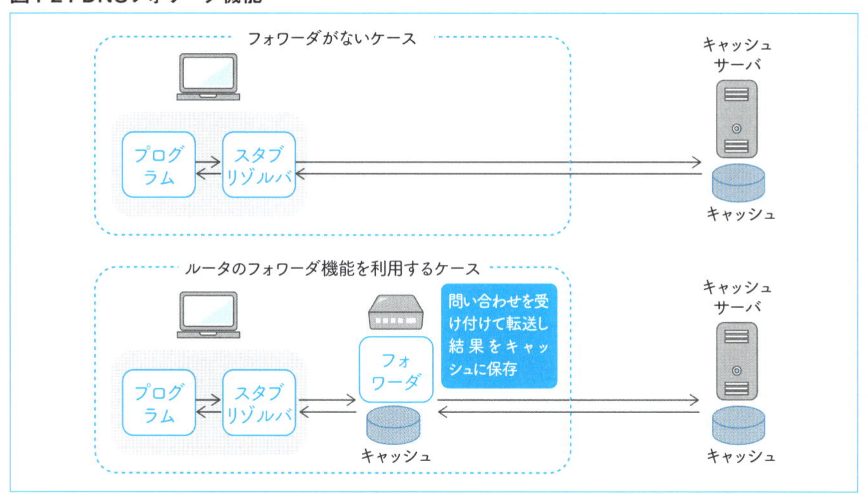

CHAPTER4
Internet
and
Network
Services

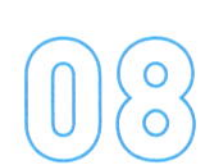

WebとHTTP

ハイパーテキストとURL

情報配布のための基盤として幅広く使われている**WWW（World Wide Web、略してWeb）**は、ハイパーテキストと呼ばれる形式で作られた文書をサーバに格納し、それをネットワーク経由で閲覧する機能を提供するサービスです。ハイパーテキストとは、テキストファイルの中にハイパーリンク（ほかのドキュメントへの参照情報）が埋め込まれたもので、そのハイパーリンクをたどることによって、複数の文書を関連付けたり、1つのファイルでは表せない大きな情報を表したりすることができます。WWWでは、主に**HTML（HyperText Markup Language）**を使って、このハイパーテキストを記述します（**図4-25**）。

このようなハイパーテキストを実現するには、Web上に存在する文書や各種ファイルを指し示す方法が必要になります。そのために用いられるのが**URL（Uniform Resource Locator）**です。URLはWebブラウザでWebサーバを指定

図4-25 ハイパーテキストの概念

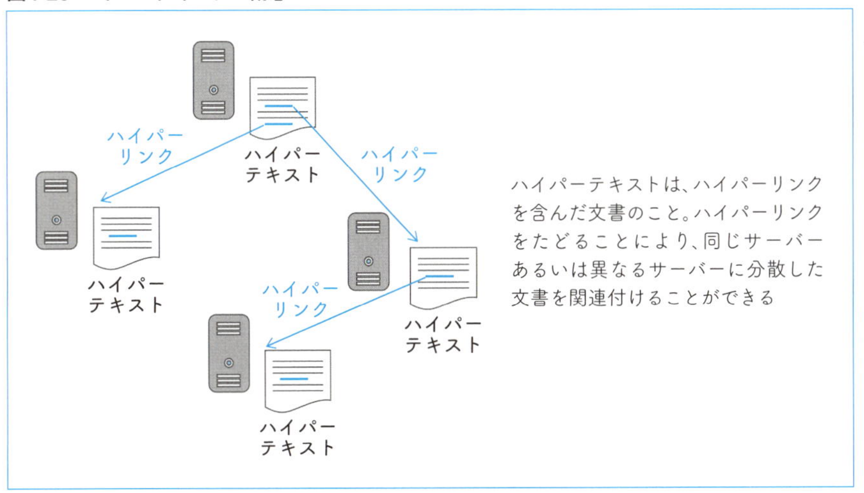
ハイパー
リンク
ハイパー
テキスト
ハイパー
リンク
ハイパー
テキスト
ハイパー
リンク
ハイパー
テキスト
ハイパー
テキスト
ハイパーテキストは、ハイパーリンクを含んだ文書のこと。ハイパーリンクをたどることにより、同じサーバーあるいは異なるサーバーに分散した文書を関連付けることができる

する際にも使われることから、一般に「ホームページアドレス」などとも呼ばれています。

Webで用いられるURLは、大きく分けて、**スキーム**、**ホスト名**、**パス名**の3つの部分で構成されています。スキームは、使用するプロトコルの種類などを指定するもので、http、https、ftp、mailtoなどが使われます。ホスト名は、文書を格納するコンピュータを指定するもので、コンピュータのドメイン名やIPアドレスを指定します。またパスは、ホスト名で指定したコンピュータ内での格納位置とファイル名を指定するもので、通常、格納位置（/xxx/yyy/の形式）と対象のファイル名を指定します。パスを省略したときは、デフォルトドキュメント（省略時に送り返すとサーバが決めたファイル）が指定されたものとみなされます。

このほか、サーバが使用するポート番号（通常は80番）や、認証に使用するユーザー名とパスワードをURLの中で指定することもできます（**図4-26**）。

なお、URLと似た言葉にURI（Uniform Resource Identifier）があります。これはより広い概念を表すもので、その中にURLとURN（Uniform Resource Name、位置ではなく名前を表したもの）の両方の意味を含んでいます。そのため、URLのことをURIと呼んでも間違いではなく、実際、技術書などではURLのことをURIと表記することがあります。

図4-26 Webで用いられるURLの構成

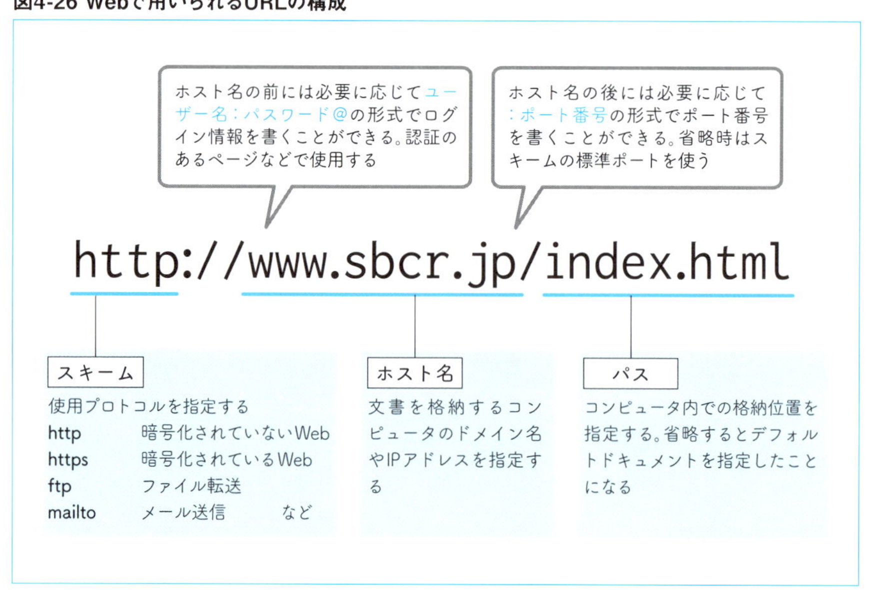

Webアクセスの流れ

Webブラウザなどを使い、Webサーバから情報を読み出したり、Webサーバへ情報を送る通信は、**HTTP（Hypertext Transfer Protocol）**または**HTTPS（Hypertext Transfer Protocol Secure）**を使って行います。このうちHTTPSは、HTTPのやりとりをSSL/TLSによって暗号化したもので、やりとりそのものはHTTPに準じます（5章12参照）。HTTPでの通信はTCPの80番をポート番号に使用します。

HTTPの通信は、クライアントからリクエストを1つ送り、それに対してサーバがレスポンスを1つ返す形で行われます（**図4-27**）。複数のリクエストに基づいて1つのレスポンスを得るようなことはなく、必ず1つのリクエストに1つのレスポンスを返して通信が完結します。その前の通信がどのような内容であったか、つまり、そのときにサーバがどのような状態かによって処理が変わることはありません。

実際にWebブラウザで各種サービスを利用するときには、事前にログインしている場合としていない場合で動作が違うことはよくあります。しかしこれは、利用者がログインしているかどうかの状態をサーバが記憶していて、それによって動作を変えているわけではありません。ログインに必要なIDとパスワードの情報をクライアントが保存していて、ログインが必要なページに対して、IDとパスワードを添えてリクエストすれば読み出せるが、IDとパスワードがないままリクエストすれば拒否される、といった動作によるものです。

図4-27 HTTPのリクエストとレスポンス

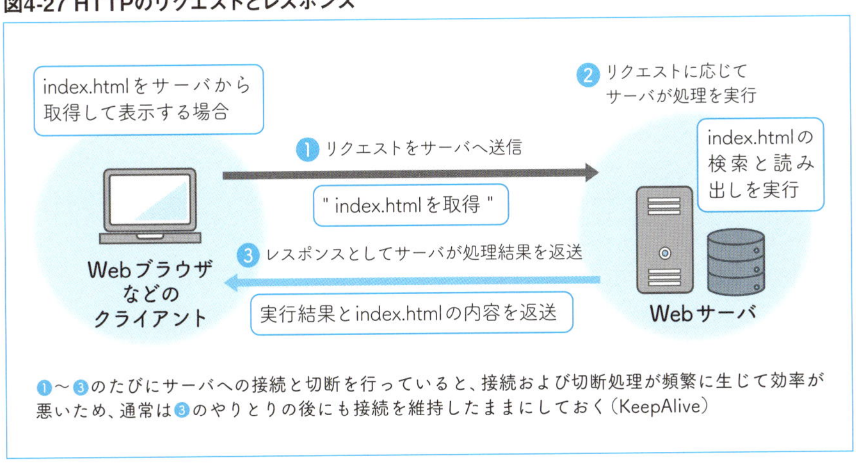

このように、状態によって処理内容が左右されることのない方式を**ステートレス**と呼び、HTTPの大きな特徴の1つとなっています*1。

HTTPのリクエストとレスポンス

HTTPのリクエストやレスポンスは基本的にテキストでやりとりされています。サーバから受け取る情報には、テキストによる情報のほか、画像などのバイナリデータも格納できます。

Webサーバにアクセスするには、まずクライアントはサーバのTCPポート80番に接続します。次にその接続を使ってサーバへ**リクエスト**を送出します。クライアントからサーバへ送出するリクエストは**図4-28**のような形式とすることが定義されています。

このようなリクエストを送ると、メソッドに応じた処理がサーバで行われ、その処理結果が**レスポンス**として返送されてきます。レスポンスは**図4-29**のような形式とすることが定義されています。

図4-28 HTTPリクエストの形式

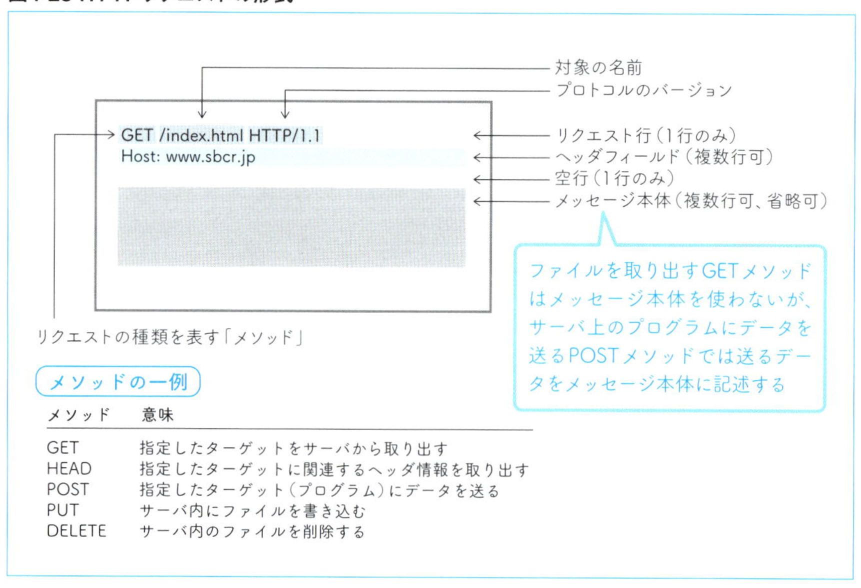

メソッド	意味
GET	指定したターゲットをサーバから取り出す
HEAD	指定したターゲットに関連するヘッダ情報を取り出す
POST	指定したターゲット（プログラム）にデータを送る
PUT	サーバ内にファイルを書き込む
DELETE	サーバ内のファイルを削除する

＊1 ― HTTPはやりとりする情報に制約が少なくステートレスのシンプルなプロトコルであることから、Webサーバへのアクセスのほかにも、ネットワーク経由で提供される処理機能のプログラムからの呼び出し（REST、SOAP）、ファイルサーバサービス、動画や音声のストリーミングなどにも使われています。

図4-29 HTTPレスポンスの形式

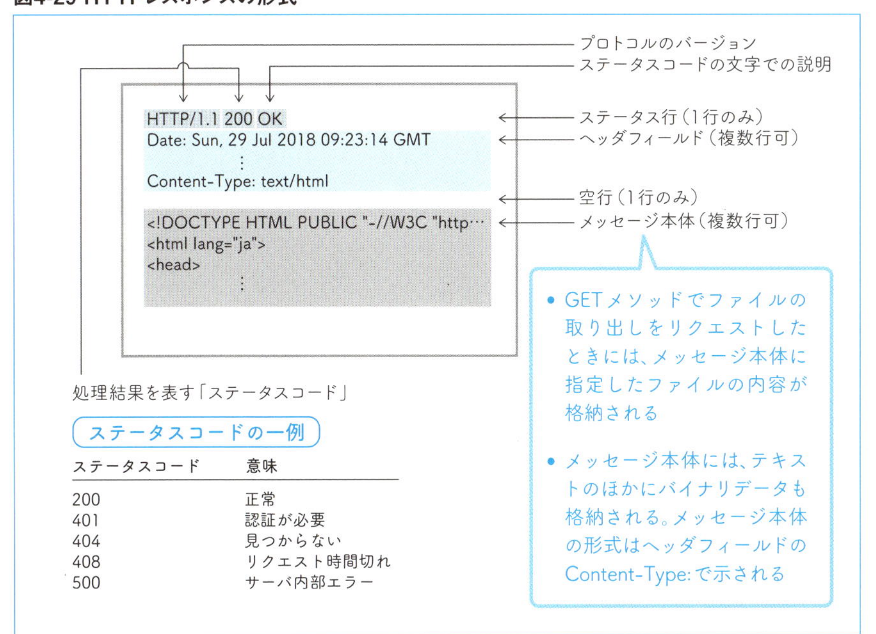

ステータスコード	意味
200	正常
401	認証が必要
404	見つからない
408	リクエスト時間切れ
500	サーバ内部エラー

認証の実現方法

HTTPにおける認証とは、あるURLに対するリクエストを行ったときに、HTTPの仕組みによってIDとパスワードが求められ、それが合致したときに初めて、そのリクエストが実行される動作のことです。Webサイトのいわゆるログイン画面などで使われますが、どちらかというと簡易的にログイン機能を設けたい場合に利用します。

代表的なHTTPの認証には**Basic認証**と**Digest認証**があります。従来、Basic認証はIDとパスワードを平文で送るため危険であり、Digest認証はハッシュ関数で生成したダイジェストを利用するため安全といわれてきました。しかし、暗号化を併用するHTTPSではBasic認証も安全に利用できるため、常時SSL化（常時HTTPSを利用）が進む中においては、よりシンプルなBasic認証も引き続き利用されると考えられます。

Basic認証は**図4-30**のように行われます。クライアントがサーバ上の認証が必要とされる領域に保存されているファイルをリクエストすると、サーバはステータスコード401（認証が必要）のレスポンスを返します。このレスポンスには

WWW-Authenticateヘッダが含まれていて、そこにサーバが求める認証方法と、認証領域名（認証が必要とされる領域の名前）が指定されています。

このレスポンスを受け取ったクライアントは、ユーザーに対してIDとパスワードの入力を要求します。入力されたら、そのIDとパスワードから認証情報を作り、それを**Authorizationヘッダ**として追加したリクエストを再作成して、サーバに送ります。このリクエストには必要な認証情報が含まれているので、サーバはステータスコード200（OK）とリクエストされたファイルの内容を返送します。

なお、Authorizationヘッダの認証情報には、ユーザー名とパスワードを「ユーザー名:パスワード」の形に連結して、それをBase64と呼ばれるルールで変換し

図4-30 認証のためのヘッダとそれを用いた動作

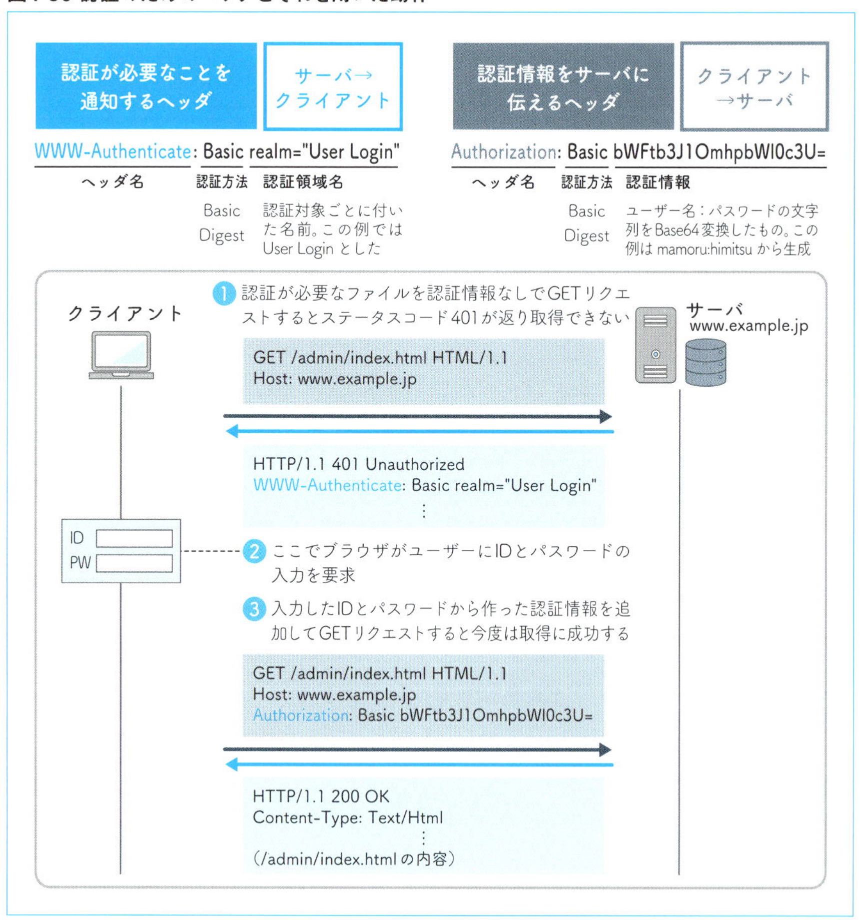

たものを使用します。Base64は暗号化ではなく単なる形式変換ですので、この変換をしても安全にはなりません。

Cookieの取り扱い

Cookieは、小容量の文字情報をクライアントに保存しておく仕組みです（**図4-31**）。通常、サーバが送ってきた情報をクライアントが保存し、以降のアクセスでその情報をサーバに送り返します。この仕組みは、サービスの最終利用日時、閲覧した履歴や広告、利用者名などを保存しておいてWebサイトの利便性を高めるためなどに使われます。

CookieのやりとりもまたHTTPのヘッダを使って行います。**サーバがクライアントに保存を求めるCookieは、レスポンスに含まれるSet-Cookieヘッダで指定されます。**このヘッダにはCookie名とその値の対応と、それに関するいくつかの

図4-31 Cookieを使ったやりとりの一例

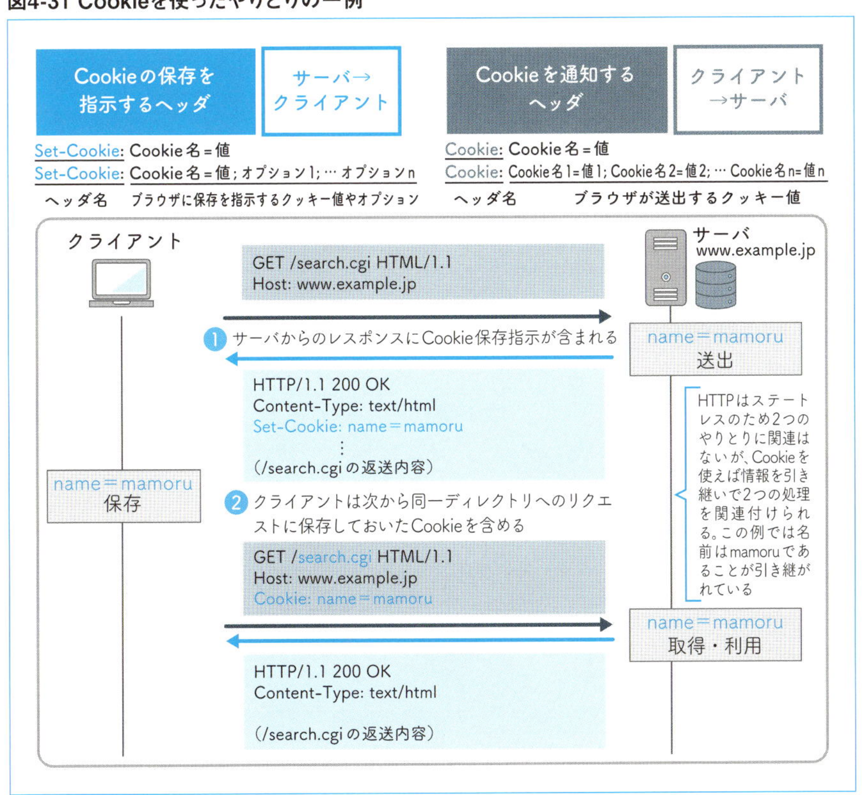

オプションが含まれています。これを受け取ったクライアントは、Cookie名と値の対応を保存しておきます。

次にクライアントが同じURLに対してリクエストを行うとき、**クライアントはリクエストにCookieヘッダを付加して、そこにCookie名と値を格納します。**それを受け取ったサーバは、ヘッダからCookie名と値を取り出して処理に利用します。

クライアントがリクエストにCookieを含めるのは、オプションが未指定ならばCookieを受け取ったのと同じディレクトリに対するリクエストに限られます。もしSet-Cookieヘッダに Cookieの送出対象についてのオプションが指定されていれば、その対象へのリクエストにもCookieを含めてやります。そのほかにも、Cookieの有効期限などを指定するオプションなどがあります（**表4-1**）。

なお、Cookieの仕組みは必ずしも安全ではないため、重要な情報の保存ややりとりに使うべきではありません。

表4-1 Set-Cookieヘッダでオプションとして指定できる主な項目

書式	意味
Expires=日付（※1）	Cookieの有効期限を日時で指定する。Max-Ageとともに未指定時はブラウザ終了まで
Max-Age=日付（※1）	Cookieが有効な時間を秒数で指定する。Expiresとともに未指定時はブラウザ終了まで
Path=パス	Cookieの送出対象になるパスを指定する。未指定時はリクエストしたファイルが含まれるディレクトリ
Domain=ドメイン名	Cookieの送出対象になるドメイン名を指定する。未指定時はCookieを送ってきたサーバのドメイン名
Secure	HTTPSで通信しているときに限りCookieを送出する
HttpOnly	Cookieへのアクセスは HTTPに限り、JavaScriptからの操作は禁止する

※1 日付は「曜日, 日 - 月 - 年 時 : 分 : 秒 GMT」の形式とする（例 : Wed, 03-Oct-18 14:37:00 GMT）

CHAPTER4
Internet and Network Services

09 メール

メール配送の仕組み

電子メールは、インターネットの商用サービスが始まる前から使われている、とても由緒あるコミュニケーションツールです。近年では、携帯端末で手軽に利用できるSNSが人気ですが、年単位の履歴を残せる、各種ファイルを添付できる、きちんとした文章を書いて送れる、世界中の人が利用環境を持っている、安定している、などの理由で、ビジネスユーザーを中心として引き続き根強い人気があります。

電子メールは、その仕様がすべてオープンになっていて、仕組みはとてもシンプルに作られています。また、当初の電子メールサーバは、それが企業のメールサーバであっても、インターネットにアクセスできれば誰もが自由に送信元サーバとして利用できる状態でした。しかし、インターネットの利用者が増えるにつれて迷惑メールの送信などに悪用する者が現れ、メールサーバを送信元サーバとして利用するには認証が必要になりました。このように、その時々のネットワーク社会の状況に合わせて、メールのシステムは進化を続けてきました。

送信者の端末から送ったメールが、受信者の端末で表示できるようになるまで、電子メールの配送は次の3つの部分に分けることができます。❶送信者の端末～送信者のアカウントがあるメールサーバ、❷送信者のアカウントがあるメールサーバ～受信者のアカウントがあるメールサーバ、そして❸受信者のアカウントがあるメールサーバ～受信者の端末です（**図4-32**）。

メール配送に使われるプロトコル

このうち❶と❷には**SMTP（Simple Mail Transfer Protocol）**というプロトコルが使われます。これはメールの送信や中継に特化したプロトコルで、Simpleとあるとおり、その手順は比較的シンプルです。

一方、❸には、**POP3（Post Office Protocol Version 3）**や**IMAP4（Internet**

図4-32 メール配信で使われるプロトコル

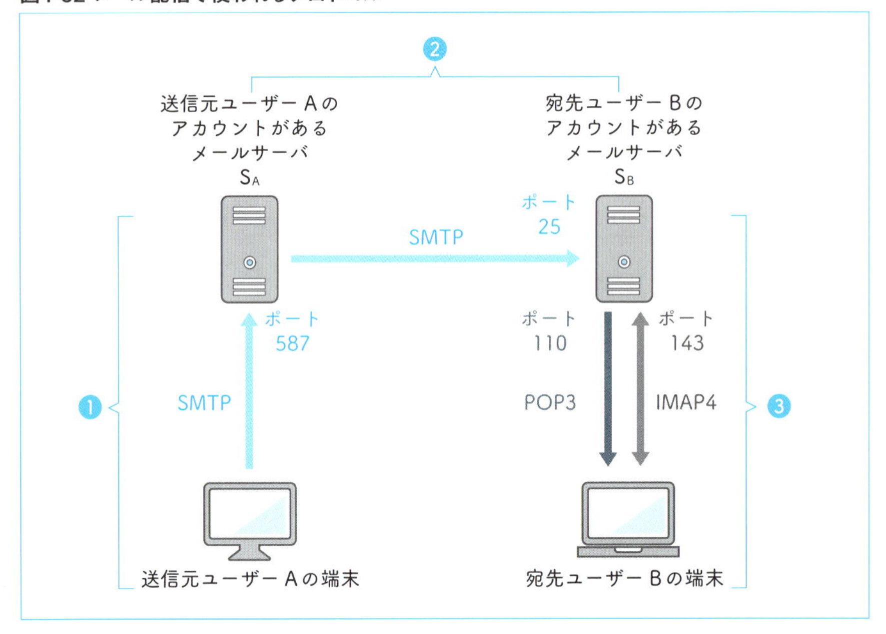

Message Access Protocol Version 4）が使われます。

POP3は、メールボックスに届いたメールをまとめて読み出すことを主な目的としたプロトコルです。読み出したメールは端末に保存するので、通信が切れていてもそれらを読むことができます。また、端末に読み出した後は、通常、サーバ上のメールを消去するので、メールボックスの容量不足を心配しなくて済みます。ただし端末上のメールデータ量は次第に増えていくことになります。

これに対しIMAP4は、サーバ上のメールボックスにメールを入れたままにして、それを読むことを目的としたプロトコルです。メールはいつもサーバ上にあるため、複数の端末で同じメールを読むことができます。メールはサーバ上に蓄積していくので、適切に管理しないと、サーバのメールボックスがあふれることがあります。また、メールを読むにはサーバとの通信が必要なため、通信が切れているとメールを読めません。ただし実際のメールソフトでは、一度読んだメールを端末側に保存しておくなどの工夫で、通信が切れていても既読のメールは読めるようにしているものが多いようです（**図4-33**）。

POP3とIMAP4の使い分けとしては、1台の端末でメールを読むだけならシンプルなPOP3でよく、複数台の端末で同じメールを読みたいならIMAP4を使うのが自然です（**表4-2**）。昨今では、PCとスマートフォン、あるいは、複数のスマートフォンといった形で、複数台の端末を併用する人が多く、利用者のニーズ合わせて、IMAP4に対応していなかったメールサービスが新たにIMAP4に対応するケースも見受けられます。

図4-33 POP3とIMAP4の違い

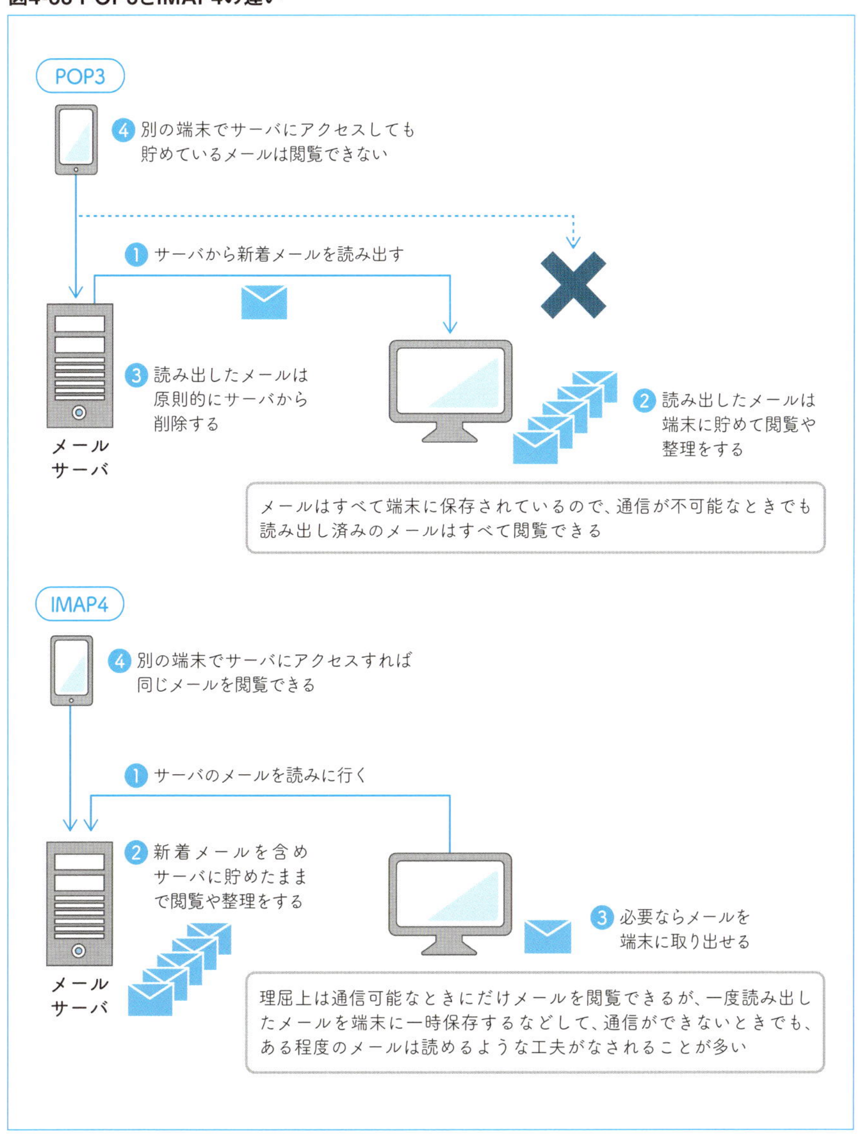

表4-2 POP3とIMAP4の使い分け

プロトコル	メール保存先	複数端末での閲覧	通信断時の閲覧	空き容量の確認	メールのバックアップ
POP3	端末	×(※1)	○	主に端末	端末でバックアップ(自己作業)
IMAP4	サーバ	○	×(※2)	主にサーバ	サーバでバックアップ(事業者任せ)(※3)

※1　サーバからメールを削除しない設定などを使うと不可能ではないが、かなり使いづらく実用的ではない

※2　一度読み出したメールを端末に保存して通信断でも読めるようメールプログラムで工夫することが多い

※3　サーバからメールを取り出して端末側に保存することもできる

メールの送信と転送 – SMTP

SMTPはポート番号にTCPの25番またはTCPの587番を使います。 **図4-34**はSMTPでメール配信するときの典型的なやりとりです。SMTPでのやりとりはすべてテキストで行われ、サーバに対してコマンドを送ると、それに対するリプライが返ってきます。このようなやりとりを、メールを送信するまでの間、何回も行います。

まずメールを送ろうとする側がサーバに対してグリーティング（HELO/EHLO）を送りセッション開始を伝えます。続いて、差出人のメールアドレス

図4-34 SMTPでのやりとりの例

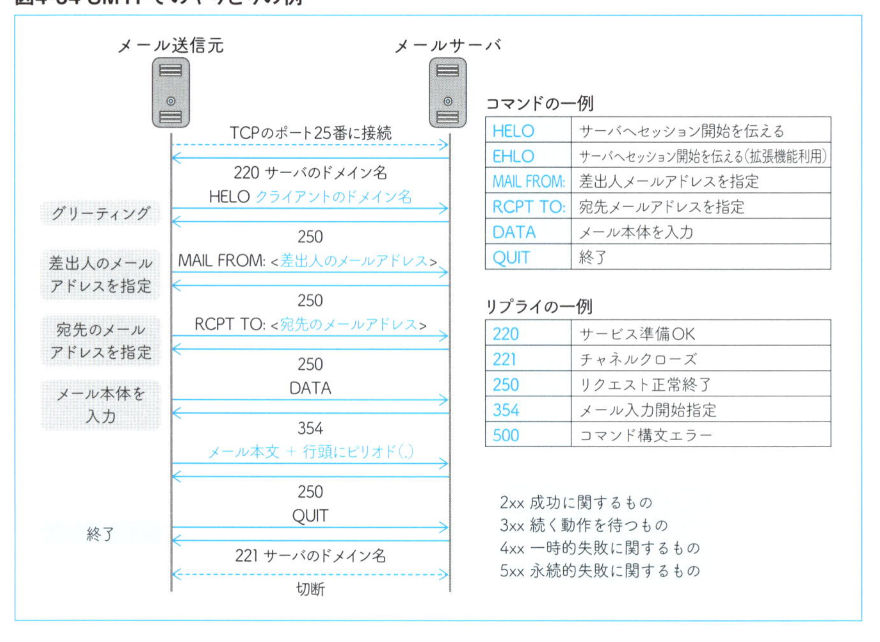

図4-35 OP25Bで迷惑メール送信を防ぐイメージ

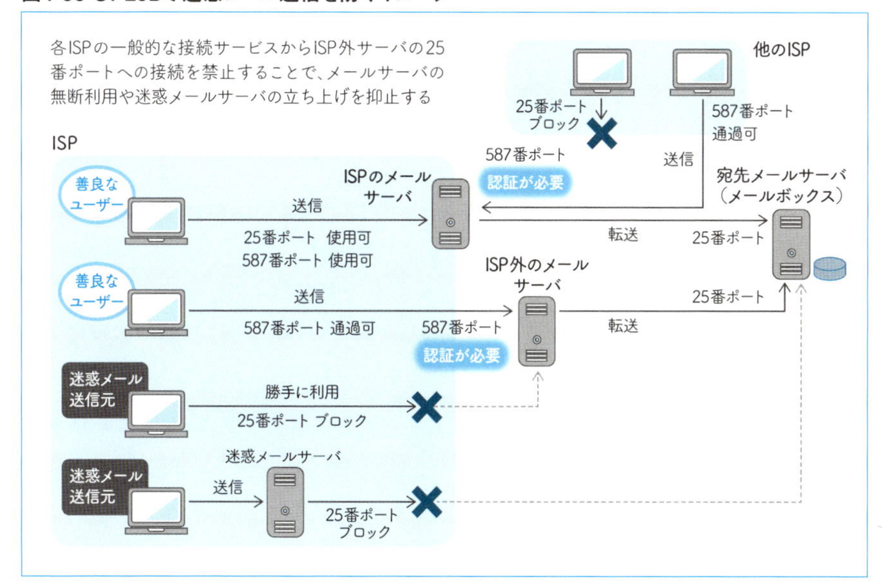

を指定（MAIL FROM:）し、続いて宛先のメールアドレスを指定（RCPT TO:）します。その後、メール本体の入力を通知（DATA）し、メール本体を送信して最後行で行頭にピリオド（.）を送ります。そして接続を終了（QUIT）します。

これら各コマンドに対し、サーバはコマンドの実行結果を通知するリプライを返します。その中には数字3桁のリプライコードが含まれていて、その後に人間が読める英字メッセージが続きます。

SMTPの基本的なやりとりではログインは不要ですが、そのままでは迷惑メール送信などに無断利用されてしまうため、現在では各ISPに**OP25B（Outbound Port 25 Blocking）**が導入されてそれを防いでいます。その考え方は**図4-35**のようなものです。図のようにOP25BはISP内から外部サーバの25番ポートへ接続することを禁止しますが、正当なメール送信は問題なく行えるよう、メールサーバに587番ポート（サブミッションポート）を用意し、このポートにはSMTP-AUTH（メール送信時にIDとパスワードを必要とする仕組み）を設定して、サーバを利用する権限がある人だけがメール送信できるようにします。

メールの取得と閲覧 － POP3/IMAP4

POP3はポート番号にTCPの110番を、IMAP4は同じくTCPの143番を使いま

す。SMTPと同様に、POP3とIMAP4のいずれもやりとりはテキストで行い、サーバに対してコマンドを送ると、ステータスを含むレスポンスが返ってきます。POP3とIMAP4では、利用の最初の段階で、ユーザーがサーバにログインするためのメッセージをやりとりします。その後、複数回のメッセージのやりとりを通して、それぞれの手順でメールを取得します。

図4-36にはPOP3でメールを取得するときの典型的なやりとりを示します。ユーザー名とパスワードをサーバに送ってログイン（USER/PASS）した後、メールボックスの状態を取得（STAT）すると、メール数や全体のサイズが得られます。またメール一覧（LIST）を取得すると、メッセージ番号とメールサイズの一覧が得られます。その後、これで得られたメッセージ番号を指定してメール本体を取得（RETR）します。取得後はメッセージ番号で指定するメールを削除（DELE）して、接続を終了（QUIT）するといった流れになります。

これらのコマンドに対してPOP3サーバはステータスを返しますが、それは+OK（成功）または-ERR（失敗）の2種類に限られ、番号で詳細な結果を伝えるような形にはなっていません。なお、ステータスに続くメッセージでエラーの内容をある程度、把握できることがあります。

図4-36 POP3でのやりとりの例

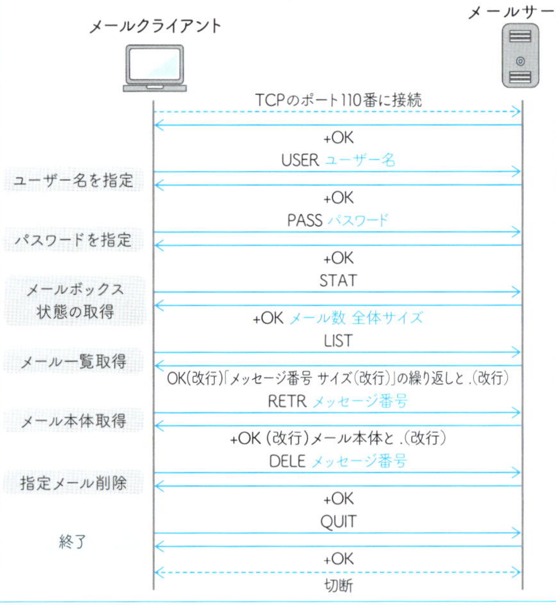

メールクライアント
メールサーバ
TCPのポート110番に接続
+OK
ユーザー名を指定　USER ユーザー名
+OK
パスワードを指定　PASS パスワード
+OK
メールボックス状態の取得　STAT
+OK メール数 全体サイズ
メール一覧取得　LIST
OK(改行)「メッセージ番号 サイズ(改行)」の繰り返しと .(改行)
メール本体取得　RETR メッセージ番号
+OK (改行)メール本体と .(改行)
指定メール削除　DELE メッセージ番号
+OK
終了　QUIT
+OK
切断

コマンドの一例

USER	ログインユーザー名を指定する
PASS	ログインパスワードを指定する
STAT	メールボックスの状態を取得する
LIST	メール一覧を取得する
RETR	メール本体を取得する
DELE	指定したメールを削除する
QUIT	接続を終了する

ステータス

+OK	成功
-ERR	失敗

CHAPTER4
Internet and Network Services

10 DHCP

DHCPの役割

IPネットワークに端末や機器を接続するには、IPアドレスをはじめとするネットワーク設定が必要です。具体的な設定項目としては、IPアドレス（端末を特定するアドレス）、サブネットマスク（ネットワーク部の長さを規定する情報）、デフォルトルータ（ネットワークの出入口となるルータのIPアドレス）、DNSサーバ（ドメイン名とIPアドレスを相互変換するサーバのIPアドレス）などがあります（**図4-37**）。

このうち、サブネットマスク、デフォルトルータ、DNSサーバは通常、同じネットワーク内のすべての端末で共通の値になりますが、IPアドレスについては、ほかの端末が使用していない値を選び出して各端末に設定する必要があります。

過去には、IPアドレスの選び出しはシステム管理者が行い、その設定はシステム管理者やユーザーが行っていましたが、すべての端末に設定をするのはシステ

図4-37 DHCPで設定できるネットワーク設定

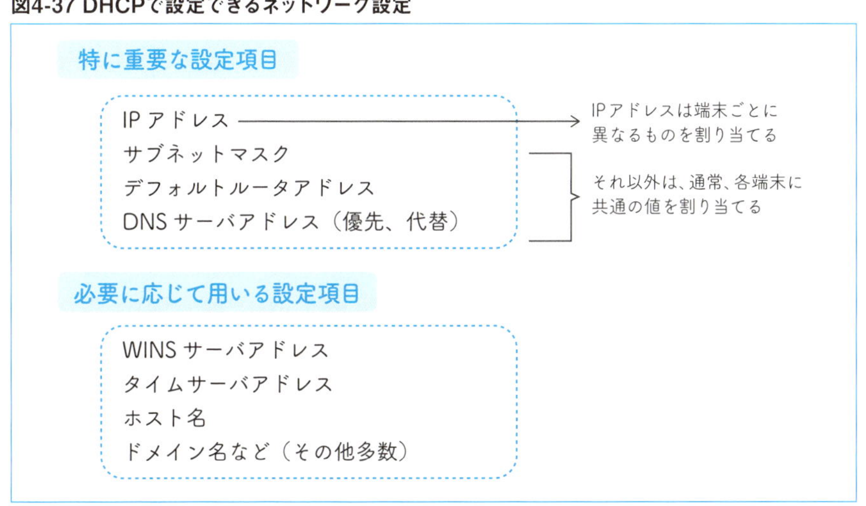

ム管理者の手に余り、かといって、ユーザーが行うには少々敷居が高いものでした。加えて、ネットワーク設定が完了する前には、その設定についてメールなどで質問することもできないというジレンマもありました。このようなことから、特にユーザーが使う端末のネットワーク設定は、人手を介さずに行える自動設定が広く使われるようになりました。

DHCP（Dynamic Host Configuration Protocol）はそのために使用するプロトコルです。IPアドレスをはじめとする基本的なネットワーク設定のほかに、OS独自のネットワーク設定などを端末に自動配布することができます。

DHCPによる自動設定を行うには、ネットワークの中にDHCPサーバが存在し、接続する各端末がDHCPクライアント機能を備えている必要があります。このうちDHCPサーバについては、多くの家庭用Wi-Fiルータやアクセスルータに搭載されているDHCPサーバ機能を利用することがよくあります。またWindows、macOS、Linux、Android、iOSなど、多くのOSは標準でDHCPクライアント機能を内蔵していて、簡単にDHCPクライアント機能を利用できるようになっています（**図4-38**）。この項目では主にIPv4で用いられるDHCPについて説明します。

図4-38 DHCPサーバ／クライアント典型的な配置イメージ

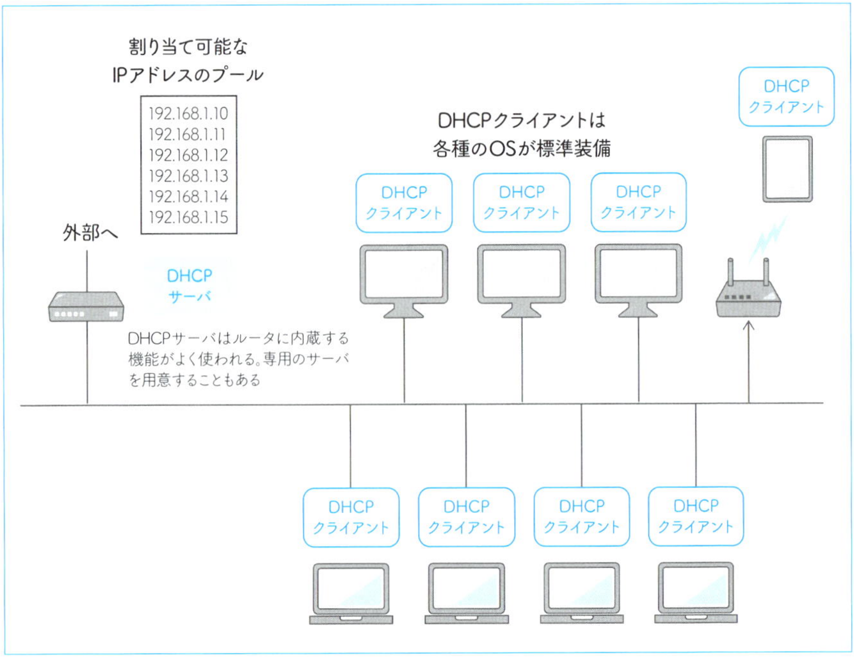

DHCPの機能

DHCPは端末のネットワーク設定を行うためのプロトコルですので、当然ながら、それを実行する時点ではネットワーク設定がなされていません。そのため、IPアドレスを指定して行う通常のIPでの通信は行えず、それに代わってDHCPでは、**ブロードキャストと変則的なUDPを使ってDHCPサーバとDHCPクライアントで必要な情報を交換します。**

自動設定を始める契機になるのはDHCPクライアントが発する「DHCPディスカバー」メッセージです。これにはDHCPサーバに対して割り当てを呼びかける意味があり、DHCPクライアントはまずこれをネットワークにブロードキャストします（**図4-39**）。

ブロードキャストの形でそのメッセージを受信したDHCPサーバは、端末に提供する情報の候補を決めます。そして「DHCPオファー」メッセージを端末に返送します。このメッセージは、ブロードキャストに含まれているDHCPクライアントのMACアドレスを基にしたDHCPクライアントへのユニキャストあるいはブロードキャストで行われます。

設定情報の候補（複数のDHCPサーバから受け取る可能性あり）を受け取った

図4-39 DHCPの動作イメージ

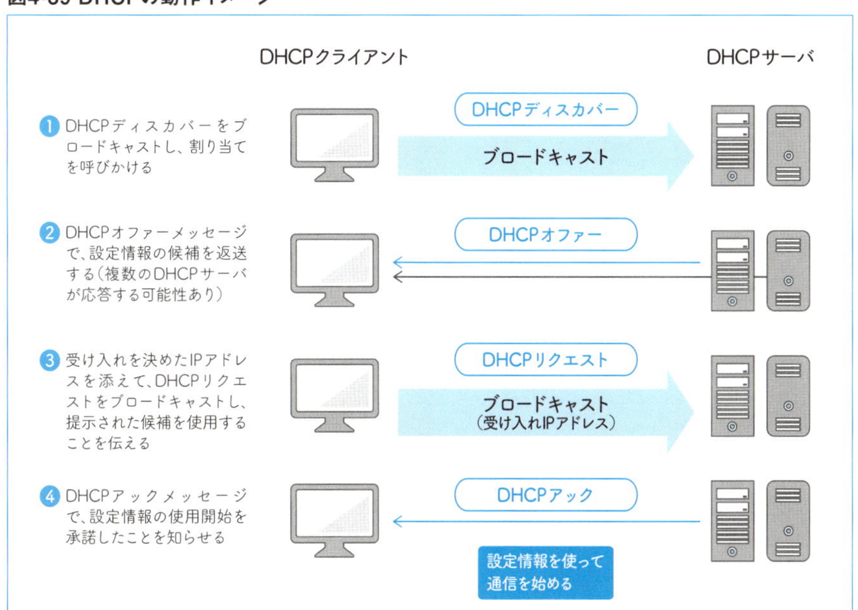

DHCPクライアントは、その内容を確認した後、受け入れを決めたIPアドレスを添えて、設定情報の受け入れを通知します。この通知は「DHCPリクエスト」のブロードキャストによって行われます。

そのメッセージを受信したDHCPサーバは、そこに含まれるIPアドレスが自分の提示したものならば設定情報の候補が受け入れられたと判断し、設定情報の割り当てを記録して、クライアントに対して「DHCPアック」を返送します。また、そのDHCPアックを受け取ったクライアントは、設定情報を自身に適用し、そのネットワーク設定による通信を開始します。

DHCPのパケットは**図4-40**のような形をしています。もともとDHCPはBOOTPと呼ばれるプロトコルから派生していて、フィールド構成にその名残が見られます。DHCPサーバが提示する情報は、ユーザーIPアドレスフィールドと、一部はオプションフィールドに設定されます。DHCPメッセージの種類などもオプションフィールドに設定されます。

図4-40 DHCPパケットの構造

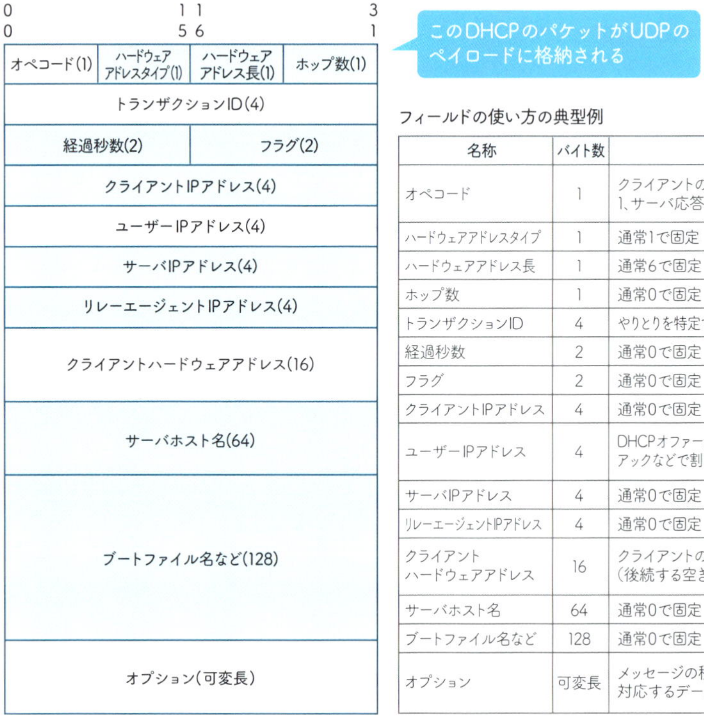

0 0		1 1 5 6	3 1
オペコード(1)	ハードウェアアドレスタイプ(1)	ハードウェアアドレス長(1)	ホップ数(1)
トランザクションID(4)			
経過秒数(2)		フラグ(2)	
クライアントIPアドレス(4)			
ユーザーIPアドレス(4)			
サーバIPアドレス(4)			
リレーエージェントIPアドレス(4)			
クライアントハードウェアアドレス(16)			
サーバホスト名(64)			
ブートファイル名など(128)			
オプション(可変長)			

このDHCPのパケットがUDPのペイロードに格納される

フィールドの使い方の典型例

名称	バイト数	内容
オペコード	1	クライアントのリクエストなら1、サーバ応答なら2
ハードウェアアドレスタイプ	1	通常1で固定
ハードウェアアドレス長	1	通常6で固定
ホップ数	1	通常0で固定
トランザクションID	4	やりとりを特定するための任意の値
経過秒数	2	通常0で固定
フラグ	2	通常0で固定
クライアントIPアドレス	4	通常0で固定
ユーザーIPアドレス	4	DHCPオファー、リクエスト、アックなどで割り当てるIPアドレス
サーバIPアドレス	4	通常0で固定
リレーエージェントIPアドレス	4	通常0で固定
クライアントハードウェアアドレス	16	クライアントのMACアドレス(後続する空きは0で埋める)
サーバホスト名	64	通常0で固定
ブートファイル名など	128	通常0で固定
オプション	可変長	メッセージの種類を示す情報と対応するデータを格納

リース期間

DHCPサーバがDHCPクライアントに割り当てるIPアドレスには、それを利用できるリース期間が設定されています。これは通常、24時間から数日程度が設定されますが、DHCPサーバの設定により変更することもできます。

リース期間は、DHCPサーバが割り当て用に用意しているIPアドレスの数、割り当てを求めるDHCPクライアントの台数などを基にして決めます。例えばIPアドレスが100個利用でき、端末台数が100台以下ならば、リース期間を長くすることが可能です。一方、利用できるIPアドレスが50個しかなく端末台数が60台あるような場合には、同時利用数を考慮しながら注意深くリース期間を設定する必要があります。

なお端末が動作している間にリース期間を過ぎそうなときは、期間を過ぎる前にリースの延長をサーバに依頼することができます。サーバがそれを受け入れれば、引き続いてそのリースを利用できます。

DHCPサーバによるネットワーク設定の割り当ては、端末が起動する度に行われます。DHCPサーバはなるべく同じIPアドレスを割り当てようとするため、起動し直してもIPアドレスが変わらないことが多いのですが、割り当て状況によっては変わることもあります。また端末を終了するときは、ネットワーク設定の割り当てをサーバへ返却するのが基本ですが、それを行わない端末も多いようです。

DHCPの設定を確認する

OSごとにDHCPクライアントの設定を確認して有効にする手順を説明します。

・Windowsでの手順

1. ［コントロールパネル］→［ネットワークと共有センター］→［アダプターの設定の変更］とたどり、表示されたアダプタの中から設定を確認したいものを右クリックして［プロパティ］を選択する
2. ［この接続は次の項目を使用します］の一覧の中から［インターネットプロトコルバージョン4（TCP/IPv4）］を選択し、［プロパティ］をクリック*1
3. 開いた画面で、［IPアドレスを自動的に取得する］と［DNSサーバーのアドレスを自動的に取得する］が選択されていれば、DHCPクライアントが有効になっている

*1 一なおIPv6の設定を確認するときは、設定画面に至る途中で［インターネットプロトコルバージョン4（TCP/IPv4）］の代わりに［インターネットプロトコルバージョン6（TCP/IPv6）］を選択します。

IPv4 で DHCP クライアントを有効にする

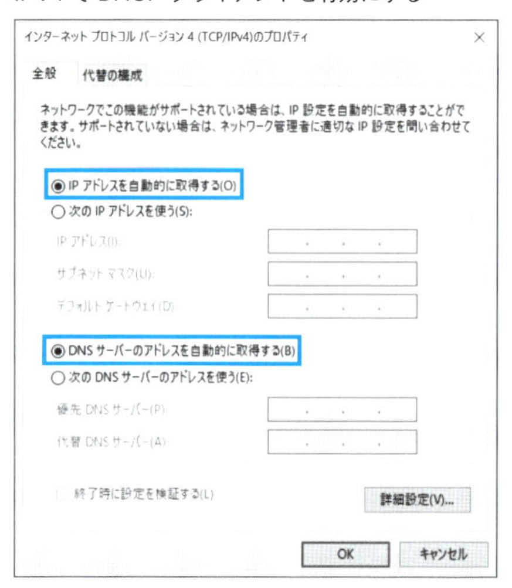

・macOS での手順

1 アップルメニュー→［システム環境設定］→［ネットワーク］とたどり、［IPv4 の設定］ドロップダウンメニューで［DHCP サーバを使用］を選択する

2 これにより IPv4 の DHCP クライアントが有効になる＊2

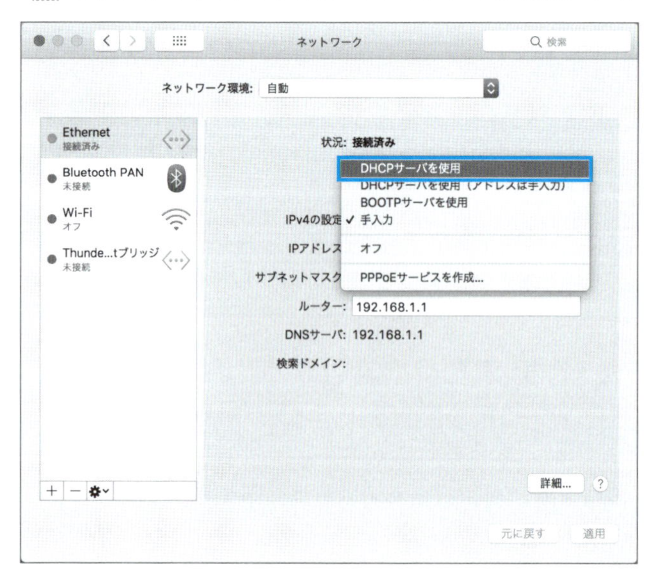

＊2 —なお IPv6 については［詳細］ボタンをクリックして開いた画面で設定を確認します。

CHAPTER4
Internet
and
Network
Services

11 通信状態の確認方法

切り分けの目的と考え方

何ら問題なく利用できていたネットワークが急に期待どおりの動きをしなくなったとき、不具合を解決しようと何の計画もなくあれこれ試してみることは効率的な原因探索方法とはいえません。ネットワークが正しく動作するには、ハードウェアとソフトウェア、ソフトウェアと別のソフトウェア、ローカルにあるコンピュータとネットワーク上のコンピュータなど、多くの構成要素が適切に連携しながら、それぞれが正常に動作する必要があります。裏返せば、ネットワークで不具合が発生したときには、連携するそれぞれの要素のうち、**どこまでは正常に動作していて、どこからは問題が起きるのかを明らかにし、具体的な問題箇所を特定することが、不具合を解決するための近道です。**

このような考え方に基づき、不具合に関係する範囲を区分けしたり、あるいは範囲を絞り込んだりすることで、問題が起きている箇所を探し出すことを「切り分け」と呼びます。切り分けは、ネットワークに不具合が発生したときに、その原因箇所を探索するために必ずといってよいほど行われます（**図4-41**）。

図4-41 切り分けの考え方

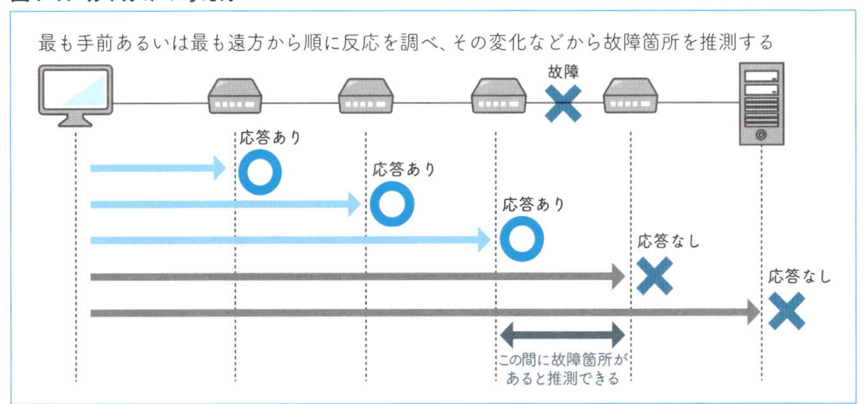

切り分けの考え方にはいくつかあります。その1つはネットワークの物理的な構成に基づくものです。端末と通信相手までの経路上にある各々の機器について、最も手前から、あるいは最も遠方から、どこまで通信ができるか、あるいはどこまで通信ができないかを順々に確かめます。例えば家庭であれば、まず家庭内のネットワークに接続した端末からインターネットへの出口となるルータまで通信できるかどうかを確認し、その後、回線事業者内のサーバまで、ISP内のサーバまで、国内のいずれかのサーバまで、海外のいずれかのサーバまでといった順に、どこまで到達できるかを順を追って調べます。

機能に基づいた切り分けも行われます。上述の方法で通信相手まで問題なくIPパケットが到着すること、つまり最も基本的なIPパケットの到達性を確認できたら、次にDNSでの名前解決ができるかどうか確認し、続いて対象サービスを提供するコンピュータがその機能を果たしているかどうか確認する、といった順序で、通信に必要な機能が健全かどうか1つずつ調べます。

このような手順で切り分けを行うには、ネットワークがどのように構成されているか、その中でどのような機器が使われているか、コンピュータやネットワーク機器はどのような手順で通信しているかなどの知識が求められます。しかしそれらの知識は、実際に切り分けをしながら身に付けることができますので、ひるまず経験を積むことも大切です。

切り分けをスムーズに行う秘訣の1つはツールをうまく活用することにあります。以下では、切り分けに使われる最も基本的なツールを紹介します。これらのツールは、不具合の解消のために切り分けを行う場合や、ネットワークの新設や改修工事の後に動作テストをするときに、とても頻繁に使われます。

IPパケットが届くかどうか確認する

通信プロトコルとしてTCP/IPを使用するネットワークでは、通信相手までIPパケットが到達することが、ネットワークの最も基本的な機能として求められます。そのため、ネットワークに不具合が発生したときには、まず最初にそれを満たしているかどうかの確認を必ず行います。もし、通信相手までIPパケットが届かないときには、前述のように、切り分けを行ってどこまでIPパケットが届くか絞り込んでいきます。

IPパケットの到達性を確認するために使用する最も重要なツールがpingです。このツールは、Windows、macOS、Linuxなど大部分のOSが基本コマンドとして備えており、Windowsはコマンドプロンプトで、macOSはターミナルで、Linuxは各種のシェルでコマンドを入力して実行します。また、AndroidやiOSといったスマートフォンでも同様の機能を持つアプリをダウンロードして利用できます。

図4-42はWindowsのコマンドプロンプトで利用できるpingコマンドの例です。この機能を持つコマンドは、大部分のOSでpingという名前が使われていますが、コマンドの書式や利用できるオプションはOSによって異なります。**書式やオプションの詳細は、ping /?（Windows）、ping -h（macOS、Linux）で確認できます**（**図4-43**）。

なお、相手がサーバでも端末でも大部分のものはpingに応答しますが、セキュリティ上の理由などからpingに応答しないよう設定される場合もあります。

図4-42 Windowsのpingコマンドと実行結果の意味

Windowsでのコマンド実行にはコマンドプロンプトを使う。また、macOSではターミナル、Linuxでは各種のシェルを使用する

凡例

グレー	システムによる自動表示
黒	ユーザーが入力するコマンド
ブルー	実行結果の表示

IPパケットが到達する場合

調べる対象のIPアドレスまたはドメイン名

```
C:¥Users¥foo¥temp>ping 10.211.55.1↵
```

コマンド名

```
10.211.55.1 に ping を送信しています 32 バイトのデータ:
10.211.55.1 からの応答: バイト数 =32 時間 <1ms TTL=128
10.211.55.1 からの応答: バイト数 =32 時間 <1ms TTL=128
10.211.55.1 からの応答: バイト数 =32 時間 <1ms TTL=128
10.211.55.1 からの応答: バイト数 =32 時間 <1ms TTL=128
10.211.55.1 の ping 統計:
    パケット数: 送信 = 4、受信 = 4、損失 = 0 (0% の損失)、
ラウンド トリップの概算時間 (ミリ秒):
    最小 = 0ms、最大 = 0ms、平均 = 0ms
```

応答のバイト数、応答時間、TTLを表す。この表示は対象までIPパケットが届いていることを意味する

IPパケットが到達しない場合

```
C:¥Users¥foo¥temp>ping 10.211.55.2↵

10.211.55.2 に ping を送信しています 32 バイトのデータ:
要求がタイムアウトしました。
要求がタイムアウトしました。
要求がタイムアウトしました。
要求がタイムアウトしました。

10.211.55.2 の ping 統計:
    パケット数: 送信 = 4、受信 = 0、損失 = 4 (100% の損失)、
```

図4-43 Windowsのpingコマンドのヘルプ画面

```
C:¥Users¥foo¥temp>ping /?↵
使用法: ping [-t] [-a] [-n 要求数] [-l サイズ] [-f] [-i TTL] [-v TOS]
            [-r ホップ数] [-s ホップ数] [[-j ホスト一覧] | [-k ホスト一覧]]
            [-w タイムアウト] [-R] [-S ソースアドレス] [-c コンパートメント]
            [-p] [-4] [-6] ターゲット名
オプション:
    -t              中断されるまで、指定されたホストを Ping します。
                    統計を表示して続行するには、Ctrl+Break を押してください。
                    停止するには、Ctrl+C を押してください。
    -a              アドレスをホスト名に解決します。
    -n 要求数       送信するエコー要求の数です。
    -l サイズ       送信バッファーのサイズです。
    -f              パケット内の Don't Fragment フラグを設定します (IPv4 のみ)。
    -i TTL          Time To Live です。
    -v TOS          Type Of Service (IPv4 のみ。この設定はもう使用されておらず、IP ヘッダー内の
                    サービスフィールドの種類に影響しません)。
    -r ホップ数     指定したホップ数のルートを記録します (IPv4 のみ)。
    -s ホップ数     指定したホップ数のタイムスタンプを表示します (IPv4 のみ)。
    -j ホスト一覧   一覧で指定された緩やかなソース ルートを使用します(IPv4 のみ)。
    -k ホスト一覧   一覧で指定された厳密なソース ルートを使用します(IPv4 のみ)。
    -w タイムアウト
                    応答を待つタイムアウトの時間 (ミリ秒) です。
    -R              ルーティング ヘッダーを使用して逆ルートもテストします(IPv6 のみ)。RFC 5095 では、
                    このルーティングヘッダーは使用されなくなりました。このヘッダーが使用されていると
                    エコー要求がドロップされるシステムもあります。
    -S ソースアドレス
                    使用するソース アドレスです。
    -c コンパートメント
                    ルーティング コンパートメント識別子です。
    -p              Hyper-V ネットワーク仮想化プロバイダー アドレスをping します。
    -4              IPv4 の使用を強制します。
    -6              IPv6 の使用を強制します。
```

DNSでの名前解決ができているかどうか確認する

通信相手まで問題なくIPパケットが届くとしても、ドメイン名をIPアドレスへ変換する機能が適切に動作していないと、やはり通信は行えません。なぜなら、Webやメールをはじめ多くのケースでは通信相手がドメイン名で指定されるため、そのドメイン名をIPアドレスに変換して初めて、IPパケットの宛先（必ずIPアドレスで指定）を指定できるようになるからです。

ドメイン名からIPアドレスへの変換（名前解決）はDNSで行いますが、DNSを利用するための設定が不適切であったり、設定したDNSサーバが機能していなかったり、そのDNSサーバまでIPパケットが届かなかったりする場合などには、名前解決ができないことが原因で通信できないといった症状が現れます。

コンピュータの名前解決が機能しているかどうかを調べるには、nslookup（Windows、macOS、Linux）やdig（macOS、Linux）などのコマンドを使用し

図4-44 Windowsのnslookupコマンドと実行結果の意味

```
            コマンド名          調べる対象のIPアドレスまたはドメイン名
C:¥Users¥foo¥temp>nslookup www.sbcr.jp
サーバー : UnKnown
Address: 10.211.55.1

権限のない回答:
名前: www.sbcr.jp
Address: 18.182.225.171 ←― コマンドで指定したドメイン名に対応するIPアドレス
```

このように名前解決できたらDNSは正常に機能している。できない場合はDNSサーバや途中のネットワークなどに何らかの問題がある

ます。これらのコマンドを使うと、ドメイン名を入力してIPアドレスを得る、IPアドレスを入力してドメイン名を得るといったことが可能です。**図4-44**はWindowsのnslookupコマンドでドメイン名からIPアドレスを変換する様子です。これらのコマンドも書式や利用できるオプションがOSによって異なります。書式やオプションの詳細については、nslookup /?（Windows）、man nslookup（macOS、Linux）、dig -h（macOS、Linux）で確認できます。

正しくルーティングされているかどうか確認する

IPパケットはいくつものルータで中継されながら通信相手まで届けられます。大部分のOSには、**パケットを中継するルータのIPアドレスを表示するコマンド**が用意されています。中継しているルータを確認することで、例えば、ある端末が有線LANと無線LANの両方でネットワークにつながっているときにどちらの経路で通信しているかとか、外国のWebサイトに対して大まかにどこの国を経由して通信しているかといったことを確認できます。このために用意されているコマンドに、**tracert（Windows）**、**traceroute（macOS、Linux）**があります。

次ページの**図4-45**はmacOSのtracerouteコマンドを使って経路上にあるルータを表示した例です。アスタリスク（*）表示は応答がなかったことを表します。1つの中継で複数のIPアドレスが表示されている場合は複数のルータ（経路）が設定されていることを表します。なお、tracertやtracerouteに応答を返さないルータは少なからずあります。それらはルータの管理者がセキュリティ上の理由などからそう設定したものであり、第三者にはどうしようもありません。

割り当てられているグローバルIPアドレスを確認する

オフィスや家庭にあるIPv4を使用する端末や機器には、通常、プライベートIPアドレスが割り当てられます。それらの端末や機器がインターネットにパケッ

図4-45 macOSのtracerouteコマンドと実行結果の意味

トを送信する際には、NAPTのはたらきによってパケットの送信元IPアドレスがグローバルIPアドレスに書き換えられてインターネットに送出されます。

この仕組みは端末や機器から見えない部分にあり、自身がどのグローバルIPアドレスを使っているかを知ることができません。しかし、サーバの通信記録（ログ）から通信状況を調べる場合などには、インターネット上のサーバから見て自身がどのグローバルIPアドレスに見えているかを知りたくなることがあります。

このようなときには、**自分がどのグローバルIPアドレスからアクセスしているかを教えてくれるWebのサービスを利用するのも一法です。**「グローバルIPアドレス 確認」で検索すると、このようなサービスを提供するWebサイトを探すことができます。それらの多くは、自分が使用しているグローバルIPアドレスのほかに、そのグローバルIPアドレスに割り当てられたドメイン名、自分のブラウザの種類、画面解像度など、様々な情報を表示するよう作られています（**図4-46**）。

図4-46 自身のグローバルIPアドレスを調べるサービスの一例（cman.jp）

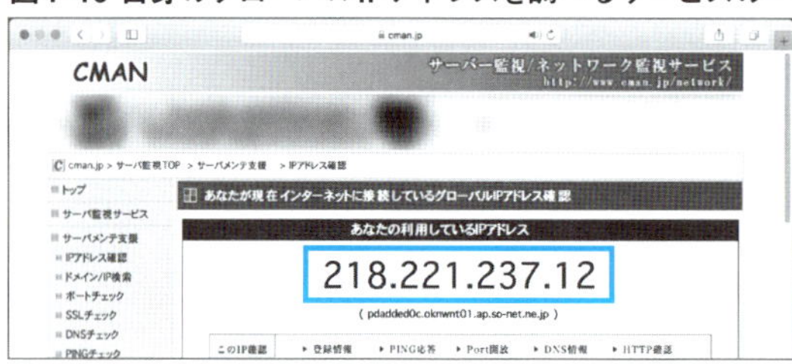

CHAPTER4
Internet and Network Services

12 ルーティングプロトコル

ネットワーク構成とルーティング

IPネットワークでは、目的のネットワークにパケットを送り届けるために、**ルーティングテーブル**が重要な役割を担っています。ルーティングテーブルは、ネットワーク間を接続するルータや、ネットワークを利用する端末が持っていて、あるネットワークにたどり着くための経路、具体的には、あるネットワークに行くのに、次はどのルータに中継してもらえばよいかが書かれています。

図4-47 目的のネットワークにパケットを送るにはルーティングテーブルに経路情報が必要

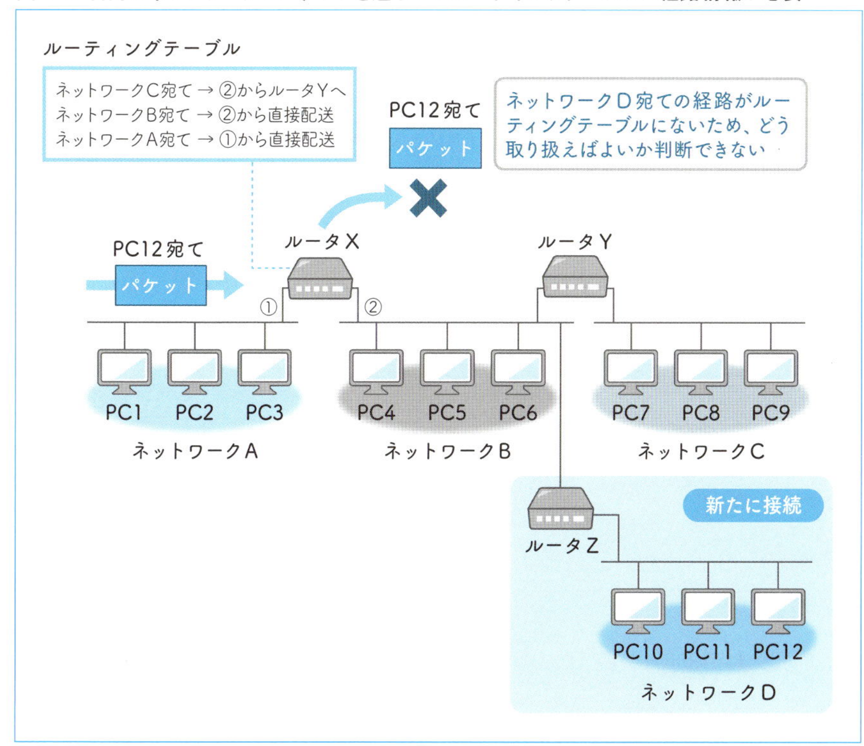

ルーティングテーブルには、ネットワークの接続関係が反映されるため、接続しているネットワークが増減したり、あるいは接続が変わると、**ルーティングテーブルの内容も書き換える必要があります。**

例えば、**図4-47**のように、ネットワークA、B、Cがあり、それぞれをルータX、Yで接続して、各ルータにルーティングテーブルが設定されているときに、新たにルータZを使って、ネットワークDをつないだとします。しかし、単純にネットワークDを接続しただけでは、図のPC1からPC12にパケットを送ることはできません。なぜなら、ルータXのルーティングテーブルにはネットワークDに関する情報がなく、ルータXはネットワークD宛てのパケットをどう取り扱えばよいか、わからないからです。

ルーティングテーブルの管理方法

ルータXがネットワークD宛てのパケットを適切に取り扱えるようにするには、ルータXにネットワークDに関する情報を追加すればよいのですが、それにはルーティングテーブルの管理方法が大きくかかわってきます。これには大きく2つの方法があります(**図4-48**)。その1つである**スタティックルーティング**は、ルーティングテーブルは静的で勝手には変化しないものとする考え方で、もし変更が必要になったら手動で変更を加えます。一方、**ダイナミックルーティング**は、状況に応じてルーティングテーブルは動的に変化していくとする考え方で、必要な

図4-48 ルーティングの種類

スタティックルーティング

ルーティングテーブルの内容は固定されている。ネットワーク構成が変わったら手動でルーティングテーブルを変更する

ダイナミックルーティング

ルーティングテーブルの内容は動的に変わる。ネットワーク構成の変更は自動的にルーティングテーブルに反映される

変更は自動的に反映されます（**図4-49**）。

前者のスタティックルーティングは直感的にわかりやすいシンプルな方法で、ネットワークの構成が単純あるいは小規模なケースや、構成変更の頻度が少ないケースに向きます。もし、これを複雑なネットワークに適用してしまうと、ネットワーク構成の変更が発生するたびに、多数あるルータのルーティングテーブルを個別に誤りなく修正する必要があり、その作業は膨大かつ神経を使うものになります。

一方、後者のダイナミックルーティングは、ネットワークの接続状態に関する情報をルータ同士が交換し合ってルーティングテーブルを自動的に更新する、ネットワークの自律性が高い方法です。これを行うには、ルータがその機能を備えている必要があり、また初期設定や運用の手間がかかりますが、ネットワーク管理の手間は大きく削減されます。

図4-49 経路情報が動的に追加されるイメージ

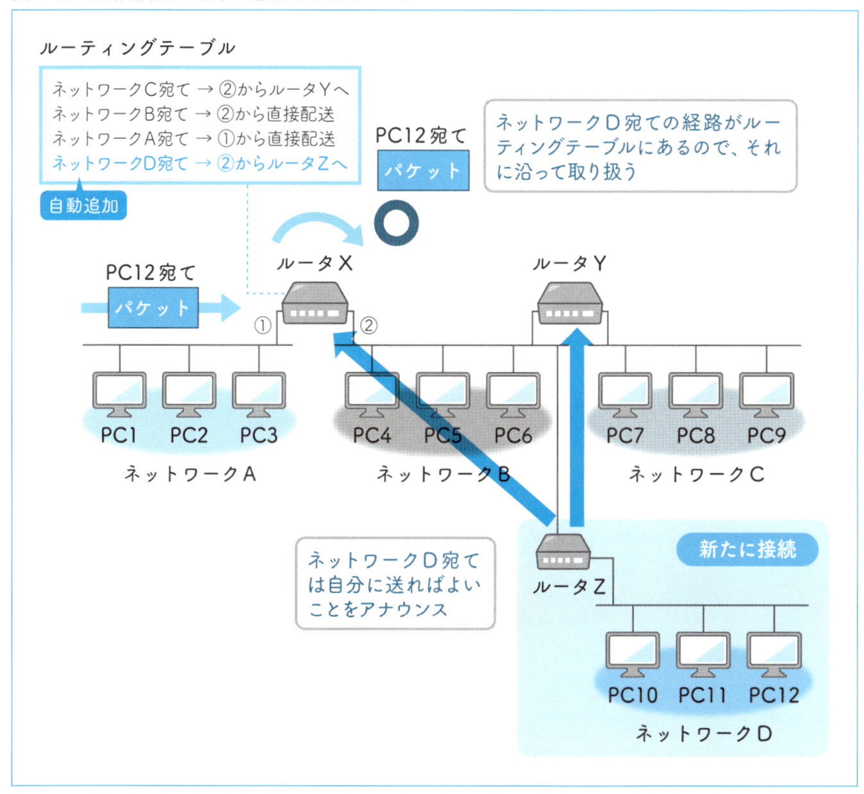

ルーティングプロトコル

ダイナミックルーティングでは、新しいネットワークが追加されたり削除されたりしたときにそれを反映するため、あるいは、ネットワークに故障が発生して特定の部分が利用できなくなったときにその影響を最小限に抑えるため、各ルータのルーティングテーブルを動的に書き換えます。このような目的のためにルータが使用するプロトコルを**ルーティングプロトコル**と呼びます。

ルーティングプロトコルは、次のような機能を持っています。

- ルータ同士で経路情報を交換する
- 集めた経路情報から最適な経路を選び出す

このうち最適な経路を選択する機能は、ある2点間をつなぐ経路が複数あるような複雑なネットワークで、最も目的に合致する経路を選ぶはたらきをします(**図4-50**)。これは、ルーティングテーブルを自動的に書き換えることから、さらに一歩進んだ機能ともいえ、複雑なネットワークを適切に管理・運用するために不可欠な技術となっています。

図4-50 最適な経路選択のイメージ

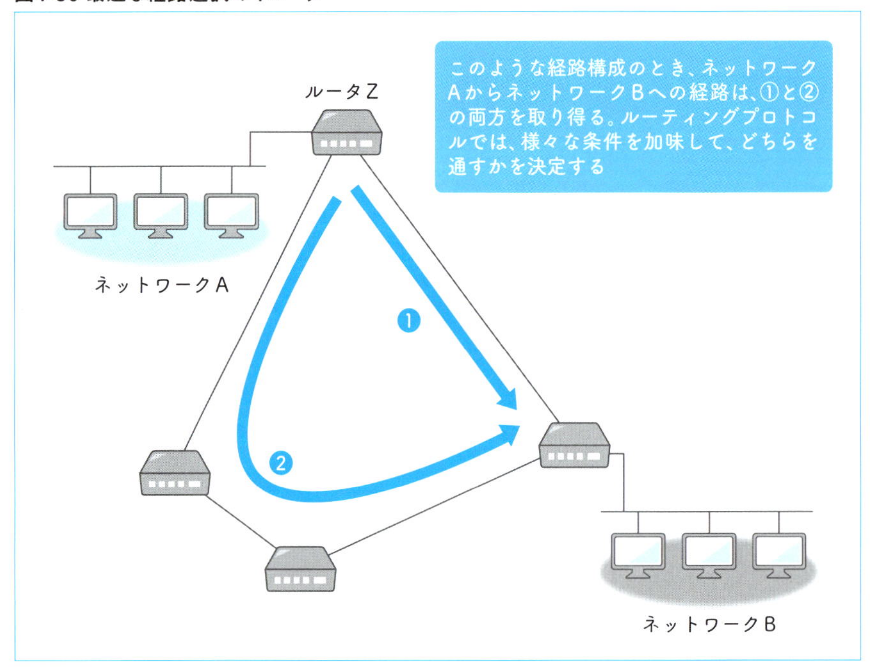

ルーティングプロトコルは、**IGP（Interior Gateway Protocol）**と**EGP（Exterior Gateway Protocol）**の2つに分類されます。このうちIGPはAS（同じルーティングポリシーで管理されるネットワーク群のことで、1つのISPや1つの大企業に相当することが多い）内のルーティングで使われます。一方、EGPはAS間のルーティングで使われます（**図4-51**）。

図4-51 IGPとEGPの違い

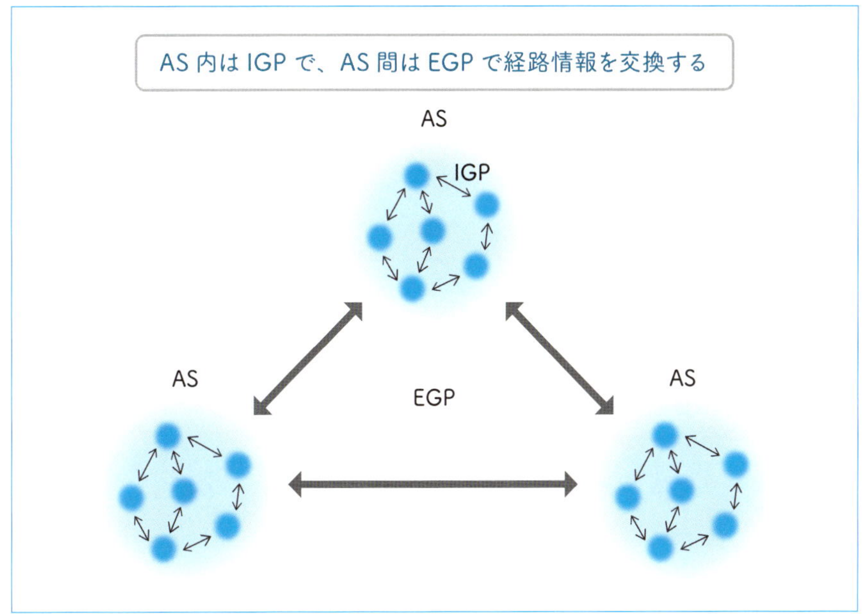

IGPとEGPのプロトコル

IGPの具体的なプロトコルには、**RIP/RIP2（Routing Information Protocol）**、**OSPF（Open Shortest Path First）**などがあります。これらにはそれぞれ異なる特徴があり、プロトコルが持っている機能や性能、適用するネットワークの規模などによって選択されます（**図4-52**）。

RIP/RIP2は主に小規模なネットワークで使用します。通常、有効化するだけで利用でき、特別な設定や管理は不要で、導入のハードルが低いのが大きな特徴です。しかし、ネットワーク構成変更の反映に時間がかかる、経路選択に通信速度などの要素が考慮されないといった弱点があります。なおRIPは可変長サブネットマスクに対応しないことから、一般にRIP2が用いられます。

中規模以上のネットワークで多く使われるものにOSPFがあります。OSPFではRIP/RIP2の持つ弱点が解消されていて、本格的なネットワーク運用を可能にする多くの機能を備えています。一方で、機能が増えた分だけ導入や運用の手間もかかり、RIP/RIP2のような手軽さはありません。また、安価な機器では対応していないものもあります。

一方、AS間での経路情報のやりとりに使用するEGPの代表例としては、**BGP-4（Border Gateway Protocol version 4）**が挙げられます。BGP-4では、途中で通過するASの一覧などの、いくつかの情報を基にして、目的のネットワークに至るまでの最適な経路を選択します。現在、インターネットで使われるEGPはBGP-4だけです。なお、一般的なオフィスや家庭のルータでBGPを取り扱うことは、特別な例外を除いて、まずありません。

図4-52 経路選択の戦略

経路選択には様々な戦略が考えられ、例えば次のようなものがある。

1. 単純に通過するルータの数の少ないほうを選ぶ
2. 途中で通過するネットワークの速度なども考慮して選ぶ

RIP/RIP2は1の戦略を、OSPFは2の戦略をとる。
ただし2を行うにはネットワークの速度などを登録する必要がある

CHAPTER5

Security
and
Encryption

セキュリティと暗号化

コンピュータを活用するほど気になるのがセキュリティ。この章では、セキュリティの基礎と安全性の鍵となる暗号技術について学びます。

本章のキーワード

・情報セキュリティ対策　・ファイアウォール
・パケットフィルタリング　・SPI　・UTM　・マルウエア
・ゼロデイ攻撃　・標的型攻撃　・共通鍵暗号方式
・鍵配送問題　・公開鍵暗号方式　・PKI　・認証局
・ハッシュ関数　・電子署名　・電子証明書　・危殆化
・ブロック暗号　・ストリーム暗号　・SSL/TLS　・SMTPs
・POP3s　・IMAP4s　・STARTTLS 方式　・VPN
・トンネリング　・カプセル化　・L2TP　・IPsec

CHAPTER5
Security and Encryption

01 情報セキュリティの3要素

情報セキュリティを理解する3つのポイント

個人情報の保護を厳しく定めた改正個人情報保護法（2017年5月30日施行）の施行などもあり、いまやコンピュータやネットワークを取り扱う際には、情報セキュリティへの手厚い配慮が欠かせません。

この情報セキュリティとは何を指すのでしょうか。1992年に発表されたOECD情報セキュリティガイドラインによれば、情報セキュリティの目的は「情報について次の3つの特性を適切に保つこと」と定義されます。そして、保つべき3つの特性として、**図5-1**の項目を挙げて「情報セキュリティの3要素」と位置付けています。

・機密性

認められた人だけが情報にアクセスできるという特性です。アクセスできる人を認められた人に限定し、無関係な第三者による勝手な利用を許さないことにより、情報が秘密の状態にあることが維持されます。

図5-1 情報セキュリティの3要素

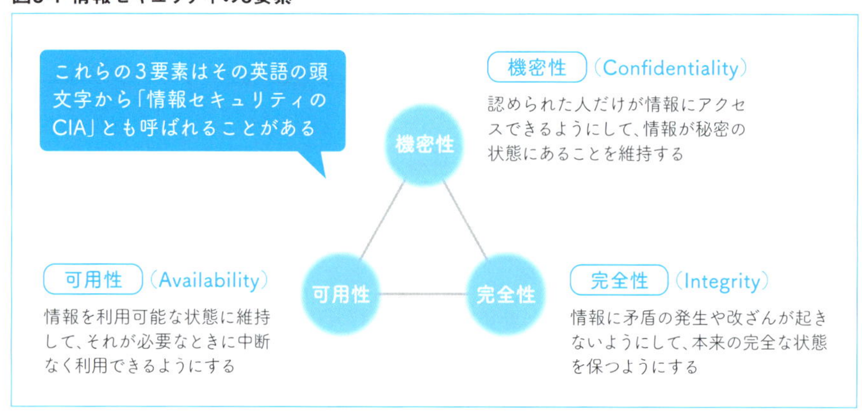

・完全性

矛盾の発生や改ざんがないという特性です。不具合などで矛盾が発生したり、無関係な第三者が書き換えたりすることがなく、情報が本来の完全な状態を維持していることを意味します。

・可用性

必要なときに中断なく利用できるという特性です。いくら情報を守らなければならないとしても、誰にも開けられない金庫の奥深くに保管していたのでは意味がありません。求めがあればいつでもアクセスできて中断なく利用できること、これもまた情報セキュリティで求められる1つの特性です。

この3つの特性を適切に保った状態、つまり、第三者による勝手な利用を許さず、不具合による矛盾や人為的な書き換えの発生を防ぎ、さらに、求めに応じていつでも中断なく利用できるとき、情報セキュリティは適切に維持されていると考えられます。

情報セキュリティの新しい要素

より新しい定義では、前出の3要素に加え、**図5-2**の要素を含めて、**情報セキュリティの6要素あるいは7要素**と呼ばれることがあります。追加されるこれらの

図5-2 より新しい情報セキュリティの定義

要素は、中核的な特性を定義する前出の3要素と比べて、情報を活用する場面や、情報を取り扱うシステムをより意識したものとなっています。

具体的には、6要素とする場合は**「真正性」「責任追跡性」「信頼性」**の3要素が、7要素とする場合は、さらに「**否認防止**」が加わります。これらの特性を適切に保つことで、情報にかかわる周辺環境も含め、より厳格な情報セキュリティの維持を目指します。

情報セキュリティに関するこれらの定義は、1992年に発表されたOECD情報セキュリティガイドラインのほかに、JIS Q 27001や27002をはじめとする、情報セキュリティに関する各種の規格やガイドラインで幅広く見ることができます。

COLUMN　情報セキュリティと個人情報保護

2017 年 5 月 30 日に改正個人情報保護法が全面施行され、個人情報保護として次の 5 項目の実現を求めています。

1）個人情報の取得にあたり利用目的を本人に伝えるあるいは公表する
2）取得した個人情報は利用目的の範囲に限り利用する
3）取得した個人情報を第三者に渡す場合は本人の同意を得る
4）取得した個人情報に対する本人からの開示要求に応じる
5）取得した個人情報は安全に管理する

「情報セキュリティ」と「個人情報保護」の 2 つの言葉は似たような文脈で登場し、また実際に一部の考え方は重複することもあって混同しがちです。しかし、上の 5 項目でわかるように、個人情報保護の「個人情報の安全な管理」は情報セキュリティと大きくかかわりますが、それ以外の項目については、実はあまり関連性がないことがわかります。このような関係にあるため、それぞれが求められる対応も取るべき対策も違います。そのため、どちらか一方に取り組めば十分という話には決してなりません。

本書のテーマはネットワークですから、この章では、ネットワークとより近い関係にある情報セキュリティを中心に取り上げますが、上記のような理由から、個人情報保護への取り組みが必要な人は、その取り組みも忘れずに行いましょう。

CHAPTER5
Security and Encryption

02 情報セキュリティ対策の種類

3つの観点から行う情報セキュリティ対策

情報セキュリティの3要素（5章01参照）、つまり、機密性、完全性、可用性を維持するためには、何らかの具体的な対策が必要です。それらは一般的に次の3つあるいは4つに分類されます（**表5-1**）。

1つめは**技術的対策**です。これは、コンピュータや情報通信などに代表される各種技術を利用して行う対策であり、ファイアウォール、侵入検知システム(IDS)、ウイルス対策システム、暗号化などが該当します。「情報セキュリティ」という言葉からイメージしやすい対策といえます。

2つめは**物理的対策**です。これは物理的な仕掛けや機構を利用して行う対策で、サーバ室の入退室管理、保管庫の施錠、盗難防止チェーン、ゾーン分けなどが挙げられます。従来の「警備」といったニュアンスが含まれます。

3つめは**人的対策**です。これは人の行動や意識にはたらきかけて行う対策で、取り扱い規定の整備、情報セキュリティ研修や啓蒙、機密保持契約などが含まれます。技術的対策や物理的対策より軽視されがちですが、重要な対策の1つです。

組織においては、4つめの分類として**組織的対策**を挙げることがあります。これは組織において上記の3種類の対策を効果的に行うための対策のことで、従業員の責任と権限の規定、管理責任者の設置、情報セキュリティ管理体制の確立な

表5-1 情報セキュリティ対策の名称と意味

名称	意味
技術的対策	コンピュータや情報通信などの各種技術を利用して行う対策
物理的対策	物理的な仕掛けや機構を利用して行う対策
人的対策	人の行動や意識に働きかけて行う対策
組織的対策	組織において上記の3種類の対策を効果的に行うための対策

どが該当します。

これらの情報セキュリティの3要素を維持するための対策のことを**情報セキュリティ対策**と呼びます。情報セキュリティ対策は、ある1種類の対策だけを重点的に行うのではなく、3種類または4種類の対策をまんべんなく組み合わせて行います。例えば、顧客情報の流出を防止しようと高価なネットワークセキュリティ機器を導入したとしても、個人情報を取り扱うオフィスへ自由に立ち入れたり(物理的対策の不足)、顧客情報のプリントアウトを放置したり(人的対策の不足)しては、顧客情報の流出を防ぐことできません。情報セキュリティ対策は、技術的対策、物理的対策、人的対策、必要であれば組織的対策も加えて、まんべんなく行うことが大切です。

情報セキュリティ対策が持つ機能にも要注目

情報セキュリティ対策は、その機能の観点からも分類が可能です。問題が起きないようにするための対策は**防止**機能を持ち、問題の発生や兆候を検出するための対策は**検出**機能を持ち、発生した問題の被害を抑えるための対策は**対応**機能を持つと分類されます。

この分類は情報セキュリティ対策の立案に適用できます。前述した4つの対策(技術的対策、物理的対策、人的対策、組織的対策)と対策の機能をマトリクスにして考えることにより、情報セキュリティ対策をよりまんべんなく計画できるようになります(**表5-2**)。

表5-2 情報セキュリティ対策の種別 – 機能マトリクス

		対策の種別			
		技術的対策	物理的対策	人的対策	組織的対策
対策の機能	防止	・ファイアウォール設置 ・UTM設置	・入退室管理 ・保管庫施錠	・情報セキュリティ研修 ・機密保持契約	・従業員の責任権限規定 ・管理責任者の設置
	検出	・IDSによる検出 ・ログの自動分析	・監視カメラ ・盗難警報システム	・ヒヤリハット通報 ・退勤前の相互チェック	・エスカレーション体制の確立 ・チェック体制の整備
	対応	・IDSによる攻撃元閉塞 ・高負荷時の自動スケーリング	・警備員かけつけ ・警備会社通報(夜間)	・事故対応マニュアル整備 ・事故対応演習	・対応チームの設置 ・セキュリティ保険加入

上表では各欄に該当する対策をランダムに列挙しているが、実際にこの表を活用するときは「○○の機密性を保つには」といった形で目標を定め、それを実現するための対策を埋めていく。

CHAPTER5
Security and Encryption

03 ファイアウォール

出入口でネットワークを守るファイアウォール

ファイアウォールはネットワークの出入口に設置し、外部から内部への不正な侵入を遮断し、また、内部から外部への不正なアクセスを禁止することで、ネットワークを保護することを目的とした装置です。

ファイアウォールの主な機能として、**IPアドレスやポート番号を基にしたフィルタリング**が挙げられます。指定のIPアドレスからの、あるいは、指定のIPアドレス宛ての通信を遮断したり、指定のポート番号宛ての通信だけを通過させる、といった動作をします。原始的なファイアウォールでは、通信の状態の変化を考慮せず、入ってくるパケットと出ていくパケットの両方について条件を指定し、その指定に沿って静的に通過と遮断の判断を行います。これを**静的パケットフィルタリング**と呼びます（**図5-3**）。

最近では、多くのファイアウォールが**SPI（Stateful Packet Inspection）機能**を備えています。これは主にTCPについて通信状態（フラグ、シーケンス番号など）の変化が正常かどうかを監視し、不自然な状態を持つパケットが見つかれば廃棄することで、なりすましや乗っ取り[*1]を防ぐものです。このように通信の変化を監視することで、リクエストを送った後にその応答だけを通す許可を自動的に行い、通信が終わったら自動的に許可を解除する、といったきめ細やかなフィルタリングが可能になります。このようなフィルタリングを**動的パケットフィルタリング**と呼びます（**図5-4**）。

ファイアウォールは通信内容の監視はしないことから、その内容が正常あるいは異常といった判断はしません。したがって、ウイルスが添付されているメールを破棄するとか、フィッシングページ[*2]を警告するといったことは、ファイアウォールの機能の範囲には含まれないのが普通です。

＊**1**―他人の接続を途中から横取りすること。
＊**2**―大手サービスのログインページなどを装ってIDやパスワードを入力するよう仕向けるニセWebページ。

図5-3 静的パケットフィルタリングの設定イメージ

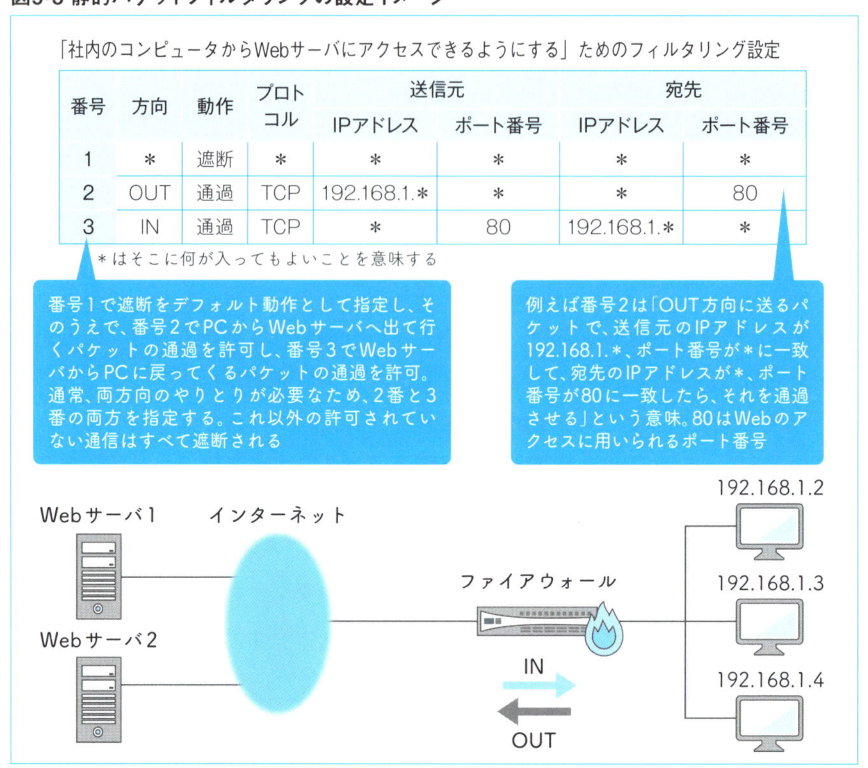

「社内のコンピュータからWebサーバにアクセスできるようにする」ためのフィルタリング設定

番号	方向	動作	プロトコル	送信元		宛先	
				IPアドレス	ポート番号	IPアドレス	ポート番号
1	＊	遮断	＊	＊	＊	＊	＊
2	OUT	通過	TCP	192.168.1.＊	＊	＊	80
3	IN	通過	TCP	＊	80	192.168.1.＊	＊

図5-4 SPIによる動的パケットフィルタリングのイメージ

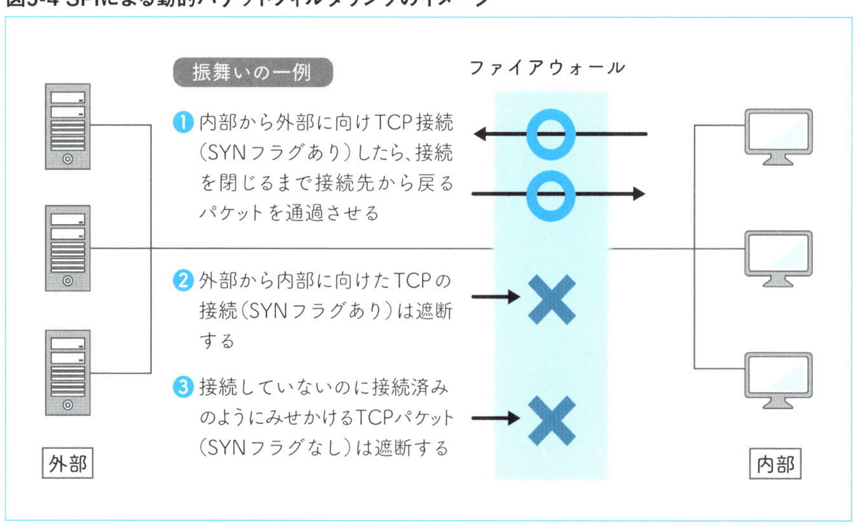

ファイアウォール機器の形態

大規模な組織のネットワークでは、**独立した機器としてファイアウォールが設置される**のが一般的です。その理由には、多くの機能が求められることのほかに、ネットワークの出入口に設置されすべての通信がそこを通過することから、処理性能の高さ、故障の少なさ（稼働率の高さ）、保守運用のしやすさ、などが求められる点が挙げられます。

小～中規模な拠点のネットワークでは、**ルータがファイアウォール機能を内蔵していれば、それを用いる**ことがよくあります。対応機能や性能は機種によって様々ですが、小～中規模用のルータでは、多くのものがファイアウォール機能を内蔵しています。また家庭用の無線LAN親機は、無線アクセスポイントとルータを一体化したものですが、その中にもファイアウォール機能が内蔵されています。無線LAN親機の場合、工場出荷時に推奨設定がされていて、利用者はファイアウォールの存在を考えなくてよいように作られています。

このほか、UTM（統合的なセキュリティ機能を提供する装置で、ネットワークの出入口に設置する）もファイアウォール機能を備えており、これ単独で、あるいはルータと併用して、ファイアウォール機能を利用することができます。また、セキュリティソフトの機能の1つとしてファイアウォールを内蔵しているものも多くあります。

フィルタリングの例

パケットフィルタリングのはたらきを実際に確かめてみましょう。ここではWindows 7/8/10に標準搭載のセキュリティソフトWindows DefenderをWindows 10で利用するケースで説明します。

Windows Defenderでは、パケットフィルタを「受信」と「送信」に分けて設定します。「受信」はコンピュータが受信するパケットを、「送信」はコンピュータが送信するパケットを意味していて、それぞれにフィルタを設定するイメージです。TCPに関しては、接続を始めることを許可するかどうかを指定します。もし完全な静的パケットフィルタリングであれば、両方向のフィルタを指定する必要がありますが、Windows Defenderでの指定は接続を始める方向のみで済みます。

・ファイアウォールの設定画面を開く（Windows 10 の場合）

1 スタートボタン→［設定］ をクリック

2 Windows の設定画面で、検索欄に「ファイアウォール」と入力し、検索候補の中から［ファイアウォールとネットワーク保護］をクリック

3 ファイアウォールとネットワーク保護画面で［詳細設定］をクリック

4 ユーザーアカウント制御で［はい］をクリック

5 ファイアウォールの設定画面が開く

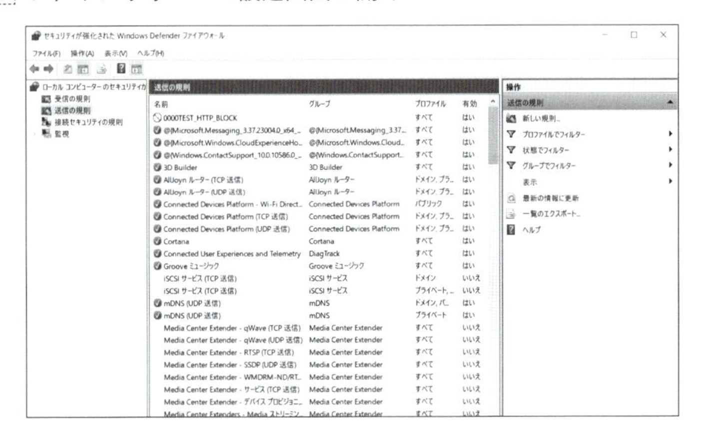

上の画面を使ってファイアウォールの設定を行うことができます。

・Web へのアクセスを禁止する例

1 ファイアウォールの設定画面の左メニューから［送信の規則］をクリック

2 画面右の操作メニューから［新しい規則］をクリック

3 ［ポート］を選択し［次へ］をクリック

4 ［TCP］と［特定のリモートポート］を選択して空欄に「80」と入力し［次へ］をクリック

5 ［接続をブロックする］を選択し［次へ］をクリック
6 ［ドメイン］［プライベート］［パブリック］のすべてにチェックを入れ［次へ］をクリック
7 ［名前］に「0000TEST_HTTP_BLOCK」と入力*3し［完了］をクリック
8 画面中央の［送信の規則］に規則が追加される

設定変更を終えたら、同じマシンでブラウザを開き、http://で始まるWebサイトにはアクセスできずエラーになる（**図5-5**）こと、しかしhttps://で始まるWebサイトにはアクセスできることを確認します。こうなるのは、ブロック条件にポート番号「80」を指定したためです。http://で始まるアクセスはポート番号80番を使うのでこれに該当してブロックされ、https://で始まるアクセスはポート番号443番を使うので該当せずブロックされません。

確認が終わったら、必ずこの規則を削除します。これで、http://で始まるWebサイトに、またアクセスできるようになります。

図5-5 エラーの例

・規則を削除する手順

1 ［送信の規則］から「0000TEST_HTTP_BLOCK」を選択し画面右のメニューから［削除］をクリック
2 ［この規則を削除しますか？］の画面で［はい］をクリック
3 規則が削除される

*3—このとき、作った規則を見失わないよう、名前は必ず0000から始まるものにします。

CHAPTER5
Security and Encryption

04 UTM

UTMを使うとよいケース

UTM（Unified Threat Management：統合脅威管理）は、ネットワークのセキュリティを実現するための考え方の1つであり、そのための機器の名称でもあります。ここでは主に後者の意味で用います。

ネットワークに求められるセキュリティ機能は、パケットのフィルタリングにはじまり、メールに添付されたウイルスの除去、フィッシング被害の回避、情報漏洩の防止など、多岐にわたります。このことを階層モデルに照らして「下位レイヤだけでなく上位レイヤにも対応が必要である」といった言い方もなされます。

このような性質のあるネットワークのセキュリティ対策は、これまで様々な機器を組み合わせて実現していましたが、それを1台でまかなうことができる便利モノ、というのがUTMの位置付けです。**各レイヤのセキュリティ対策を行うのにUTMを1台設置するだけで済む**ため、複数の機器を組み合わせて用いる場合と比べ、物理的な占有スペースや消費電力は抑えられ、機器の運用や管理が格段に容易になります。そのため、特に管理者がいない支店などのネットワークに向くといわれています。

UTMが提供する機能

UTMが提供する機能は、製品によっても異なりますが、一般に次ページの**表5-3**のような機能を持つとされます。

この表からわかるように、ファイアウォール単体で使う場合と比べて、UTMでできることは多彩です。別の見方をするなら、ネットワークのセキュリティで求められる対策は幅広く、ファイアウォールだけでは十分ではない、ともいえます。

例えば、ファイアウォールはメールサーバ宛てに送られてくるパケットのIPアドレスやポートはチェックしますが、メールの内容まではチェックしません。

ウイルスかどうかはメールの内容をチェックして初めてわかるため、ファイアウォールでウイルスメールを阻止することはできず、それとは別に、メールの内容をチェックするウイルス対策機能が必要になります。

このようにUTMには総合的なセキュリティ機能が求められ、その内容はPCで用いられるセキュリティソフトに少し似ています。ウイルス対策機能や侵入対策機能に使われるパターンファイルを日々にわたって更新する必要がある点も同様で、そのため、**機器代金のほかにサービス利用料が必要であったり、あるいは機器代金に一定期間の利用料が含まれていたりする**のが一般的です。

表5-3 UTMが提供する代表的な機能

機能名	機能内容
ファイアウォール	IPアドレス、ポート番号、通信状態などに基づくパケットのフィルタリング
ウイルス／スパイウェア／アドウェア対策	メールやWeb情報に含まれるウイルス、スパイウェア、アドウェアの検出や除去
迷惑メール対策	迷惑メールの検出、マーキング、隔離
フィッシング対策	フィッシングサイトの検出、警告、接続阻止
Webフィルタ	接続先のURLや含まれる文字列などに基づいたWebへのアクセス可否のコントロール
IDS/IPS	外部からの不正侵入や攻撃の検出と対処、および、内部からの不正アクセスや情報流出の阻止

COLUMN 家庭向けのUTM製品

これまでUTMといえば主に組織での利用を想定していて、家庭で使えそうな製品は皆無に等しい状況でした。しかし最近になって、Wi-Fiルータの中にセキュリティソフトを組み込む形で、従来のUTMに近い機能を持った家庭向けWi-Fi製品が登場しています。同様の製品はまだごくわずかですが、セキュリティに対する脅威の増加や、多くのIoT製品が家庭で使われ始めていることなど背景に、今後、このような製品が増えてくるかもしれません。

CHAPTER5
Security and Encryption

05 セキュリティソフト

もはや常識となったセキュリティソフト

ネットワークを使った通信や、USBメモリを使ったデータのやりとりなどで、外部と情報を交換するコンピュータは、それらを介して外部から**マルウェア**（ウイルスやスパイウェアなどの悪意を持ったソフトウェア）が侵入したり攻撃を受けたりするリスクがあります。**セキュリティソフト**は、主に、これらマルウェアの侵入や攻撃の阻止、検出、除去を行うソフトウェアです。

このような機能は、ネットワークに設けられる場合と、コンピュータに設けられる場合があります（**図5-6**）。ネットワークに設けられたものは、ネットワーク内のすべての機器に効力を発揮します。しかしながら、機器の価格は高価になり

図5-6 セキュリティソフトの機能を配置する場所

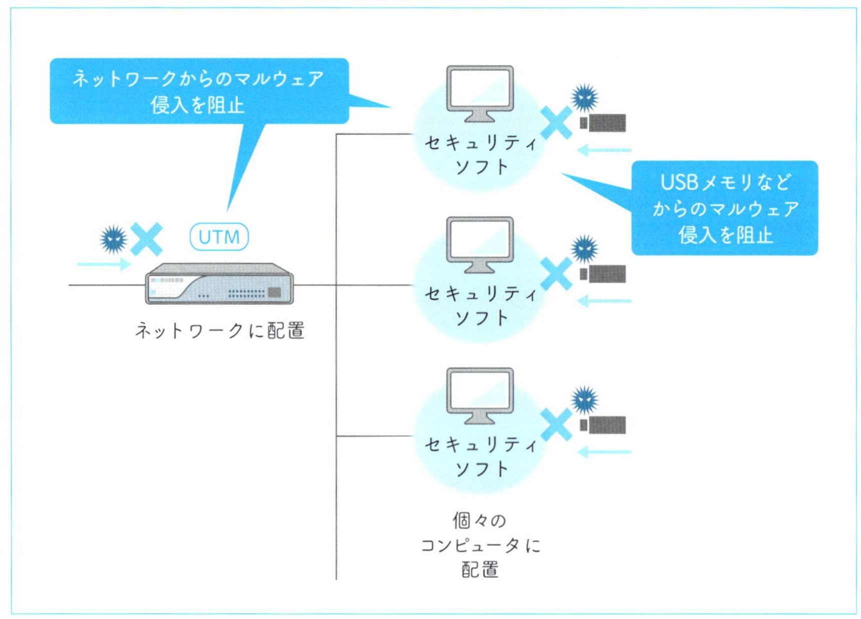

がちで、USBメモリなどの媒体から侵入するケースには対応できません。これに該当するものとしてUTMなどがあります。

一方、コンピュータに設けられたものは、通常、そのコンピュータに対してのみ効力を発揮します。普通にセキュリティソフトというとこちらを指します。安価で手軽に利用でき、USBメモリなどから侵入するケースにも対応します。ただし、処理性能が低いコンピュータではアプリケーションの速度低下を引き起こすことがあります。製品によってはサーバ向けとクライアント向けに分かれていることもあります。

企業や団体では、両者を併用して安全性をより高めることがありますが、家庭では後者のみ使うケースが大部分です。いずれにしても、コンピュータを安全に使うには、セキュリティソフトの利用は欠かせません。

セキュリティソフトの機能

当初はウイルスの侵入阻止、検出、除去といったアンチウイルス機能が中心であったセキュリティソフトですが、その後、総合セキュリティ対策ソフトへと進化し、現在ではコンピュータのセキュリティ対策に求められる各種の機能をパッケージしたものが多くを占めるようになりました（**表5-4**）。

表5-4 セキュリティソフトの主な機能

セキュリティソフト	主な機能
アンチウイルス	ウイルスの侵入阻止、検出、除去
ファイアウォール	外部からの不正接続遮断
スパイウェア対策	情報を盗み出そうとするスパイウェアの侵入阻止、検出、除去
アドウェア対策	無断で広告を表示するアドウェアの侵入阻止、検出、除去
フィッシング対策	ニセホームページへの接続拒否
スパム対策	迷惑メールの検出、マーキング、専用フォルダへの移動
ペアレンタルコントロール	保護者による子供の利用制限

セキュリティソフトが危険性を検出する方式には、大きく2種類があります。1つは**パターンファイルに基づく検出**です。パターンファイルはシグネチャとも呼ばれ、マルウェアなどの特徴を記録したデータです。これに対象を照合することで危険なものかどうかを判定します。パターンファイルは、通常、セキュリティソフトを提供する会社がインターネットを通じて自動配布します。もう1つ

図5-7 危険性の検出方式

パターンファイル（シグネチャ）に基づく検出

- マルウェアの特徴を記録したパターンファイルと照合することで検出
- 検出の確度は高い
- パターンファイル配布前には検出できずゼロデイ攻撃などには対応困難

ヒューリスティックな検出

- 対象を検証環境などで動作させて怪しげな振舞いを見つけ出して検出
- 検出の確度は波がある
- パターンファイル配布前でも検出できゼロデイ攻撃などにも対応できる

は**ヒューリスティックな検出**です。こちらの方法では、対象を検証環境などで動作させて怪しげな振る舞いを見つけ出します。前者と違い、まだパターンファイルが配布されていない時点でも、一定の防御効果が期待できます。多くのセキュリティソフトは、この両方を組み合わせて様々な場面での検出率を高めています（**図5-7**）。

セキュリティソフトを選択するときには、マルウェアなどの検出率に加えて、処理の軽さや、ほかのプログラムとの相性問題の少なさなど、ユーザーの評判も確認するとよいでしょう。外部との通信やデータを継続的に監視するセキュリティソフトは、その性質上、どうしてもほかの機能に影響を与えがちで、その点については利用者の声が参考になります。

また、セキュリティソフトを利用するからといって、コンピュータを安全に利用するためのルールを無視してもいいわけでは決してありません。そもそもセキュリティソフトの検出率は100%ではなく、少数ながら検出をすり抜けるケースが存在します。またゼロデイ攻撃（パターンファイルが配布される前に受ける攻撃）や標的型攻撃（企業などを対象に独自ウイルスなどにより行われる攻撃）には必ずしも十分な効果が期待できません。したがって、安全に利用するためのルールは必ず順守して、そのうえで、偶発的に発生する人為的なミスをセキュリティソフトでカバーするような使い方が求められます。

COLUMN　セキュリティソフトの利用形態

日々刻々と生み出されるマルウェアなどに対応できるよう、セキュリティソフトのパターンファイルや検出アルゴリズムは頻繁に更新されていて、その頻度は数時間ごとになることもあります。この更新の配布は常に受け続ける必要があり、そのために、多くのセキュリティソフトが、売り切り（購入した時点のものを使い続ける形態）ではなく、サブスクリプション（毎年の利用料を払って最新版を使う形態）で提供されます。

セキュリティソフトはOSの深部と連携して動作することから、Windows版、Mac版、Android版、iPhone版といった形で、OS別に実行プログラムが提供されます。近年は、セキュリティソフトの提供形態が柔軟になり、1台分のライセンス（利用権）を購入したら、OSの種類を問わず、どれか1種類を自由に選んで利用できるものも増えてきました。また、2台以上のライセンスがパックになって割引価格で提供されたり、利用期間が1年でなく数年に延長されたライセンスが割引価格で提供されたり、あるいは、両者を組み合わせて、複数年分の複数台ライセンスが、より廉価で提供されたりすることも増えました。

COLUMN　セキュリティソフト利用時の注意点

このごろのOSは、それ自体に簡単なセキュリティ機能を内蔵するものが増えてきました。OS標準のファイアウォール機能はその一例ですが、それらとセキュリティソフトが持つ同等の機能が同居できないことがあります。このような場合は、OSが内蔵するセキュリティ機能を無効にするか、セキュリティソフトの機能を無効にして、機能の衝突を解消すると正常化することがあります。

このほかセキュリティソフトに関連しては、素性の明らかでないものは避けることが大切です。Web閲覧中に、ウイルス感染していないのに感染したと虚偽メッセージを表示し、無料の駆除ソフトをダウンロードするよう誘導して、実はその駆除ソフトがマルウェアであるといったケースもあります。信頼できる製品を信頼できるルートで購入して組み込むようにしてください。

CHAPTER5
Security and Encryption

暗号化

まずは暗号化のキホンから

暗号化とは、何らかの方法によって、ある元の文字列（**平文**（ひらぶん）と呼びます）を、読んでも意味がわからない別の文字列（**暗号文**と呼びます）に変換することです（**図5-8**）。このとき暗号文は、元の平文を想像できないように作られます。そのため、たとえ暗号文が誰かの目に触れても、そこから平文の内容を読み取ることはできず、平文の内容を隠すことができます。

逆に、何らかの方法によって、暗号文を平文に戻すことを**復号**といいます[*1]。復号することで、暗号文から元の平文を取り出すことができ、内容がわかる元の文字列が得られます[*2]。

図5-8 暗号化と復号

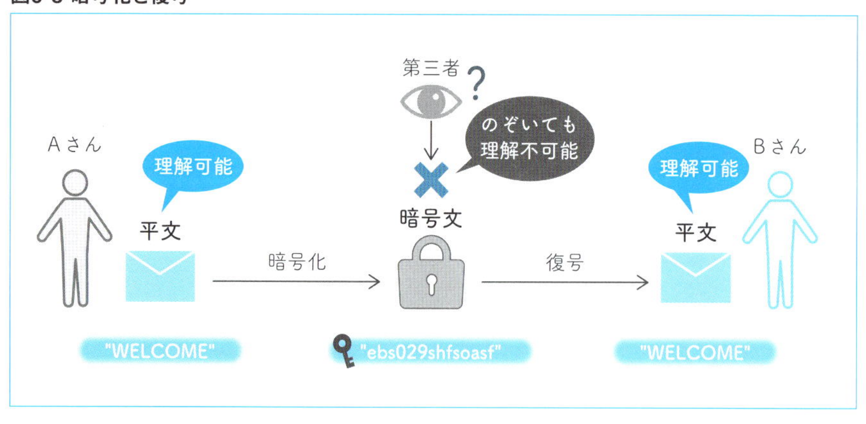

＊1 ― 平文を暗号文に変換することは「暗号化」と「化」を付けて呼ばれますが、暗号文を平文に変換することは通常「復号」と呼ばれます。本書でもこの表現を用います。
＊2 ― PC紛失時の機密漏洩を防ぐため、データを暗号化してからハードディスクに書き込み、ハードディスクから読み出したデータは復号してから処理に使う、といった機能も実用化されています。ハードディスクに保存したデータは必ず暗号化されているため、万一、紛失したPCのハードディスクから強制的に情報が読み出されても、その内容を知ることは困難です。

暗号鍵と暗号アルゴリズム

復号とは暗号文を平文に戻すことだと書きましたが、ここで重要なのは、「暗号文を受け取って平文に復号した人は、平文に対応する暗号文を知っている」という点です。再度、**図5-8**を見てみましょう。

Aさんが平文"WELCOME"から暗号文"ebs029shfsoasf"を作り、Bさんに送ったとします。Bさんはそれを復号して無事に平文"WELCOME"を得ました。このとき、Bさんは平文"WELCOME"とそれに対応する暗号文"ebs029shfsoasf"を知っていることになります。

次にAさんは同じ平文"WELCOME"から暗号文"ebs029shfsoasf"を作り、今度はCさんに送りました。ここで、何らかの方法でBさんがこの暗号文"ebs029shfsoasf"を見た場合、Bさんには、AさんがCさんに平文"WELCOME"を送ったことがわかってしまいます。これでは暗号の役目を果たしません。

もし「一度使った変換ルールは二度と使わない」ことにすれば、このような状況を防ぐことができますが、毎回変換ルールを考え出すのは大変で、現実的ではありません。そのため、現在、主に使われる暗号は、**平文と一緒に「鍵」を変換ルールに与え、同じ平文と同じ変換ルールであっても、与える鍵によって得られる暗号文が異なる**よう作られています。また復号するときには、暗号文のほかに正しい鍵があるときだけ復号できます。暗号文から鍵を推定することは不可能、あるいは極めて困難です。この鍵のことを**暗号鍵**などと呼び、変換ルールは**暗号アルゴリズム**と呼ばれます（**図5-9 ～ 5-12**）。

現在使われている暗号には、暗号化と復号で同じ暗号鍵を使うものや、それぞれ別の鍵を使うものがあり、それぞれ特徴があります（5章07、5章08参照）。

図5-9 暗号アルゴリズムと暗号鍵を使い暗号化する

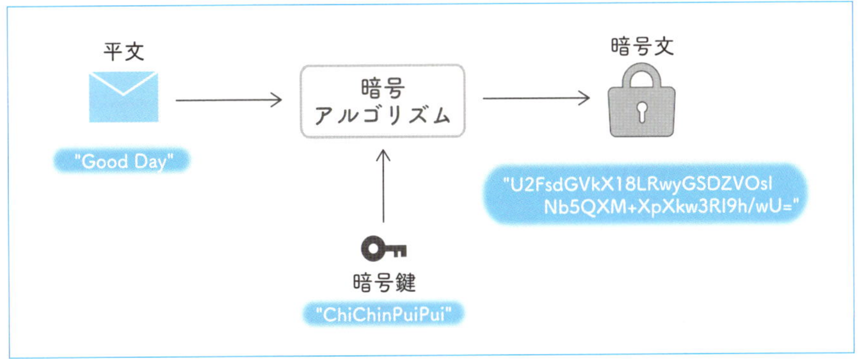

図5-10 暗号鍵と暗号文の関係

平文	暗号鍵	暗号文
Good Day	ChiChinPuiPui	U2FsdGVkX18LRwyGSDZVOslNb5QXM+XpXkw3RI9h/wU=
Good Day	AmeAmeFureFure	U2FsdGVkX1/wJWqRhG1zlfSMmbLbn7UhpBG4DF6IV1Q=

※ 平文"Good Day"を暗号アルゴリズムTripleDESで暗号化した例

※ 同じ平文を、同じTripleDESで暗号化しても、暗号鍵が異なれば得られる暗号文が異なる

図5-11 復号アルゴリズムと復号鍵を使い復号する

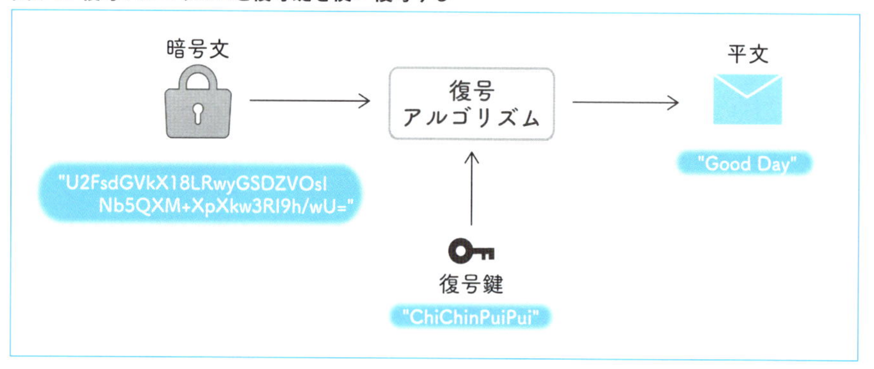

図5-12 暗号文と平文や暗号鍵の関係

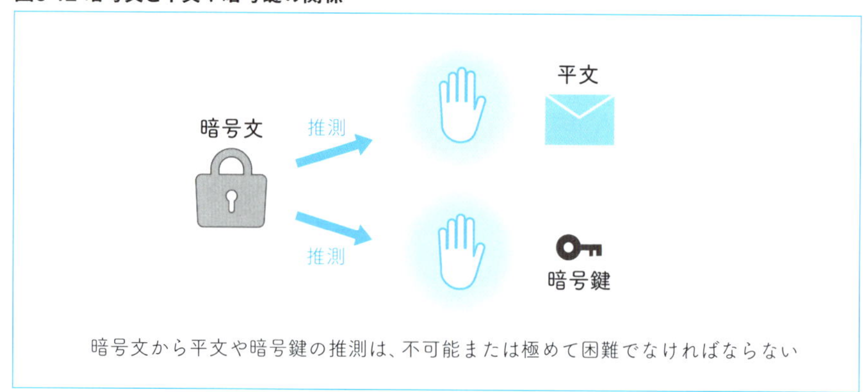

COLUMN　古典的な「シーザー暗号」をながめる

古代ローマでジュリアス・シーザーが用いたとされる古典的な暗号「シーザー暗号」は、平文の各文字を決まった数だけアルファベット順にシフトさせることで平文から暗号文を作り出し、暗号文作成時と同数だけ逆方向にシフトさせることで暗号文を平文に戻します。暗号文から平文を簡単に推測できるため暗号の役を果たせず、現代において暗号として用いられることはまずありませんが、暗号の基本的な考え方が含まれているため、暗号の説明ではよく引き合いに出されます。

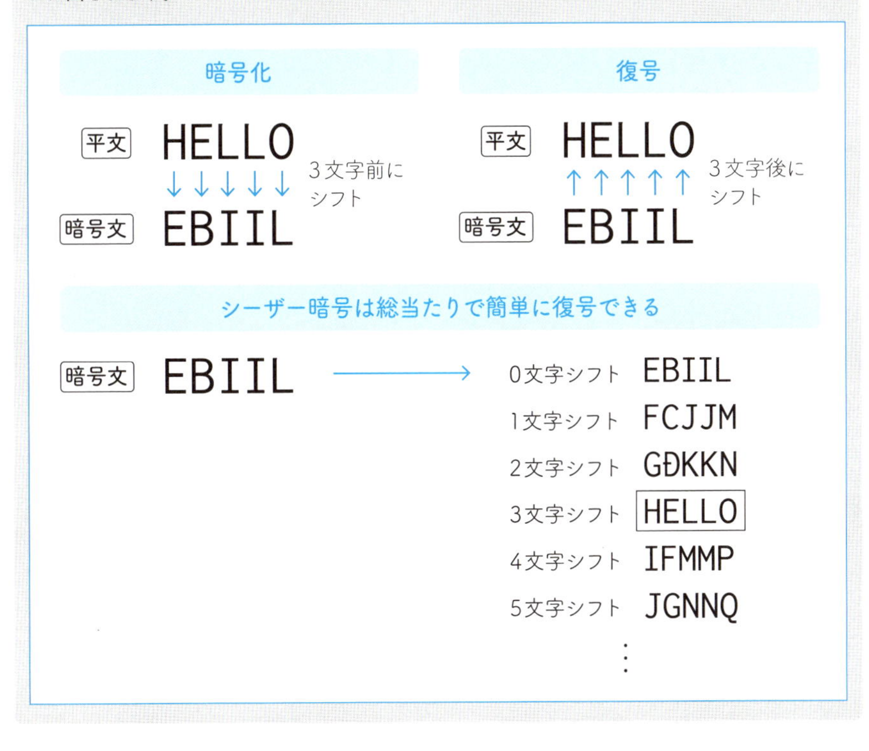

CHAPTER5
Security and Encryption

07 共通鍵暗号方式

暗号化と復号は同じ鍵で

共通鍵暗号方式は暗号化と復号のどちらにも同じ鍵を使う暗号方式です（**図5-13**）。暗号化する人は、平文と暗号鍵を暗号アルゴリズムに与えて暗号文を得ます。この暗号文は第三者が盗み見てもその内容を理解することができません。つまり、平文の内容は隠された状態にあります。そのため、誰が見るかもわからないような、あまり安全ではない方法で送っても、その内容が知れ渡ることはまずありません。

次に、暗号文を受け取った人は、そこに含まれている内容を知るために暗号文を復号します。この復号には、対象となる暗号文のほかに、**暗号化したときに使ったものと同じ暗号鍵（共通鍵）**が必要となります。復号する人は、この暗号鍵を

図5-13 共通鍵暗号方式

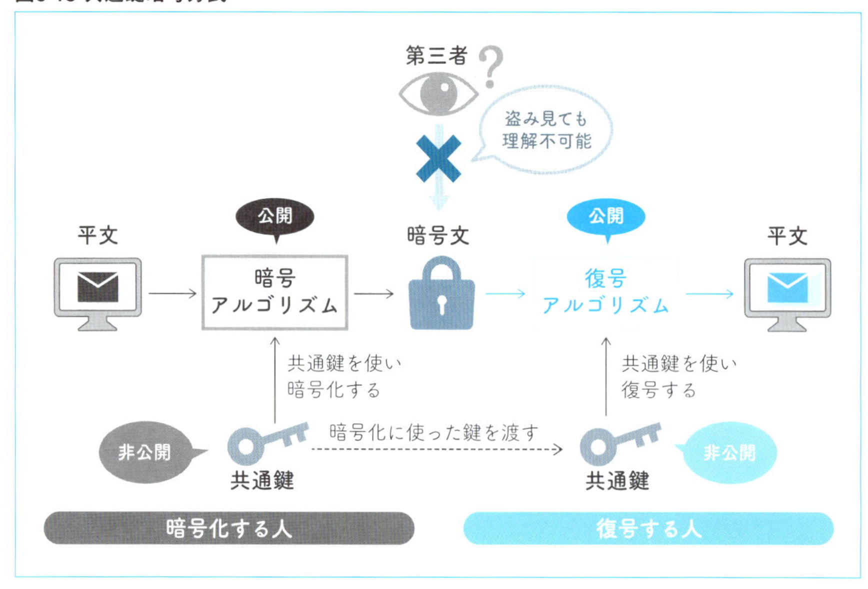

あらかじめ何らかの方法で受け取っておきます。そして、この鍵と暗号文を復号アルゴリズムに与えます。そうすると元の平文が得られ、その内容を知ることができるようになります。

このような共通鍵暗号方式は、考え方がシンプルで使いやすく、また、暗号化や復号に必要な計算量が比較的少なくて済む（処理が軽い）という特長があります。そのため、インターネットを使い重要な情報を送るときや、盗み見られては困るPC内の情報を保護するときなど、主に情報の機密性を高める目的で、特に幅広く使われています。

暗号鍵をどうやって渡すかが大問題

シンプルで使いやすいため幅広く使われている共通鍵暗号方式ですが、この方式でどうしても避けて通れない問題があります。それは「鍵配送問題」です。

図5-13の要素のうち、暗号アルゴリズムと復号アルゴリズムは一般に公開された情報で、その計算方法は誰もが知ることができます。また暗号文も第三者が盗み見ても大丈夫なよう作られていますので、これも公開状態になっても構わないものです。唯一、暗号化する人と復号する人だけの秘密にしておかなければならないのが暗号鍵です。もし暗号鍵が漏洩してしまうと、暗号文を盗み見た人が、公開されている復号アルゴリズムと手に入れた暗号鍵を使って、勝手に暗号文を復号してしまう恐れが出てきます。

このように暗号鍵は、共通鍵暗号方式において機密を守る文字通りキーとなるものです。ここで再度、**図5-13**の流れを見ると、その暗号鍵を、暗号化した人から復号する人に渡すことが求められています。そしてそれは前述のとおり、誰にも知られず秘密のままで引き渡されなければなりません。

鍵配送問題とその解決方法

もし、暗号化する人と復号する人が同一人物であったり、家族や従業員のようにすぐ近くにいたりするなら、暗号鍵の引き渡しは、さほど問題になりません。問題が発生するのは、暗号化する人と復号する人が別の人物で、かつ、物理的に離れているような場合です。

そもそも暗号を使うのは、やりとりの内容を第三者に盗み見られる恐れがあるからでした。その安全ではないかもしれない手段で、暗号の秘密を守るキーとなる暗号鍵を、復号する人に送ってしまっては元も子もありません。そうではなく、

暗号鍵は別の確実に安全な手段を使って、秘密を保ったまま、復号する人に渡さなければならないのです（**図5-14**）。この「安全でないかもしれない手段を安全に使うために暗号化するのに、それにはまず、安全な手段で暗号鍵を届けなければならない」というジレンマが鍵配送問題です。

この問題に対し、古くは暗号鍵を打ち出した紙や暗号鍵が入った媒体を専用トラックで運ぶなどして「安全な手段で暗号鍵を届ける」ことを実現していたようです。しかし現在では、「公開鍵暗号」（5章08参照）を使って暗号鍵（共通鍵）を届けるのが一般的になりました。公開鍵暗号は共通鍵の引き渡しを必要としない暗号方式です。

図5-14 暗号鍵（共通鍵）は安全な手段で引き渡す必要がある

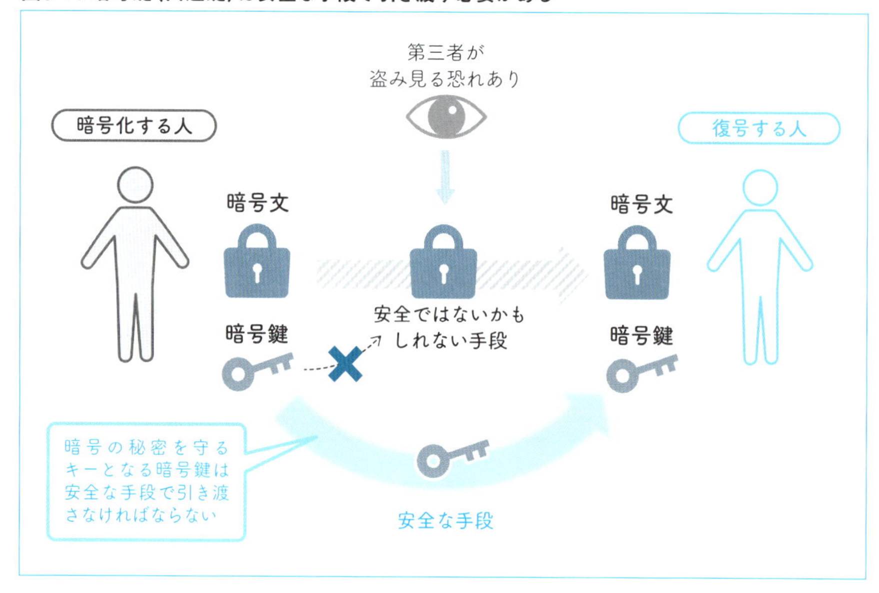

CHAPTER5
Security and Encryption

08 公開鍵暗号方式

公開鍵暗号の誕生

共通鍵暗号は暗号化する人と復号する人が暗号鍵をやりとりする必要があり、それが課題となり得ることを前項で説明しました。これを解決するために、後年、**公開鍵暗号方式**が開発されました。公開鍵暗号方式では、秘密の暗号鍵をやりとりする必要がありません。共通鍵暗号との大きな違いは、**復号する人が鍵を用意し、かつ、暗号化に使用するペアとなる2つの鍵がある**という点です。

暗号化は次のような流れで行います（**図5-15**）。暗号化する人はまず、復号する人の**公開鍵**を入手します。公開鍵はその名のとおり「公開されている鍵」であるため、メールなどのあまり安全でない方法で送っても問題ありません。暗号化する人は次に、平文とその公開鍵から暗号文を作ります。この暗号文は共通鍵暗

図5-15 公開鍵暗号方式

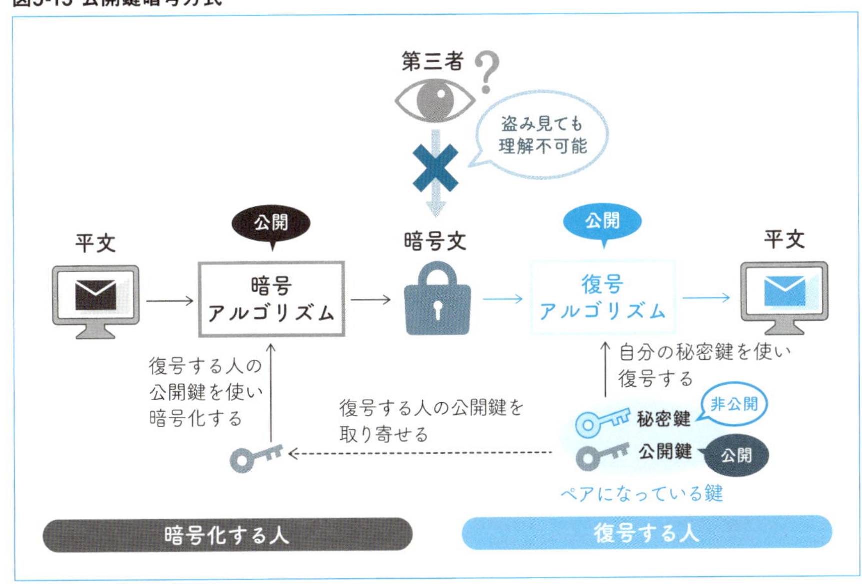

号方式と同じく、第三者が盗み見ても内容を理解できないものです。

暗号文を復号する人は、受け取った暗号文と、自分だけが知っている非公開の**秘密鍵**を使って平文を復元します。この秘密鍵は、暗号化で使用した公開鍵とペアになっているもので、ある公開鍵で暗号化した暗号文は、これとペアになる秘密鍵でなければ復号できない仕組みになっています。

秘密の情報を送らずに済むという意味

繰り返しになりますが、公開鍵暗号がもたらす最大の利点は「暗号化する人と復号する人の間で、秘密の暗号鍵をやりとりしなくてよい」という点です。これはすなわち鍵配送問題が起きないことを意味します（**図5-16**）。このことから「公開鍵暗号は暗号界における大発明」ともいわれています。

一連のやりとりで、鍵を引き渡す安全な手段は必要ありません。たとえ安全ではなくても、配送の手段さえあれば、必要なやりとりが済んでしまいます。

共通鍵暗号と組み合わせて利用

このように画期的な特長を備える公開鍵暗号方式ですが、実は、どうしても無視できない弱点があります。それは、このような暗号を実現しようとすると、計

図5-16 公開鍵を安全ではない手段で引き渡すイメージ

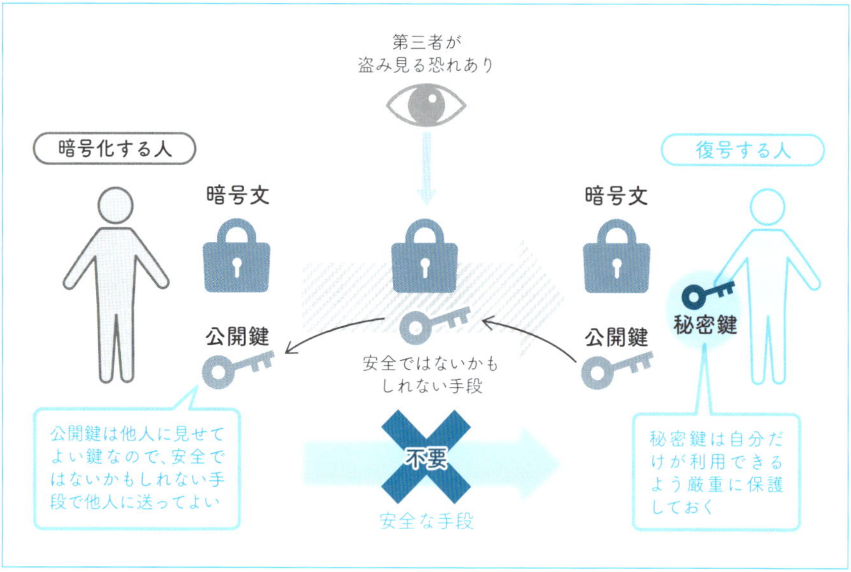

算量が非常に多くなってしまう、つまり処理が重くなってしまうという点です。この弱点は、高速で暗号化と復号をする用途に向かない（処理が間に合わない）、大量データの暗号化や復号に向かない（コンピュータの処理能力を浪費する）、といった使いづらさにつながります。

このような弱点を回避しながら、鍵配送問題とは無縁な公開鍵暗号方式の特長を生かせる素晴らしいアイディアが、賢人たちによって考え出されました。公開鍵暗号方式と共通鍵暗号方式を組み合わせて使うのです。

基本的な考え方は、共通鍵暗号方式の暗号鍵を公開鍵暗号方式でやりとりすることで鍵配送問題を回避し（ステップ1）、実際のデータの暗号化には計算量が少ない（処理が軽い）共通鍵暗号方式を使用する（ステップ2）というものです（**図5-17**）。

このような形で、最初の共通鍵のやりとりにだけ処理が重い公開鍵暗号を使い、それ以降は、処理が軽い共通鍵暗号で効率よくデータを送ることで、「共通鍵暗号方式での鍵配送問題」と「公開鍵暗号方式での処理の重さ」の2つが一気に解決します。この手法は**ハイブリッド暗号**と呼ばれ広く使われており、後ほど触れるSSL/TLSでも同様の考え方が用いられています。

図5-17 共通鍵暗号と公開鍵暗号を組み合わせて使う

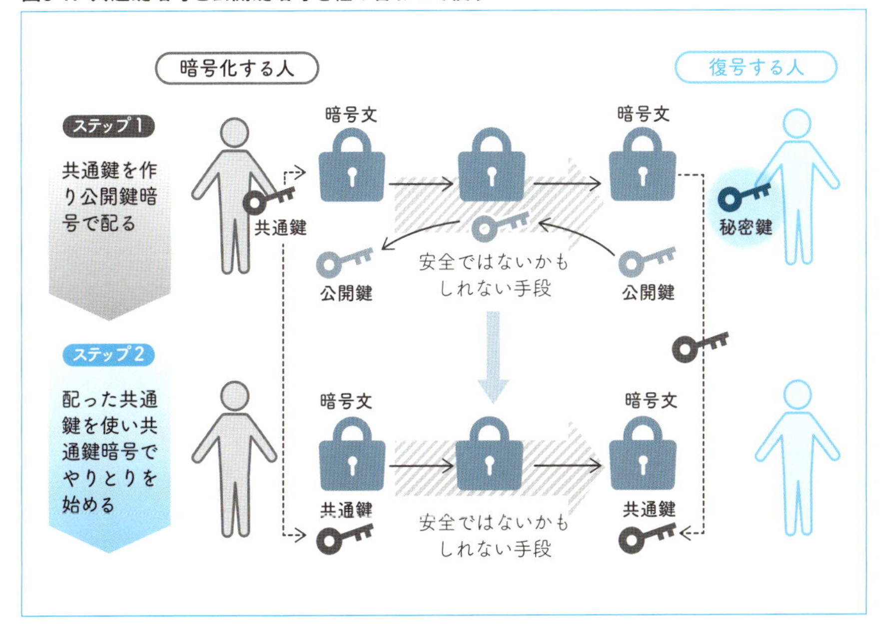

CHAPTER5
Security and Encryption

公開鍵の提供手段とPKI

公開鍵の安全な配布

公開鍵暗号によって、共通鍵暗号で問題となる鍵配送問題を回避できるようになりました。しかし公開鍵暗号であっても、直接、相手から公開鍵を受け取ることができない状況は少なからずあり、**その公開鍵が本当に本人のもので、内容も改ざんされていないことが担保されなければなりません。**

例えば、公開鍵暗号を利用するとき、その性質から**図5-18**のような状況が考えられます。これは、悪意を持った者Xが、自らの公開鍵をBさんの公開鍵と偽ってAさんに渡し、AさんがBさんに送ろうとした情報を手に入れるケースです。

このようなことを防いで、本人の公開鍵であることを確実にするための仕組みが**PKI（Public Key Infrastructure）**です。PKIでは、信頼できる第三者（**認証局**）

図5-18 ニセの公開鍵で秘密が漏洩するケース

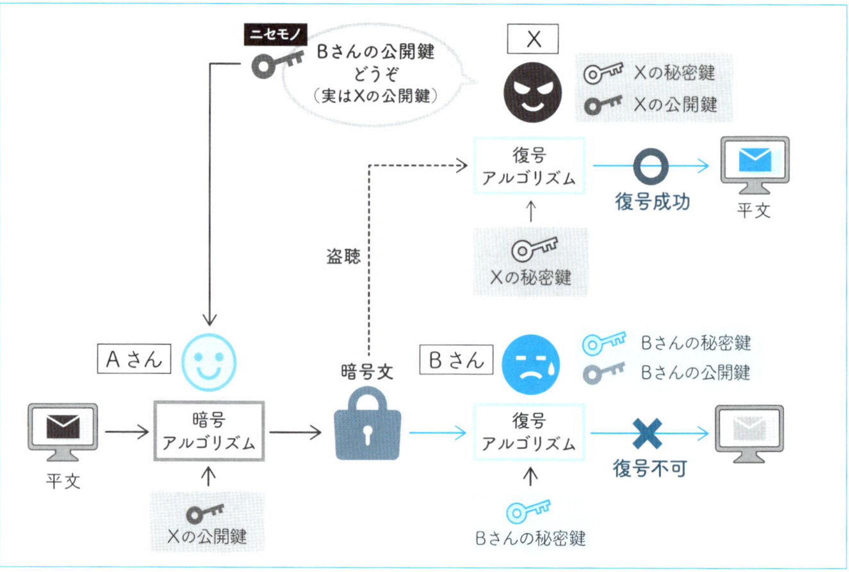

が、公開鍵の所有者や改ざんされていないことを担保します。その証明には電子署名（5章10参照）が用いられます。

PKIの仕組み

ある人やサーバが信頼できるかどうか判断することは簡単なことではありません。この命題に対しPKIでは**信頼する人が太鼓判を押す人は信頼できる**とする、人間くさい考え方で相手が信頼できるかどうかを図ります（**図5-19**）。

PKIでは、それを構成する要素に独特な名前が付いています。特に重要な位置を占めるのが「信頼できると太鼓判を押す人」で、これを**認証局（CA：certification authority）**と呼びます。認証局は大きく2つに分けられます。1つは、社会的な信頼などを根拠として、その太鼓判が最後の決め手になる人に相当するもの、別の言い方をすれば絶対的な信頼を持つ要素で、これは**ルート認証局**と呼ばれます。ルート認証局は、実世界での企業や組織が持つ信頼を基にして、PKIにおける信頼を確立します。そしてもう1つが、誰かの太鼓判によって信頼を得る人に相当するもの、別の言い方をすれば相対的な信頼を持つ要素で、これは**中間認証局**と呼ばれます。中間認証局は、ほかの上位の中間認証局、あるいは、ルート認証局から太鼓判をもらうことで、自身の信頼を獲得します。

ここで、ユーザーは秘密鍵と公開鍵のペアを持っており、そのうちの公開鍵を自分のものであることを示して第三者に公開することを望んでいるとします。**中間認証局が、ユーザーの公開鍵と所有者情報に電子署名をした証明書を発行すると、ユーザーの公開鍵と所有者情報に中間認証局から太鼓判が押されたことになります。**そしてさらに、中間認証局の公開鍵（同局が電子署名するときに使用す

図5-19 PKIでの信頼の考え方

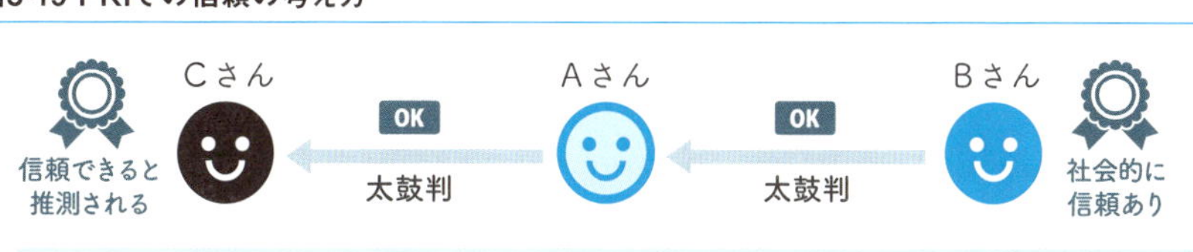

「この人（Cさん）は真っ当な人ですよ、とある人（Aさん）が太鼓判を押している。そうなのかと思うが、太鼓判を押した人（Aさん）がどんな人なのかわからない。さらに調べてみると、太鼓判を押した人（Aさん）は真っ当な人ですよ、と別の人（Bさん）が太鼓判を押している。そして、その人（Bさん）は社会的に信頼できる人である」
このようなときに、Bさんが社会的に信頼できる人であることを根拠に、Cさんは信頼できると推測するのがPKIの考え方

図5-20 証明書による公開鍵の正当性推測イメージ

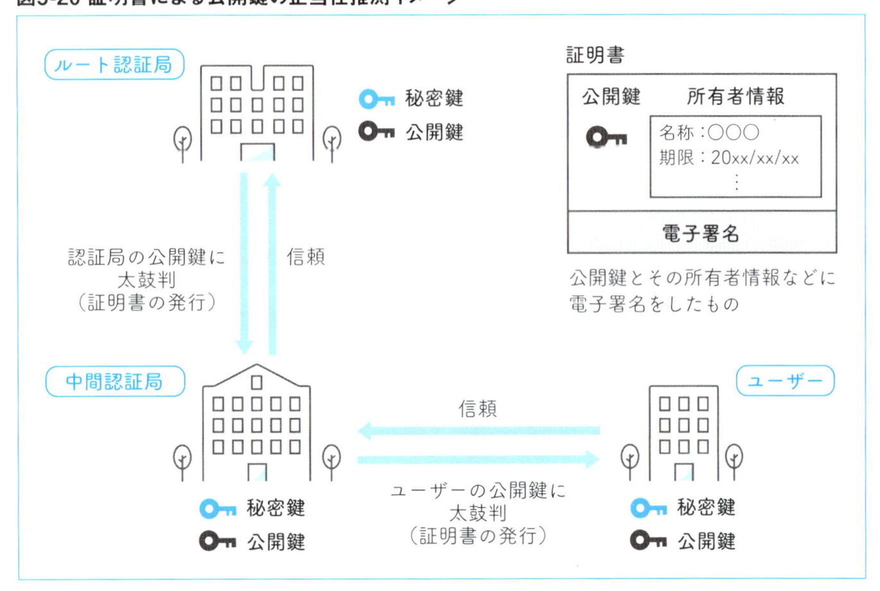

る秘密鍵とペア）と所有者情報に対して、ルート認証局が同様の証明書を発行すると、中間認証局の公開鍵と所有者情報はルート認証局から太鼓判を押されたことになります。ここでルート認証局が十分に信頼できるなら、このチェーンによって、ユーザーの公開鍵もまた確からしいと推測できます（**図5-20**）。

実際の証明書

SSL/TLS（HTTPS）で暗号化通信を行うWebサーバには、このような仕組みで検証される証明書が組み込まれていて、Webブラウザとの間で暗号化された通信をする際、それがブラウザへと送られてきます。そのときに送られてくるものには、Webサーバ自身の証明書のほかに、前図にあるような認証局のチェーンに沿って、上位の認証局の証明書が含まれています（**図5-21**）。

これを受け取ったWebブラウザは、各証明書が改ざんされていないか、本当に所有者のものかを、電子署名などを手がかりに検証します。チェーンになった各証明書に対してこれを繰り返し、そして、最も上位の証明書がブラウザに組み込まれているいずれかのルート認証局の証明書と一致することを確認したら、Webサーバの証明書は正当で、それに含まれる公開鍵は確からしいとみなし、それを使って暗号化通信にとりかかります*[1]。

図5-21 証明書のチェーン

公開鍵証明書1

証明対象の公開鍵が含まれている証明書

公開鍵　所有者情報
名称：先島 寿限無
期限：2030/12/31
⋮
電子署名

この公開鍵は間違いないと、大丈夫そうな人（株）ABCが太鼓判を押している

公開鍵証明書2

署名の検証に使用する公開鍵を含んだ証明書

公開鍵　所有者情報
名称：（株）ABC
期限：2030/12/31
⋮
電子署名

大丈夫そうな人（株）ABCの公開鍵は間違いないと、より大丈夫そうな人（株）DEFが太鼓判を押している

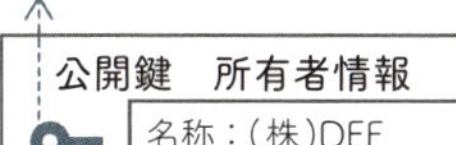

公開鍵証明書3

署名の検証に使用する公開鍵を含んだ証明書

この証明書が、ブラウザにあらかじめ組み込まれているルート認証局の証明書と一致するのを確認

公開鍵　所有者情報
名称：（株）DEF
期限：2030/12/31
⋮
電子署名

より大丈夫そうな人（株）DEFは、社会的に信頼されている人である（ブラウザ内蔵のルート証明書と一致）
つまり社会的に信頼されている人（株）DEFが太鼓判を押す人（株）ABCが太鼓判を押しているので、元の公開鍵は正当なものだと考えられる

COLUMN　証明書のチェーンを確認する

Web ブラウザで https:// から始まるサイトにアクセスしているとき、アドレスバーの鍵マークをクリックすることによって、そのアクセスで使われている証明書のチェーンを確認できます。

【Safari の例】

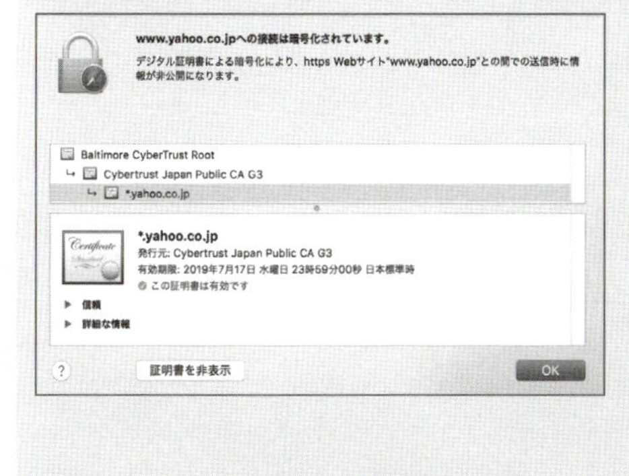

【Firefox の例】

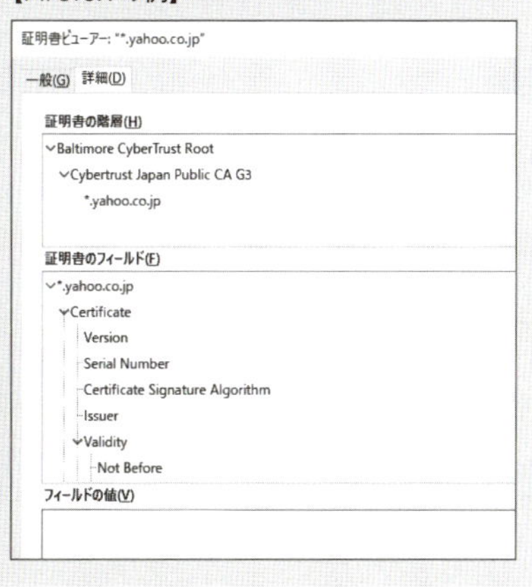

＊**1** ―実際に用いられる証明書は X.509 証明書と呼ばれ、その仕様は RFC 5280 に定められています。所有者情報には、サーバ名（CN）、部署名（OU）、法人名（O）、国名（C）などが入り、このほかに、証明書発行者、有効期限、署名アルゴリズムなどの情報も含まれます。

CHAPTER5
Security and Encryption

10 ハッシュ関数と電子署名

ハッシュ関数

暗号に関連して**ハッシュ関数**（別名ダイジェスト関数）が頻繁に用いられます。ハッシュ関数そのものは暗号アルゴリズムではなく**ある情報を与えると、その情報を基にした、一定の長さの要約値を作り出す**仕組みです。得られる要約値*1は関数の種類ごとに決められた長さ（例えば512ビット）になり、与える情報の長さにかかわらず、常に決められた長さの要約値が得られます（**図5-22**）。

単純な変換とハッシュ関数の違いは、得られる要約には与えた情報の内容が強く反映されている、つまり文字どおりに「要約」したものになっている、という点です。単純な変換でも、与える情報が変われば結果は変わりますが、ハッシュ関数では「与える情報がわずかでも違えば、得られる要約値はまったく違うものになる」という性質を持ちます。さらに「得られた要約値から、その要約値が得

図5-22 ハッシュ関数の動作

原文

暗号に関連してハッシュ関数（別名ダイジェスト関数）が頻繁に用いられます。ハッシュ関数そのものは暗号アルゴリズムではなく「ある情報を与えると、その情報を基にした、一定の長さの要約値を作り出す」仕組みです。

（文字コードはUTF-8と想定）

ハッシュ関数

要約値（メッセージダイジェスト）

4e0d1dbfe8f25582a65cf2d5a628fdd7a0fc7f0238dafb9f3ce6eb60597f60ee

（ハッシュ関数はSHA-256を使用）

＊1 ―要約値は、別名メッセージダイジェストともいいます。

られる元の情報を推測できない」という性質も併せ持っています。

ハッシュ関数は「長大な情報を固定長の要約値に変換する」のですから、必然的に、違う情報から同じ要約値が得られてしまうことがあります。その場合に「同じ要約値が得られる各々の原文は、類似したものではなく、まったく違うものになる」ことも求めらます。このような性質を持つ関数に、MD5、SHA-1、SHA-2（SHA-256、SHA-512など6つのバリエーション）などがあります（**表5-5**）*2。

ハッシュ関数は文書の改ざん検出に利用できます。例えば、通信中の改ざんの検出であれば、送信者は文書の要約値を作って保存しておいてから、その文書を受信者に送ります。文書を受け取った受信者は、受け取った文書の要約値を作ります。作った要約値と送信者が持っている要約値とを比較して、同一なら通信中の改ざんはなかったと判断できます。ここでのポイントは、送信者が保存しておいた要約値を、メールなどのあまり安全ではない方法を使って、書き換えなどが一切ない状態で、受信者は手に入れる必要があるという点です。別の安全な手段で要約値を送ることが可能なら、そもそも文書もその安全な手段で送ればよいですし、改ざんの恐れがある手段で文書と一緒に要約値を送ってしまっては、要約値そのものが書き換えられてしまう恐れがあり、改ざん検出が意味をなさなくなります。この解決には次に説明する電子署名を使用します。

表5-5 主なハッシュ関数

ハッシュ関数	要約値※1
MD5	b3243478663322cf1f29dfdf730572e5※2
SHA1	cb526d32ca93a596b0b5040b455e74e2e879d816
SHA256	4e0d1dbfe8f25582a65cf2d5a628fdd7a0fc7f0238dafb9f3ce6eb60597f60ee
SHA512	bdd5abd1f050e42612be2fa679467e4c4eb6bca8fce5d94191a80167778a8b77d4507f26abf8e45e7bc63350cb04e67319cf2f54399d67b40e2e9941521a4f92

※1 日本語の文章『暗号に関連してハッシュ関数（別名ダイジェスト関数）が頻繁に用いられます。ハッシュ関数そのものは暗号アルゴリズムではなく「ある情報を与えると、その情報を基にした、一定の長さの要約値を作り出す」仕組みです。』を文字コードUTF-8にして与えたときに、各ハッシュ関数で得られた要約値
※2 文末の「。」を除去すると、MD5の要約値は84a43bb6247912863aae3039a196ae43に変わり、上記と大きく異なった値になる。MD5以外のハッシュ関数も同様の特徴を持つ

*2 ―このうち、MD5とSHA-1は上記の性質が十分に保たれないことが判明し、それが偽造などの危険性につながることから、いまはもう使われなくなりました。

電子署名

電子署名は、改ざん検出のためのハッシュ関数の要約値を相手に安全に届けると同時に、文書の作成者が間違いなく名乗る本人であることを検証する技術です。電子署名では公開鍵暗号（5章08参照）を使います（**図5-23**）。

公開鍵暗号は、「送る人は受け取る人の公開鍵で暗号化し、受け取る人は自分の秘密鍵で復号する」タイプのものでしたが、ここで使用するのは「送る人は自分の秘密鍵で暗号化し、受け取る人は相手の公開鍵で復号する」タイプの公開鍵暗号です。両者は使い方が違うことから別種類の暗号といえますが、RSAと呼ばれる公開鍵暗号については両方の使い方ができます。

このような暗号を利用して、送信者は、文書本体と、文書から作った要約値を自分の秘密鍵で暗号化したもの、を相手に送ります。これらを受け取った受信者は、まず暗号化された要約値を送信者の公開鍵で復号し、送信者が作った要約値を取り出します。次に、受け取った文書本体から自分で要約値を作ります。そして、送信者が作った要約値と、自分が作った要約値を比べ、両者が同じ内容であれば、通信中の改ざんはなかったと判断します。

また、このときには「相手の公開鍵」で要約値を復号し、それと文書本体の要

図5-23 電子署名のイメージ

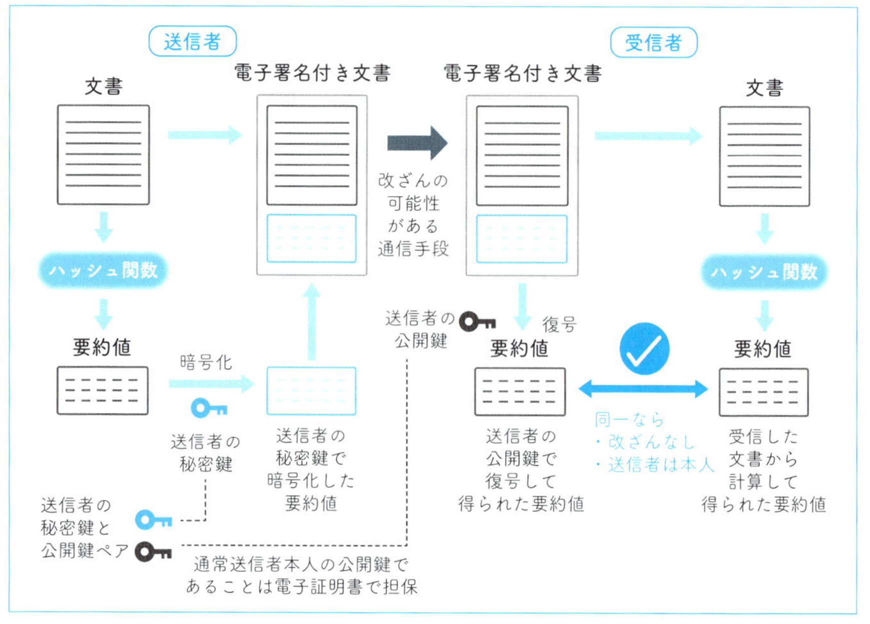

約値が一致して、改ざんがないと判断できる結果に至ったのですから、要約値の復号は当然正しく行われており、したがってその公開鍵の持ち主が文書の作成者その人だと特定できたと考えることができます。

ここで1つ、見逃してはならないのが、使用した「相手の公開鍵」が本当に送信者（文書作成者）のものか、という点です。この点が担保されないと、本人が作成したとの検証は成り立ちません。この点に関しては、実際の電子署名では、**文書本体、暗号化した要約値に加えて、作成者の公開鍵が入った作成者の電子証明書を付加する**ことで解決します。電子証明書はPKI（5章09参照）の仕組みを使ってそれが正当かどうか検証可能ですので、その検証にパスすることで証明書内の公開鍵が本人のものだと担保されることになります。

ハッシュ関数で要約値を作ってみよう

ハッシュ関数が返す要約値は、次に示す各種の方法で確認できます。与える原文を様々に変化させて要約値の変化を見ることで、ハッシュ関数への理解が一層深まるに違いありません。

1）Webサイトのツールを利用

検索エンジンで「ハッシュ関数 ツール」を検索すると、ハッシュ関数の種類ごとに要約値を計算できるページが多数見つかる

2）macOSのターミナルを利用（"と"で囲んだ文字列の要約値を得る）

文字列abcのMD5での要約値を計算

```
echo -n "abc" | md5 ↵
```

文字列abcのSHA256での要約値を計算

```
echo -n "abc" | shasum -a 256 ↵
```

3）Windowsのコマンドプロンプトを利用（指定したファイルの内容の要約値を得る）

```
certutil -hashfile 対象ファイル名 SHA256 ↵
```
[*3]

＊3 — SHA256の部分には、MD2、MD4、MD5、SHA1、SHA256、SHA384、SHA512を指定可能です。

CHAPTER5
Security and Encryption

11 代表的な暗号

暗号アルゴリズムのライフサイクル

暗号アルゴリズムは、新しい特徴を持つものが提唱される→それが認められて広く使われるようになる→何らかの脆弱性が見つかる、あるいは、より優れた暗号アルゴリズムが見つかるなどの理由から利用が避けられるようになる→やがて使われなくなる、というライフサイクルを経ます。このライフサイクルは暗号アルゴリズムによって、非常に長いこともあれば、短いこともありますが、いずれにせよ、同様な経緯をたどります。

このことは、**ある暗号アルゴリズムを使おうとするときには、それを使用し続ける間にわたり、その暗号アルゴリズムが安全と考えられるかどうか確認する必要がある**、ということを意味します。例えば、共通鍵暗号のDESは1970年代に米国政府で採用されて以降、標準暗号として世界的に広く使われていましたが、1990年代後半になると、その処理アルゴリズムに対する研究や暗号を破るために使うコンピュータの処理能力の向上（これを暗号の危殆化(きたいか)と呼びます）で、DESの安全性に疑問が持たれるようになり、代わりにDESの処理アルゴリズムを3回適用したTriple DESが使われるようになりました。その後、暗号強度、安全性、処理速度、柔軟性などに優れるAESが提唱され、現在ではこのAESが標準暗号の地位を得て、Triple DESを使うことはなくなりました。

暗号アルゴリズムを選ぶときは、このような背景を理解したうえで、最新の情報を参照して、どの暗号アルゴリズムがいつまで安全と考えられているかを確認する必要があります。ある時点で安全な暗号を見つけるのに、政府が発表する**電子政府における調達のために参照すべき暗号のリスト**を参照するのは1つの方法です。そこには、安全性と実装性能が確認されて、かつ、利用実績が十分なものや今後の普及が見込まれる暗号がリストアップされており、安全な暗号を探す際の目安になります。

暗号の種類と代表的なアルゴリズム

一般に、暗号およびそれに類するものの種類として、共通鍵暗号（5章07参照）、公開鍵暗号（5章08参照）、ハッシュ関数（5章10参照）の3つが挙げられます。それぞれについて、よく知られているアルゴリズムを**表5-6～5-8**に示します。なお、この表には2018年現在ですでに歴史的な役割を終えたものが含まれていて、それらは新たに用いるべきではありません。また前述のとおり、現在は利用されているものでも、未知の脆弱性の発見などによって使われなくなる可能性は十分にありますので、暗号の利用を検討するときは、最新の情報を参照してください。

なお、現在用いられる公開鍵暗号は、数学的な計算の困難さ（例：素因数分解）をもって暗号を破ることの難しさの根拠にしていますが、今後、量子コンピュータが開発されて計算速度が飛躍的に向上すると、それらは現実的な時間で計算できるようになり、暗号としての意味を持たなくなる（暗号が破られる）と考えられています。そのため量子コンピュータでも解読できない「耐量子計算機暗号」の研究が活発に進められています。

表5-6 各種の共通鍵暗号

種類	名称	説明	利用
64ビットブロック暗号*1	3-key Triple DES	安全でなくなったDESの改良版として登場。未来にわたり十分に強固とはいえず、3つの鍵を使うものに限って、2030年までならば使用が可能とされる	△
	DES	IBMが開発して米政府で採用された暗号。標準暗号として各分野で広く使われてきたが、現在では安全ではないとされる。1977年制定	×
128ビットブロック暗号*1	AES	Triple DESに代わる標準暗号として幅広く利用されている。内部処理にはRijndaelアルゴリズムを用いる。米NISTが公募して制定	○
	Camellia	処理能力が低いプロセッサでの処理や、ハードウェアでの実装に向き、AESと同等の安全性を持つとされる。NTTと三菱電機が開発	○
ストリーム暗号*2	KCipher-2	AESの7～10倍ともいわれる高速処理やリアルタイム処理が特長で、モバイル端末での利用などに向く。九州大学とKDDI研究所が開発	○
	RC4	RSAセキュリティ社が独自開発した暗号。WEP、WPA-TKIP、TLSなどに使われていたが、現在では安全ではないとされる。1987年開発	×

※「電子政府における調達のために参照すべき暗号のリスト（CRYPTREC 暗号リスト 平成 30 年 3 月 29 日版）」などを参考に作成

＊**1**―ブロック暗号は一定サイズのデータのかたまり（ブロック）を単位として暗号処理を行うもので、一般的なコンピュータ処理で幅広く使われています。
＊**2**―ストリーム暗号はビット単位やバイト単位で暗号処理を行うもので、音声ストリームの処理など特定の用途に用いられます。

表5-7 各種の公開鍵暗号

種類	名称	説明	利用
署名	DSA	電子署名に用いられる暗号で、離散対数問題の困難性を利用している。米NISTが標準化した	○
	ECDSA	DSAの改良版。電子署名に用いられる暗号で、楕円曲線上の離散対数問題の困難性を利用している	○
	RSA-PSS	素因数分解の困難性を利用し、ランダムオラクルモデルの下で安全性が証明されている電子署名向けの暗号	○
	RSASSA-PKCS1-v1_5	利用実績のある電子署名向けの暗号の1つ。安全性の証明はされていない。より堅牢なRSA-PSSへの移行が提唱されている	○
守秘	RSA-OAEP	広く知られるRSA暗号の1つ。素因数分解の困難性を利用する。安全性が証明されている	○
	RSAES-PKCS1-v1_5	SSL/TLSでの利用実績があるRSA暗号だが、安全性の証明はされていない。利用には注意を払うことが求められる	△
鍵共有	DH	鍵共有に用いられる暗号で、逆計算が難しい一方向性関数を利用している	○
	ECDH	楕円曲線を利用するようにDHを改良したもの。DHと同様、鍵共有に使用する	○

※「電子政府における調達のために参照すべき暗号のリスト(CRYPTREC 暗号リスト 平成30年3月29日版)」などを参考に作成

表5-8 各種のハッシュ関数

名称		ハッシュ値の長さ	説明	利用
MD5		128ビット(16バイト)	署名や改ざん検出に広く使われてきたが、脆弱性がみつかり現在では使われない	×
SHA-1		160ビット(20バイト)	MD5に代わるハッシュ関数として使われてきたが、脆弱性がみつかりSHA-256以上への移行が進んでいる	×
SHA-2	SHA-256	256ビット(32バイト)	SHA-1に代わる安全なハッシュ関数とされ、現在、使用が推奨されている。米NISTが2001年に制定	○
	SHA-384	384ビット(48バイト)		○
	SHA-512	512ビット(64バイト)		○

※「電子政府における調達のために参照すべき暗号のリスト(CRYPTREC 暗号リスト 平成30年3月29日版)」などを参考に作成

COLUMN　安全なWebページ閲覧に使われている暗号

インターネットは通信経路の途中で第三者が内容を盗み見ている可能性がゼロでないことから、お金を扱うインターネットバンキングや個人情報を扱うユーザー登録などの際は、通常、情報を暗号化してやりとりしています。また近年は「常時SSL化」が進み、やりとりする内容の機密性と関係なく、すべての情報のやりとりを暗号化する動きも進んでいます。このSSL（Secure Socket Layer）やTLS（Transport Layer Security）といった用語は、Webで暗号化を利用する仕組みの名称で、https:// で始まるURLにアクセスしたとき、この暗号化の仕組みが用いられます。

Webブラウザがどのような種類の暗号を使用しているか、確認してみましょう。いずれもhttps:// で始まるURLにアクセスした状態で操作します。なお、下の3つの画面に表示されている内容は「このサイトへの接続は、TLS1.2（強いプロトコル）、ECDHE_RSA with P-256（強い鍵交換）、AES_128_GCM（強い暗号）を用いて、暗号化と認証がなされている」という意味になります。

● **Internet Explorer**

Altキー押下でメニューを表示→［ファイル］→［プロパティ］を選択すると［接続］の項目に表示されます。

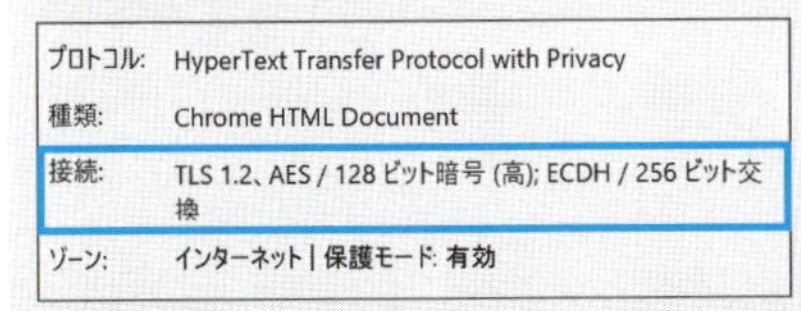

プロトコル:	HyperText Transfer Protocol with Privacy
種類:	Chrome HTML Document
接続:	TLS 1.2、AES / 128 ビット暗号 (高); ECDH / 256 ビット交換
ゾーン:	インターネット | 保護モード: 有効

● **FireFox**

アドレスバーの鍵をクリックし、［>］→［詳細を表示］を選択すると表示されます。

技術情報
接続が暗号化されています (TLS_ECDHE_RSA_WITH_AES_128_GCM_SHA256、鍵長 128 bit、TLS 1.2)
表示中のページはインターネット上に送信される前に暗号化されています。
暗号化によってコンピューター間の通信の傍受は困難になり、このページをネットワークで転送中に誰かにその内容をのぞき見られる可能性は低くなります。

● **Chrome**

Ctrl＋Shift＋Iキー押下でデベロッパーツールを表示し、［Security］タブを選択すると［Connection］の項目に英語で表示されます。

Security overview

This page is secure (valid HTTPS).

Certificate - valid and trusted

The connection to this site is using a valid, trusted server certificate issued by Cybertrust Japan Public CA G3.

View certificate

Connection - secure (strong TLS 1.2)

The connection to this site is encrypted and authenticated using TLS 1.2 (a strong protocol), ECDHE_RSA with P-256 (a strong key exchange), and AES_128_GCM (a strong cipher).

CHAPTER5
Security and Encryption

12 SSL/TLS

SSL/TLSの概要

SSL(Secure Socket Layer)と**TLS(Transport Layer Security)**は、アプリケーションとTCPの間に入って、通信内容の暗号化、改ざん検出、本人認証の機能を提供するプロトコルです。WebブラウザとWebサーバの間でのやりとり(HTTPS)のほか、メールの読み書き(SMTPs、POP3s、IMAP4s)や、ファイルサーバへのアクセス(FTPs)などにも使われており、インターネットなどの第三者による盗聴の可能性を否定できないネットワークで、安全な通信を実現するために用いられます(**図5-24**)。

図5-24 WebブラウザでのSSL/TLSの位置付け

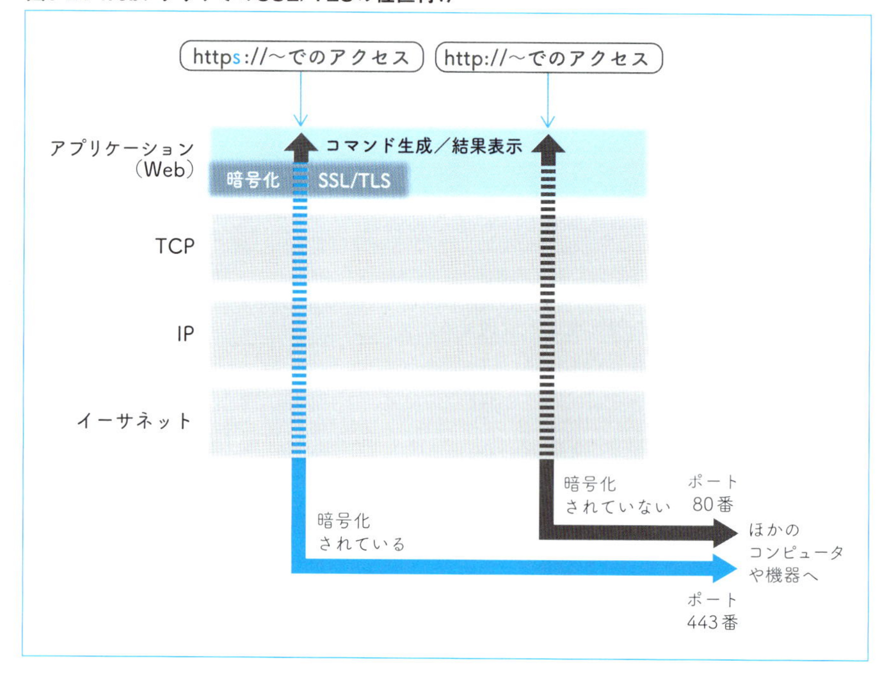

SSLとTLSは、よく似た作りをしています。もともとSSLは1994年にNetscape Communications社が独自仕様として開発し同社のブラウザに実装したものでした。そのSSLを基にして公開された形で、IETFにおいて標準化したものがTLSです。そのため、両者は多くの部分に共通点があります。ただし両者に互換性はありません。

2018年現在、SSLはすでに安全ではないとされ全バージョンとも使われておらず、TLSについても1.0と1.1は脆弱性が見つかり非推奨とされており、TLS 1.2以上の利用が推奨されています*1。多くの場合、使用するTLSのバージョンの範囲は、サーバやクライアントの設定で変更できます。

なお、両者はまとめて「SSL/TLS」と呼ぶほかに、より早く登場して広まっている名称を使って、単に「SSL」と呼ぶこともよくあります。

暗号スイート

暗号スイートは、TLSの暗号化で使われる、鍵交換方式、共通鍵暗号、メッセージ認証方式（MAC：Message Authentication Code）を組み合わせたもので、組み合わせごとに識別番号が付与されています。使用できる暗号スイートの種類は、ブラウザやサーバの種類、バージョン、設定などによって異なるため、通信を始める前にブラウザとサーバの間で使用する暗号スイートについて取り決めを交わします。

表5-9はWindows版のChrome（67.0.3396.99）がTLS 1.2でサーバとネゴシエーションする際に提示した暗号スイートです。ブラウザは優先順位を付けて自分が利用できる暗号スイートをサーバに提示し、サーバは自分も利用できる暗号スイートで、より優先順位の高いものを選択してブラウザに通知することで、使用する暗号スイートについて両者が合意します。

ブラウザがサーバに提示する暗号スイートは、ブラウザの設定画面などでの確認は困難ですが、ブラウザが提示した暗号スイートを分析して表示するサービスがインターネット上で提供されており、それを利用すると自分のブラウザがサーバに提示する暗号スイートを知ることができます。独ハノーバー大学の研究グループが提供する「SSL Cipher Suite Details of Your Browser」（https://cc.dcsec.uni-hannover.de）はその1つで、**表5-9**の暗号スイートは同サイトでの調査結果を示しています。

＊1 ―TLS 1.2とTLS 1.3の比較では、より新しいTLS 1.3において、安全でない暗号アルゴリズムの廃止、セッション確立手順やセッション再開手順の変更などが行われ、安全性がさらに高まっています。これを受けて、TLS 1.2からTLS 1.3への移行が徐々に進んでいます。

表5-9 ブラウザが提示する暗号スイートの例（TLS 1.2）

優先順位	識別番号	暗号スイート名	鍵長	説明
高	c02b	ECDHE-ECDSA-AES128-GCM-SHA256	128ビット	鍵交換: ECDH, 暗号化: AES, メッセージ認証: SHA256
	c02f	ECDHE-RSA-AES128-GCM-SHA256	128ビット	鍵交換: ECDH, 暗号化: AES, メッセージ認証: SHA256
	cca9	ECDHE-ECDSA-CHACHA20-POLY1305-SHA256	256ビット	鍵交換: ECDH, 暗号化: ChaCha20 Poly1305, メッセージ認証: SHA256
	cca8	ECDHE-RSA-CHACHA20-POLY1305-SHA256	256ビット	鍵交換: ECDH, 暗号化: ChaCha20 Poly1305, メッセージ認証: SHA256
	c02c	ECDHE-ECDSA-AES256-GCM-SHA384	256ビット	鍵交換: ECDH, 暗号化: AES, メッセージ認証: SHA384
	c030	ECDHE-RSA-AES256-GCM-SHA384	256ビット	鍵交換: ECDH, 暗号化: AES, メッセージ認証: SHA384
	c013	ECDHE-RSA-AES128-SHA	128ビット	鍵交換: ECDH, 暗号化: AES, メッセージ認証: SHA1
	c014	ECDHE-RSA-AES256-SHA	256ビット	鍵交換: ECDH, 暗号化: AES, メッセージ認証: SHA1
	002f	RSA-AES128-SHA	128ビット	鍵交換: RSA, 暗号化: AES, メッセージ認証: SHA1
	0035	RSA-AES256-SHA	256ビット	鍵交換: RSA, 暗号化: AES, メッセージ認証: SHA1
低	000a	RSA-3DES-EDE-SHA	168ビット	鍵交換: RSA, 暗号化: 3DES, メッセージ認証: SHA1

※ Windows版のChrome（67.0.3396.99）がサーバに提示した暗号スイートの一例

TLSでのやりとり

TLSでは、いくつかのプロトコルが定義されていますが、そのうちハンドシェイクプロトコルは暗号化のために必要な情報を交換するためのプロトコルです。そして、その情報に基づいて、レコードプロトコルにより暗号化したデータを運びます。

図5-25は、TLS 1.2でハンドシェイクプロトコルにより新セッションを確立するときのやりとりの一例です。まず、使用するTLSのバージョンや暗号スイートがクライアントからサーバに提示され、サーバは使用する暗号スイートを決定してクライアントに通知します。その後、サーバとクライアントが証明書および必要な情報を交換します。そして、交換した情報に基づいて、暗号化された通信に移行します。

図5-25 新セッション確立時のやりとりの一例（TLS 1.2）

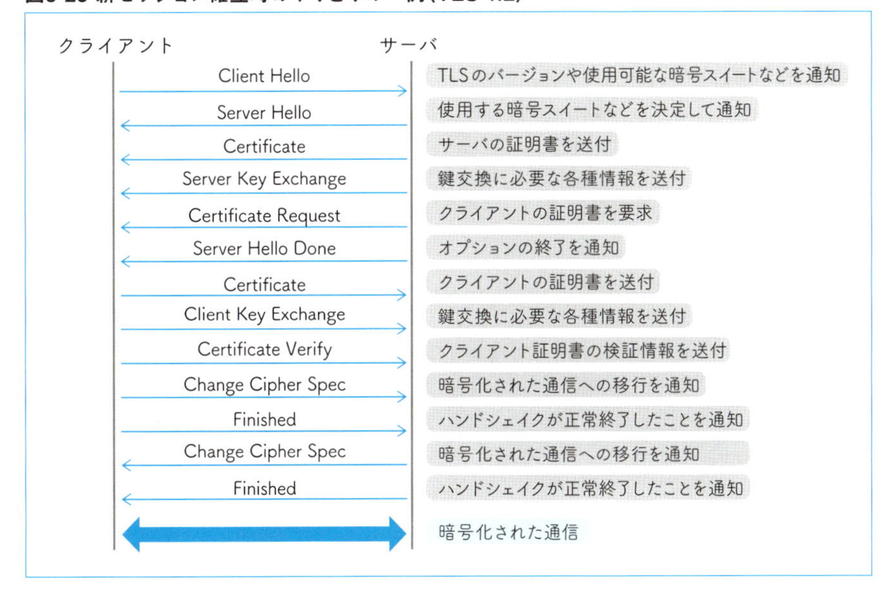

・TLSのバージョンを指定する方法

使用するTLSのバージョンを指定する方法はブラウザにより異なり、またブラウザによって指定できないものがあります。

Internet Explorer/Edge

1. コントロールパネル→［インターネットオプション］を開く
2. ［詳細設定］タブの［設定］の中にある［セキュリティ］の項目のチェックボックスで、使用を許可するTLSのバージョンにチェックを付けて［適用］をクリック

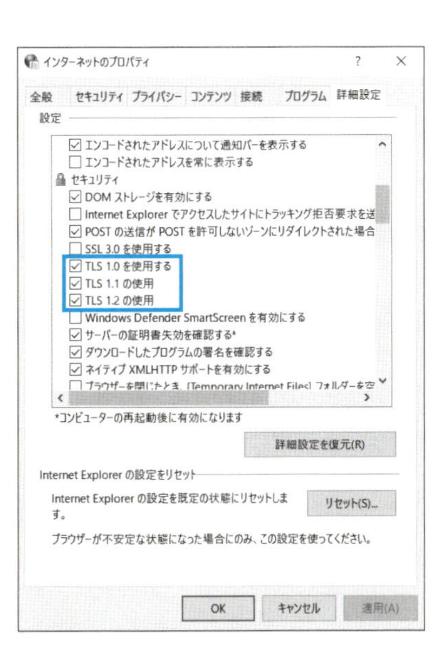

Firefox

1. アドレスバーに「about:config」と入力して Enter キーを押す。警告が出てもそのまま進める
2. 検索欄に「tls」と入力し、リストに表示される［security.tls.version.max］をダブルクリック
3. ダイアログに使用を許可する TLS の最も高いバージョンを表す値を入力して［OK］をクリックする。バージョンを表す値は、TLS 1.2 なら「3」、TLS 1.3 なら「4」を指定する

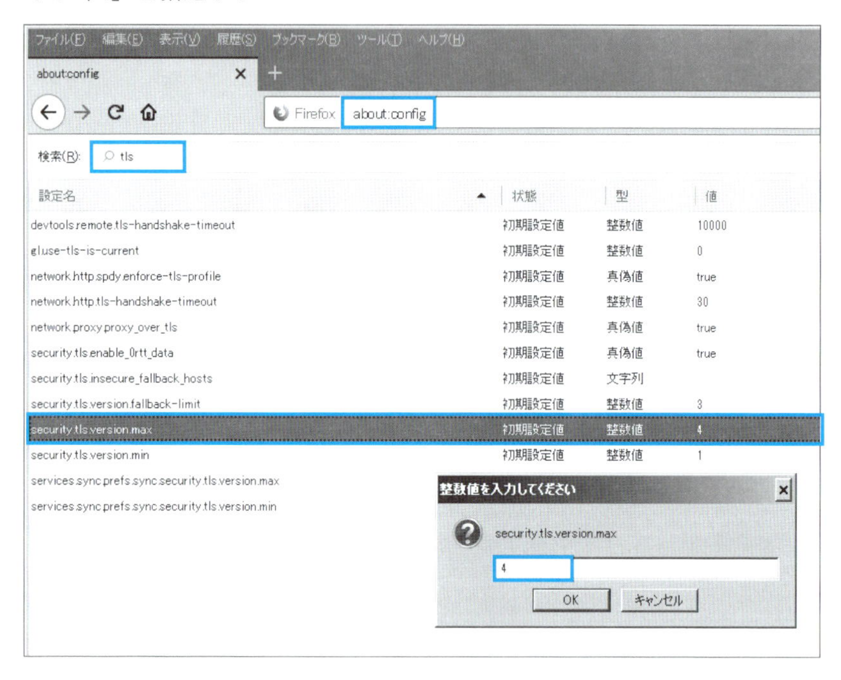

COLUMN　常時 SSL

SSL/TLS を使うには認証局（CA）が発行する証明書が必要ですが、それは決して安いものではなく、個人ではなかなか手が届きにくいものでした。ところが近年になって「Let's Encrypt」という認証局が無料で証明書の発行を始め、誰でも手軽に SSL/TLS を使える環境が整ってきました。この流れを受け、いま Web サーバの常時 SSL 化（機密性を要するものだけでなく、すべての通信を暗号化すること）が急速に進んでいます。

CHAPTER5
Security and Encryption

13 SMTPs、POP3s、IMAP4s

機能の概要と必要な理由

メールの送受信のための主要なプロトコルに、SMTP（PCからサーバへのメール送信、サーバ間のメール転送）、POP3（サーバからPCのメールボックスへのメール取り込み、メールは主にPCに蓄積）、IMAP4（サーバにあるメールボックスの操作、メールは主にサーバに蓄積）があります。

それぞれのプロトコルは、初めに正規ユーザーかどうかを確認するための認証を行った後、実際のメールのやりとりを開始します。SMTPについては、昔は認証なしでメール送信できていましたが、迷惑メール送信の踏み台として無断利用されるケースが後を絶たず、POP before SMTPと呼ばれる方法を経て、現在はSMTP AUTHと呼ばれる方法で、送信者の認証が行われています。

これらはインターネットの黎明期から長らく使われてきた歴史あるものですが、その分、**認証に対する考え方が古く、いまとなっては危険と考えられる方法**が用いられています。具体的には、IDやパスワードを平文のままでネットワークに流す（POP3、IMAP4）、欠陥のあるハッシュ関数MD5を使っている（POP3のAPOP、SMTPのSMTP AUTH）などの問題があります。これらをそのまま使っていると、通信を盗聴されてしまったときに、前者は何もしなくても、後者も解析を経ることで、IDとパスワードが盗まれる恐れがあります。

また、認証以外の問題として、メール本文や添付ファイル（以下、「メール本文など」）が平文のままでやりとりされる点にも注意しなければなりません。冒頭で紹介した各プロトコルは、**メール本文などを平文のままでやりとり**します。そのため、メールをやりとりする通信を盗聴した人は、メールの内容をそのまま読めてしまいます。従来から、機密性の高い情報はメールで送るべきではないといわれてきたのは、このような理由があるからです。

これらの問題点について特に気をつける必要があるとされるのは、公衆無線LANサービスを利用するときです。スマートフォンの普及で、いまや街中のいたるところで公衆無線LANサービスが提供されていますが、接続するときに共有鍵（パスフレーズ）を求められない無線アクセスポイントでは電波に乗せた情報が暗号化がされておらず、専用のツールを使うことで盗聴が可能です。このような通信環境では、前述のような弱点が原因となって、IDやパスワードが盗まれたり、メール本文などを盗み見られたりする危険性が高まります。

安全にメールを利用するためのプロトコル

前項のような問題点を解決する方法として、サーバとのやりとりをすべて暗号化し、万一盗聴されても、認証のためのやりとりや、メール本文などのやりとりの内容がわからないようにするプロトコルが普及しています。これらのプロトコルは、暗号化にHTTPSと同じSSL/TLSの仕組みを用いており、**SMTPs**、**POP3s**、**IMAP4s**といった名前で呼ばれます。

各プロトコルでは、SSL/TLSとの組み合わせ方に関して、2つの方法が用意されています。1つは最初からSSL/TLSによって暗号化された形で通信を行うもので、やりとりするコマンドやレスポンスは、もともとのプロトコルのそれに従います。この方法では、元のプロトコルと区別できるよう、別のポート番号が割り当てられます（例：POP3は110番、POP3sは995番）（**表5-10**）。

表5-10 メール関連プロトコルの暗号化方式と使用ポート番号

暗号化なし

プロトコル名	ポート番号
SMTP（サーバ→サーバ）	25
SMTP（PC→サーバ）	587（※）
POP3	110
IMAP4	143

暗号化あり

プロトコル名	ポート番号	
	STARTTLS方式	常時暗号化
SMTPs（サーバ→サーバ）	25	－
SMTPs（PC→サーバ）	587（※）	465（※）
POP3s	110	995
IMAP4s	143	993

※無断利用による迷惑メールの大量送信を防ぐため、通常はユーザー認証が求められる

もう1つの方法は、もともとのプロトコルを拡張して「暗号化通信に切り替える」という意味のメッセージを付け加えるものです。非暗号化のままで通信を開始し、その途中で片方が暗号化通信への切り替えを提案し、相手がそれに同意したら、それ以降はSSL/TLSで暗号化したやりとりに切り替えるという動作をします（**STARTTLS方式**）。この方法では、通常、元のプロトコルと同じポート番号を使用します。

前者の方法は、必ず暗号化された通信を行うため、常に一定の安全性が保たれることが特徴です。しかし、接続するすべての端末が暗号化機能に対応している必要があり、また、すべての端末で専用のポート番号を指定する必要があります。これに対し後者の方法は、対応端末なら暗号化通信に切り替わり、そうでなければ非暗号通信を続けます。そのため、**安全なやりとりが可能かどうかは端末の対応状況によって変わります。**なお、使用ポートは従来と同じであるため、端末の設定を変更する必要はありません。これらメール関連プロトコルの具体的な通信手順は**表5-11**のRFCで規定されています。

セキュリティを重視する企業や団体などでは前者を、より多くの人に安全な通信を提供しようと考えるインターネットサービスプロバイダでは前者と後者の両方を採用するケースが多いようです。

表5-11 メール関連プロトコルを定義するRFC

プロトコル名	定義するRFC	
	全般的な仕様	STARTTLS拡張
SMTP	RFC 5321	RFC 3207
POP3	RFC 1939	RFC 2595
IMAP4	RFC 3501	

※改訂や更新などの最新情報はインターネットを参照のこと

暗号化する範囲

SMTPs、POP3s、IMAP4sは、それが適用される部分について、メールの送信や読み出しを安全にします。しかし、メールの配送経路全体で見たときに、すべての部分でこれらが適用されるとは限らず、そのため、メール送信元のユーザーが使うコンピュータからメール宛先のユーザーが使うコンピュータまで、エンド

図5-26 メール配信経路と使用プロトコル

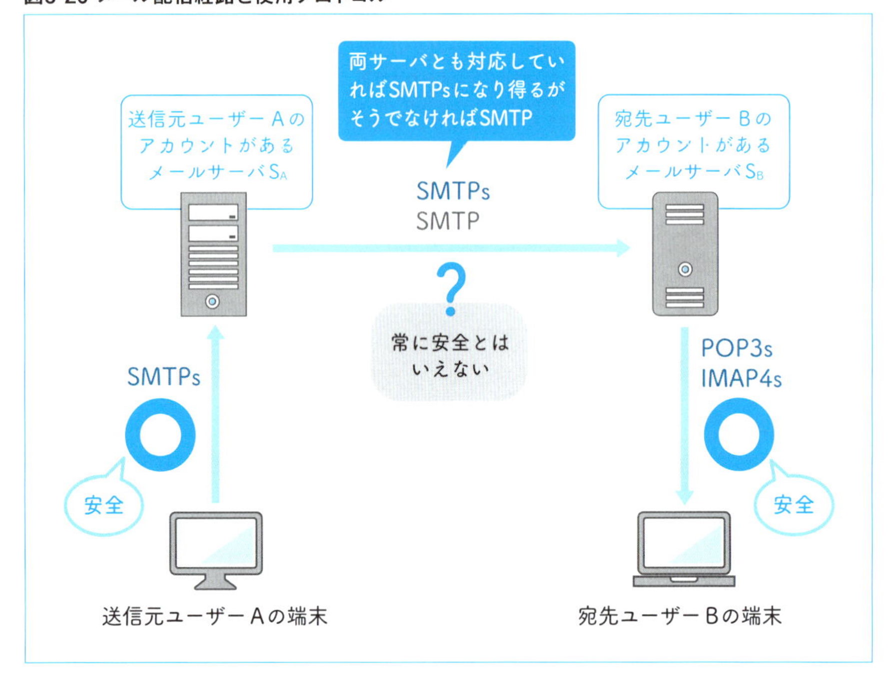

ツーエンドの安全性までは保証されません。

図5-26は典型的なメール配送経路を示すものです。このうち、送信元ユーザーAの端末で作成したメールが同ユーザーがアカウント（利用資格）を持つメールサーバS_Aに転送される部分と、宛先ユーザーBがアカウントを持つメールサーバS_Bから同ユーザーの端末にメールを読み込む部分は、暗号化されたプロトコルを使って安全にやりとりできます。問題になるのはメールサーバS_Aから同S_Bへのメールの転送です。この部分はSMTPやSMTPsが使われますが、現状では一部のメールサーバだけがSMTPs（STARTTLS）に対応しており、この部分の転送は安全でないと考える必要があります。

もし送信元ユーザーの端末から宛先ユーザーの端末まで、エンドツーエンドで暗号化したい場合は、**メール自体を暗号化するS/MIMEやPGP**などを使用します。

CHAPTER5
Security and Encryption

14 VPN

ネットワークの中にネットワークを作るVPN

VPN（Virtual Private Network） は、あるネットワークの中に、別のプライベートなネットワークを仮想的に作り出す技術です。VPNによって1つのネットワークの中に個別の仮想的なネットワークを用意することで、各ユーザーはあたかもそこに自分専用のネットワークがあるかのように通信を行うことができます。

VPNが普及する以前は、ある地点とある地点の間でプライベートな通信を行うには、**専用線**と呼ばれる通信事業者が提供する通信サービスを利用する必要がありました。専用線は、通信を行う地点間へ物理的に銅線や光ファイバの回線を設け、それをユーザーが独占的に利用するため、機密性が高く、また故障率も低くなるよう保守されますが、回線使用料は非常に高額になります。

VPNを用いると、この専用線に近いものを、インターネットなどの共用ネットワークの中に仮想的に作り出すことができます（**図5-27**）。専用線は物理的に回線を設けるため設置と廃止に一定の工事が必要ですが、VPNではその必要がなく、

図5-27 VPNの代表的な利用イメージ

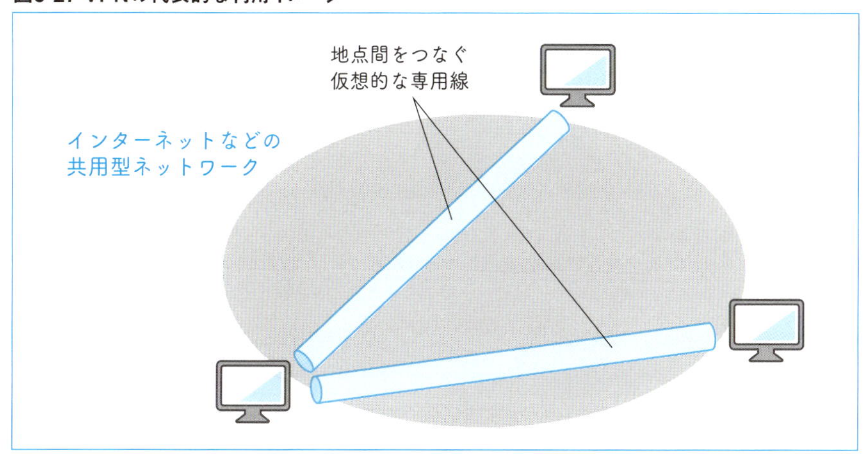

回線の増減も簡単でコストも安いという長所を備えています。一方で、実際の通信速度が共用型ネットワークの混み具合に左右される、仮想的な回線を作り出すための処理が通信速度を低下させる方向に作用する、などの短所があります*1。

トンネリングとカプセル化

VPNには**トンネリング**が用いられます。トンネリングはネットワークの中に別の通信路を設ける技術であり、その両端同士は直接接続しているかのように通信が行えます。このトンネリングを実現するための手段の1つが**カプセル化**です。

通信プロトコルが定義するパケット（データをやりとりするときの最小単位）は、通信をコントロールするための情報を格納したヘッダと、実際に送るデータを格納したペイロード（データ部）で構成されます。プロトコルで上位に位置する層のパケットは、それ全体が、下位に接する層のペイロードに格納され、これを繰り返して最終的にネットワークへ送り出す情報が作り上げられます。このように、**上位層のパケット全体を、下位層のペイロードに入れて、下位層のヘッダを付けてやりとりすることを、カプセル化と呼びます**（**図5-28**）。

トンネル利用時のカプセル化の例を**図5-29**に示します。土台となるネットワークの通信を処理するプロトコルの上に、トンネルを作り出すプロトコルを乗せ、そのトンネルに通常の通信を通す、という構成です。さらに、土台となるネット

図5-28 カプセル化の概念

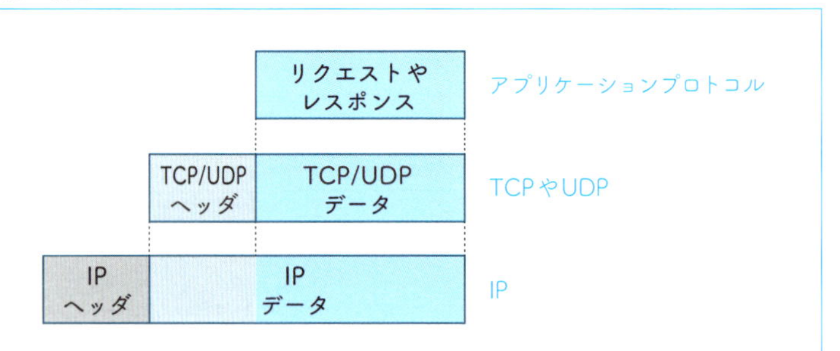

このように作られたIPパケットは、必要に応じてIPフラグメンテーション（ネットワーク媒体が規定するデータサイズ（MTU：Maximum Transmission Unit）に収まるよう、一定のルールでパケットを分割すること）された後、先頭にイーサネットのヘッダ、末尾にFCS（フレームチェック情報）が付加されてネットワーク媒体へと送出される

＊**1** ―インターネットのような機密性が十分でない共用ネットワークでVPNを利用する場合には、十分な機密性を得るために暗号技術を併用します。

図5-29 トンネル利用時のプロトコルの組み合わせ例

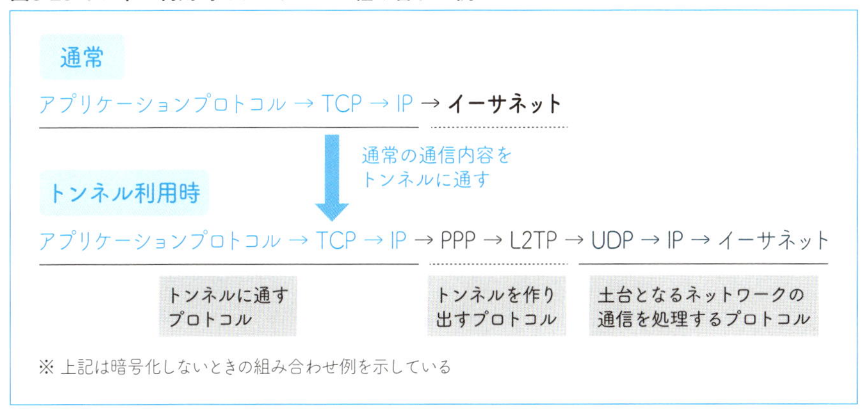

ワークに暗号化のためのプロトコルを付け加えると、第三者にはのぞき見ることが困難なトンネルを作ることが可能になります。

VPNの種類

VPNは、使用するネットワークの種類、対応するレイヤ、暗号化方式などの違いによって分類されます（**表5-12**）。

表5-12 VPNの種類

ネットワークの種類	インターネットVPN	インターネットの上に作る。暗号化が不可欠
	IP-VPN	通信事業者の閉域網などに作る。暗号化せずにトンネルだけ用いることも多い
レイヤ	L3VPN	IPパケットに代表されるレイヤ3（L3）の情報をトンネルで転送する
	L2VPN	イーサネットフレームに代表されるレイヤ2（L2）の情報をトンネルで転送する。遠く離れた拠点同士がイーサネットを直接つないでいるかのような状況が作れる
暗号化方式	IPsecVPN	暗号化方式にIPsecを使用。通信速度は比較的速い
	SSLVPN	暗号化方式にSSL/TLSを使用。専用機器や専用ソフトなしにブラウザから使えるため利用のハードルが低い

VPNに用いられるプロトコル

トンネルを作り出すプロトコルにはPPTP（マイクロソフトが中心となり策定）、L2F（シスコシステムズが策定）、L2TP（PPTPとL2FをベースにIETFが策定）などがあり、このうち**L2TP**が主に使われます。L2TP自身は暗号化の機能を持

図5-30 L2TPデータパケットの構造

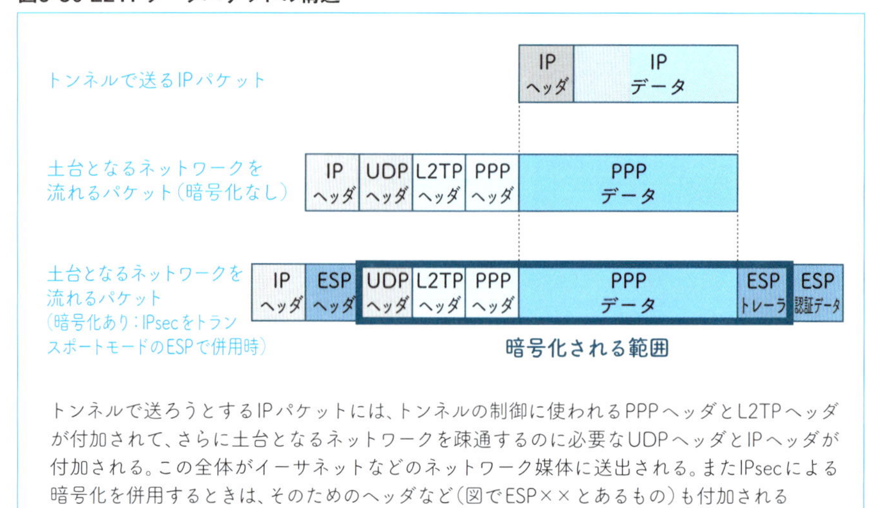

トンネルで送ろうとするIPパケットには、トンネルの制御に使われるPPPヘッダとL2TPヘッダが付加されて、さらに土台となるネットワークを疎通するのに必要なUDPヘッダとIPヘッダが付加される。この全体がイーサネットなどのネットワーク媒体に送出される。またIPsecによる暗号化を併用するときは、そのためのヘッダなど（図でESP××とあるもの）も付加される

たないことから、インターネットVPNでは暗号化機能を持つプロトコルIPsecと組み合わせて、**L2TP/IPsec**として用いられるのが一般的です（**図5-30**）。L2TPは新バージョンであるL2TPv3からイーサネットのフレームをそのままVPNに流す機能が加えられています。このほか、オープンソースのVPNソフトウェアとしてOpenVPNやSoftEther VPNが開発されており、Linuxほか各種UNIX、macOS、Windowsなどで利用できます。

IPsecの概要

IPsec（Security Architecture for Internet Protocol）は、IPパケット（ネットワーク層、L3）のレベルで暗号化や改ざん検出を行うためのプロトコルです。上位のプロトコルが暗号化に対応していない場合も、IPsecと組み合わせることで安全な通信が行えます。またIPsecはトンネリングプロトコルの一種でもあります。ただ、トンネルで取り扱えるのがIPパケットに限られることから、幅広いプロトコルに対応できるようL2TPと組み合わせて用いられることがよくあります。

IPsecで用いられる主要なプロトコルとして、IKE、ESP、AHが挙げられます。**IKE（Internet Key Exchange protocol）**は、SA（Security Association）と呼ばれる安全に通信できるペアの確立に当たり、鍵などの情報を交換するためのプロトコルです。IKEv1とIKEv2があります。

ESP（Encapsulated Security Payload）は、SAを確立したペアが、ペイロード（データ）の部分を暗号化して通信を行うためのプロトコルです。暗号化のほか、改ざん防止機能も兼ね備えています。IPsecを暗号化に用いるときは、このプロトコルを使用します。

AH（Authentication Header）は、暗号化の機能は備えておらず、改ざん防止機能だけを提供するプロトコルです。暗号化と改ざん防止が可能なESPがありながらAHが定義されているのは、暗号の利用に制限がある国家を考慮しているためです。

また、IPsecにはトンネルモードとトランスポートモードの2つの動作モードがあります。トンネルモードは、ゲートウェイ（IPsec機能を備えたルータなど）同士で暗号化トンネルを作り、そこにIPパケットを流すモードで、流そうとするIPパケット全体が暗号化されます。一方、トランスポートモードは、主にクライアントとゲートウェイとの間で暗号化トンネルを作るのに用いられ、IPパケットのうちデータ部分が暗号化され、ヘッダ部分は平文のままルーティングなどに使われます。

L2TP/IPsec VPNへの接続設定の例

事前共有鍵、ユーザー名、パスワードを使って、L2TP/IPsec VPNに接続するクライアントの設定例を紹介します。なお、VPNには様々な設定のバリエーションがあるので、実際に設定するときはシステム管理者などに確認してください。

・Windows 10での手順

1 スタートボタン→［設定］⚙→［ネットワークとインターネット］→［VPN］と進み［VPN接続を追加する］をクリック

2 次のように設定する

- ［VPNプロバイダー］は［Windows（ビルトイン）］を選ぶ
- ［接続名］には覚えやすい名前を指定する
- ［サーバー名またはアドレス］に接続するVPNサーバの名前かアドレスを指定する
- ［VPNの種類］は［事前共有キーを使ったL2TP/IPsec］を選択する
- ［サインイン情報の種類］は［ユーザー名とパスワード］を選ぶ
- ［ユーザー名］と［パスワード］の各欄に所定のユーザー名とパスワードを入力

3 ［保存］をクリック

4 保存後、［VPN接続を追加する］の下に表示される接続名をクリックすると VPNに接続できる

左画面の続き（下スクロールした状態）

・macOSでの手順

1 ［システム環境設定］→［ネットワーク］を開き［+］をクリック

2 次のように設定する

・［インターフェイス］は［VPN］を指定する

・［VPNタイプ］は［L2TP over IPSec］を指定する

・［サービス名］に覚えやすい名前を入力する

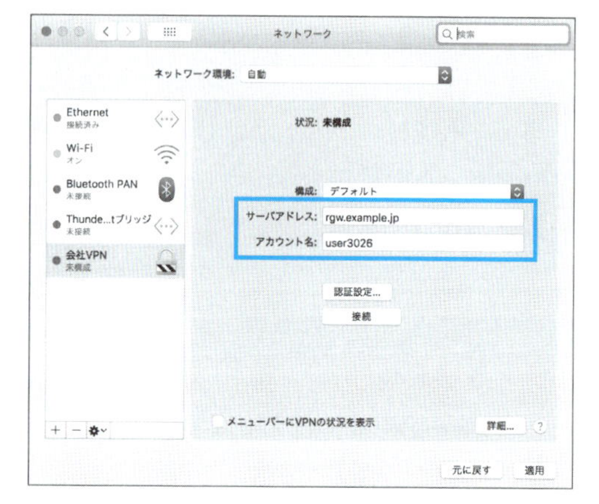

・［サーバアドレス］にVPNサーバの名前かアドレスを指定する

・［アカウント名］にログイン名を入力する

3 ［認証設定］ボタンをクリックすると開くダイアログの［パスワード］にパスワード、［コンピュータ認証］に事前共有鍵を、それぞれ入力し［OK］をクリックし、さらに［適用］をクリック

4 適用後、同じ画面の［接続］をクリックするとVPNに接続できる

CHAPTER6

無線 LAN の基礎知識

Wireless LAN Basics

知れば知るほど奥深い無線の世界。この章では、そんな無線LANの上手な活用をめざして基礎から最新技術まで幅広く学びます。

本章のキーワード

・変調 ・復調 ・周波数 ・波長 ・マルチパス
・フェージング ・チャネル幅 ・2.4GHz 帯 ・5GHz 帯
・W52 ・W53 ・W56 ・シャノン = ハートレーの定理
・多値変調 ・シンボル ・QAM ・1 次変調 ・2 次変調
・直交周波数分割多重 ・スペクトラム拡散 ・ビーコン
・アソシエーション ・SSID ・ローミング ・MIMO
・ストリーム ・ビームフォーミング ・WPA ・WPA2
・TKIP ・AES ・信号強度

CHAPTER6
Wireless
LAN
Basics

01 押さえておきたい無線通信の基本要素

無線通信を構成する機器

無線通信とは、電波を媒体に用いて行う通信のことを指します。無線通信は一般的に**図6-1**に挙げる機器を用いて行います。図中の**高周波信号**とは電線の中を流れる交流の電気信号で、電波のもとになるものです。これを適切なアンテナに供給するとアンテナから空間に電波が放出されます。また、空間に放出された電波が届くところにアンテナを置くと、アンテナに接続した電線に微弱な高周波信号が得られます。これは送信した高周波信号に相当するもので、これを増幅（信号を強めること）することで、送信機が送信した高周波信号に近い信号が得られます。

無線通信は、電波が遠方に届くだけでは意味がありません。その電波に情報を乗せ、情報を遠方に届けることができて初めて、その意味を持ちます。この目的を果たすため、通常、アンテナに供給する高周波信号、ひいてはアンテナから放出される電波には、伝えたい情報が乗せられています。**電波のもととなる高周波**

図6-1 電波を使った通信で用いられる機器や用語

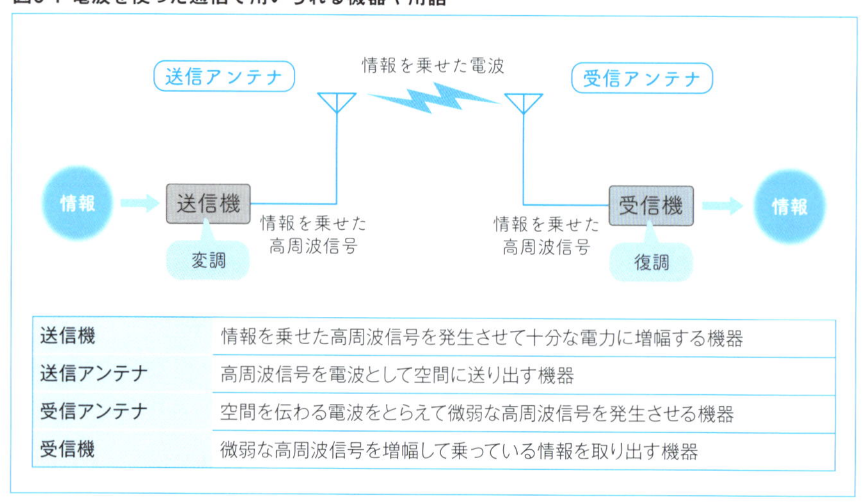

送信機	情報を乗せた高周波信号を発生させて十分な電力に増幅する機器
送信アンテナ	高周波信号を電波として空間に送り出す機器
受信アンテナ	空間を伝わる電波をとらえて微弱な高周波信号を発生させる機器
受信機	微弱な高周波信号を増幅して乗っている情報を取り出す機器

信号に情報を乗せることを「変調」といいます。また逆に、**電波に乗っている情報を取り出すことを「復調」**といいます（6章05参照）*1。

送信電力と法律

最も単純な送信アンテナから送り出される電波は、**送信アンテナからの距離の2乗に比例して弱くなります。**これは、送信された電波が球状に広がり、その球の表面積が$4\pi r^2$となることに起因します。これに加えて、電波は途中の障害物や各種の伝搬損失の影響を受け、実際にはこれよりもっと弱くなります。そのため、送り出す電波が弱過ぎると、受信アンテナに届かなかったり、届いても雑音混じりの非常に弱い信号になったりしてしまいます（**図6-2**）。

このような状況にならないよう、通常、送信機には高周波信号を増幅する機能を持たせ、アンテナに供給する高周波信号の電力を高め、アンテナから送信する電波を強めてやります。また受信機においては、受信アンテナに発生する微弱な高周波信号をまず増幅して、その後、情報の取り出しなど必要な処理を行います。

ただし、送信機のアンテナに供給する高周波信号を好き勝手に強くすることはできません。アンテナに供給する高周波信号の強さの上限は、機器の種類や免許の種類ごとに法律で定められており、電波を送信する機器はその上限の強さ以下でのみ電波を送信してよいことになっているからです。もし定められた上限を超えて強い電波を出せば違法となります。

図6-2 受信信号の強さは距離の2乗に反比例する

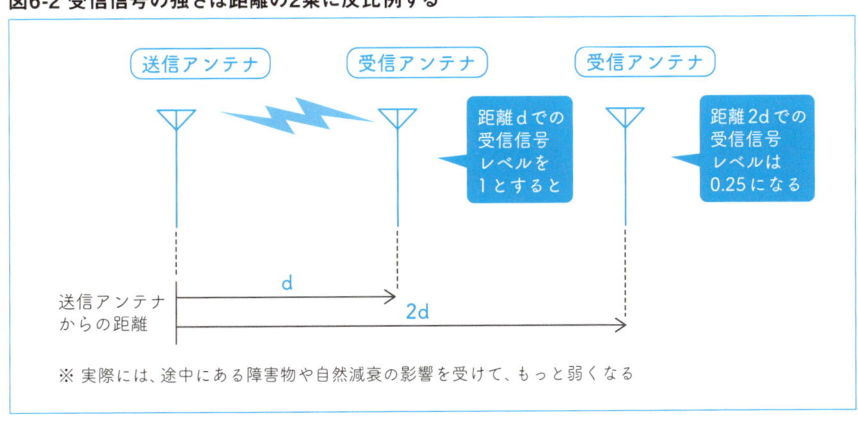

*1 —アンテナが電波を効率よく放出する、あるいは捕らえるには、その物理的な大きさと高周波信号の周波数が一定の関係を満たす必要があります（6章02参照）。

情報の流れと送信機と受信機

無線通信を構成する要素のうち、送信機と送信アンテナは情報を送り出すはたらきをし、受信機と受信アンテナは情報を受け取るはたらきをします。つまり、情報の流れは送信機→受信機となります。

例えば、ラジオやテレビにおいては、送信機は放送局の送信所に設けられます。利用者は受信機を用意して、送信所から送信される電波を受信して放送を楽しみます。ここでの情報の流れは、放送局→利用者の一方通行であるため、電波を送受信する方向も必然的に、放送局の送信所→テレビやラジオの受信機、の一方通行でよいことになります。

これに対し無線LANなどは少し事情が違います。一般に、PCはネットワークから情報を受け取るほかに、ネットワークに情報を送り出すことができなければなりません。メール受信はできるがメール送信はできないのでは困ります。つまりそこで取り扱う情報は、PCに届く情報と、PCから送り出す情報の双方向であることが求められるのです。そのため、無線LANの機器は、電波を受信する機能（受信機）だけでなく、電波を送信する機能（送信機）も備えている必要があります。これはスマートフォンなどでも同様です（**図6-3**）*2。

図6-3 送信機／受信機と情報が伝わる方向の関係

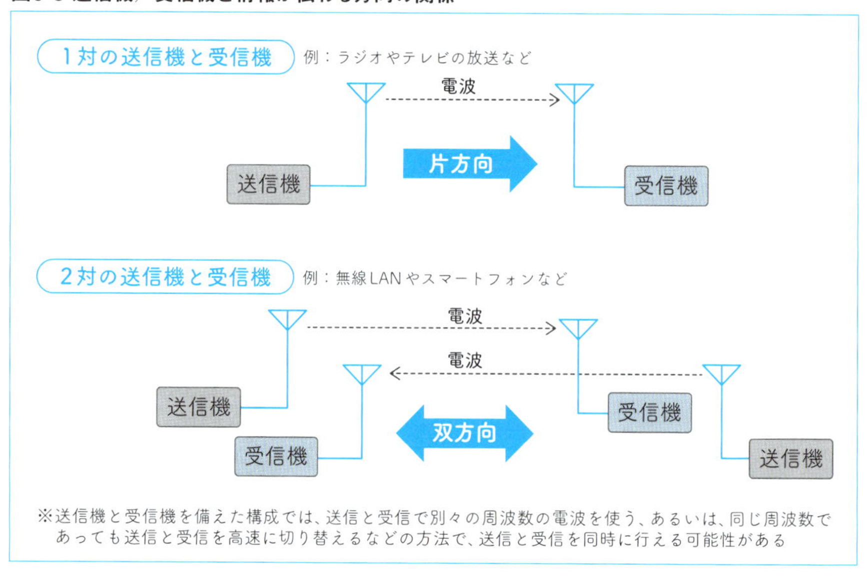

＊**2**―送信機と受信機の両機能を備える機器は送受信機と呼ばれることがあります。

CHAPTER6
Wireless
LAN
Basics

02
電波の性質を理解して無線LANを使いこなす

周波数とは

無線LANでは通信媒体として**電波**を使います。電波には独特な性質があり、無線LANを上手に活用するには、それを十分に理解しておくことが大切です。

電波の本質は、空間中の電界と磁界の変化であり、この両方を振動させながら遠くまで伝わります（**図6-4**）。音は空気の振動なので真空中では伝わりませんが、電波は電界と磁界の振動であるため真空中でも伝わります。そのおかげで、私たちは、宇宙の彼方で惑星探査機が撮影して、電波により地球まで送り届けられた写真を見ることができます。

電波の振動は正弦波で表すことができます。その波形において、ゼロから上がって下がってまたゼロに戻るまでの変化（1周期）が、1秒間に何回繰り返されるかを**周波数**と呼び、**Hz（ヘルツ）**という単位で表します。例えば**1秒間に1周期の振動なら1Hz**です。Hzはk（キロ=10の3乗）、M（メガ=10の6乗）、G（ギガ=10の9乗）などの接頭辞を付けて多く用いられます。例えば、携帯電話のプラチナバンドとして800MHzといった周波数を耳にしますが、これは空間の電界あるいは磁界が1秒間に800,000,000回振動することを表しています。

図6-4 電波の本質は電界と磁界の変化

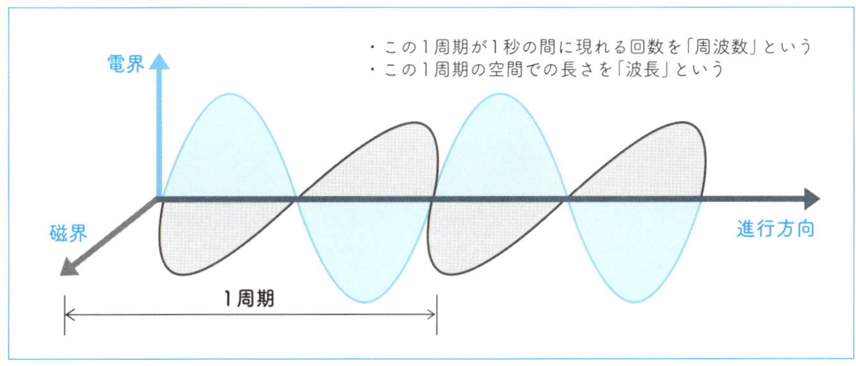

電波は、周波数が低いものから、長波、中波、短波、超短波、極超短波に分類されます（**表6-1**）。**長波**はJJYと呼ばれる標準電波の放送に使われており、身近なところでは電波時計がこれを受信して時刻合わせをしています。**中波**はいわゆるAMラジオがこれに該当します。**短波**は遠距離に届きやすい性質があり国際ラジオ放送などに用いられます。**超短波**はFMラジオが代表格で、この周波数帯あたりから電波は直進性が強くなります。**極超短波**は近年急激に利用されるようになった周波数帯で、地デジ放送、携帯電話、無線LAN、Bluetoothなどに用いられます。

一般に、お互いの電波が届く範囲において、まったく同じ周波数の電波を2者以上が同時に送信すると、それぞれが混信を引き起こし、お互いの通信を妨害し合ってしまいます。そのため、お互いの電波が届く範囲では、それぞれが使用する周波数を少しずらして、相互に妨害を与え合わないようにして通信を行います。

表6-1 周波数帯

名称	略称	周波数	波長	主な使途	直進性 情報伝送容量
超長波	VLF (Very Low Frequency)	3kHz ～30kHz	100km ～10km	オメガ航法、対潜水艦通信、標準電波	弱い 小さい
長波	LF (Low Frequency)	30kHz ～300kHz	10km ～1km	船舶・航空機用ビーコン、標準電波	↓
中波	MF (Medium Frequency)	300kHz ～3MHz	1km ～100m	AMラジオ、船舶通信、船舶・航空機用ビーコン、アマチュア無線	↓
短波	HF (High Frequency)	3MHz ～30MHz	100m ～10m	短波放送、船舶・航空機通信、アマチュア無線	↓
超短波	VHF (Very High Frequency)	30MHz ～300MHz	10m ～1m	FMラジオ、防災行政無線、消防/警察無線、航空管制、アマチュア無線	↓
極超短波	UHF (Ultra High Frequency)	300MHz ～3GHz	1m ～10cm	地デジテレビ放送、無線LAN、携帯電話、タクシー無線、アマチュア無線	↓
マイクロ波	SHF (Super High Frequency)	3GHz ～30GHz	10cm ～1cm	衛星放送、衛星通信、無線LAN、マイクロ波中継、レーダー	↓
ミリ波	EHF (Extra High Frequency)	30GHz ～300GHz	1cm ～1mm	衛星通信、電波天文、簡易無線、レーダー	↓
サブミリ波	THF (Tremendously High Frequency)＊	300GHz ～3THz	1mm ～0.1mm	近距離通信、電波天文、非破壊検査、危険物検出	強い 大きい

「総務省 電波利用ホームページ 周波数帯ごとの主な用途と電波の特徴」から抜粋して加筆、整理
http://www.tele.soumu.go.jp/j/adm/freq/search/myuse/summary/
＊THF の略称およびその基となる表記には諸説あり

周波数と波長の関係

電波は空間中を光の速度で進むので、1秒間に進む距離は約30万kmです。この距離を周波数、つまり1秒間の振動の回数で割ると、振動1周期分の長さを求めることができます。これを**波長**と呼びます。波長は周波数が高いほど短く、低いほど長くなります*1。

波長は電波を飛ばすためのアンテナの長さを左右します。超短波帯の電波は周波数が高く波長が短いので、送受信に必要なアンテナは短くて済みます。逆に、長波帯の電波は周波数が低く波長が長いので、送受信に必要なアンテナは長大なものになります。アンテナの長さはアンテナ方式を工夫することで短縮できます*2。

周波数と伝搬特性

電波の伝わり方は周波数によって変化します。一般的に、**周波数が高いほど、直進性が強くなり、反射しやすくなり、減衰しやすくなります。**

携帯電話のプラチナバンドは電波が届きやすいといわれますが、これはプラチナバンドと呼ばれる700～900MHzの電波が、それ以外の、携帯電話に使われる周波数1.5～2GHzの電波に比べて、物陰に回り込みやすく（直進性がやや弱い）、建物内に届きやすく（反射せず通過する）、離れても弱くなりにくい（減衰がやや少ない）からにほかなりません。

このような性質は無線LANにも当てはまります。無線LANに使われる2.4GHz帯と5GHz帯の2つの周波数帯を比較すると、周波数が高い5GHz帯のほうが、より直進性が強く、反射しやすく、減衰しやすくなります。そのため、無線LAN親機との間に壁やドアなど障害物が多い場合には、5GHz帯は電波が弱くなるかもしれない、という推測が成り立ちます。

ただし電波には**周波数が高いほど多くの情報を送ることができる**という性質もあり、上記の伝搬特性と合わせて、この点も考慮されなければなりません。

なお、電波の伝わり方に関しては、周波数により変化するこれらの特性のほかに、マルチパスやフェージングといった現象の影響も加味して考える必要があります（6章09のコラム参照）。

＊1 — AMラジオに使われる周波数1,000kHzの電波は波長が約300mありますが、無線LANに使われる2.4GHz帯では波長が12.5cmほどです。

＊2 —最も基本的なアンテナは、理論上、その長さが波長の1/2になります。前出の1,000kHzであれば約150mもの大きなアンテナが必要になりますが、2.4GHz帯の電波なら6.25cmと十分に小さいもので済みます。

CHAPTER6
Wireless
LAN
Basics

無線LANの規格

通信の速さや安定性を左右する「伝送規格」

無線LANに関する規格のうち、特に重要なものの1つが**伝送規格**です。その名称は「IEEE 802.11○○に対応！」といった形で無線LAN製品のセールスポイントとしても、よく目にします。伝送規格は、どの周波数帯を使い、どのような情報の送り方をして、どのくらいの通信速度を実現するかを定めるものです。IEEE 802.11から始まった現在の無線LANの伝送規格は、新たな規格が登場するごとに進化を続け、より速く、より安定した通信を実現しています。

現在の無線LAN製品に用いられている伝送規格には、**表6-2**のようなものがあ

表6-2 無線LANの伝送規格一覧（用語の意味については表6-3を参照）

規格名称	制定年	使用周波数帯	2次変調方式	最大通信速度	最大チャネル幅	最大空間ストリーム数	特徴
IEEE 802.11	1997年	2.4GHz	DSSS	2 Mbps	22MHz	1	無線LANの先駆けとなった規格
IEEE 802.11b	1999年	2.4GHz	DSSS/CCK	11Mbps/22Mbps	22MHz	1	実用に耐える通信速度を実現したことで無線LANの普及に貢献
IEEE 802.11a	1999年	5GHz	OFDM	54 Mbps	20MHz	1	5GHz帯で2次変調方式にOFDMを使うことで54Mbpsでの通信を実現
IEEE 802.11g	2003年	2.4GHz	OFDM/DSSS*	54 Mbps	20MHz	1	11aの実績を生かして2.4GHz帯でも54Mbpsでの通信を実現
IEEE 802.11n	2009年	2.4GHz/5GHz	OFDM/DSSS*	600 Mbps	40MHz	4	MIMO、チャネルボンディングなどの新技術で大幅に高速化
IEEE 802.11ac	2014年	5GHz	OFDM	6.93 Gbps	160MHz	8	11nをさらに高速化すると同時に、オプションを減らして規格を簡素化
IEEE 802.11ad	2013年	60GHz	シングルキャリア/OFDM	6.8 Gbps	9GHz	—	広く空いている60GHz帯を用い混雑を回避、10m程度の距離での利用を想定

＊ DSSS への対応は 11b との互換性のため

※このほか、最新規格である IEEE 802.11ax（Wi-Fi 6）の仕様案に対応した製品が 2019 年ごろから出荷されている。同規格は 2020 年に正式制定の見込み

表6-3 伝送規格の表で用いられる主な用語の意味

用語	意味	詳細説明
使用周波数帯	通信に用いる電波の周波数帯	6章04
2次変調方式	使用するチャネル内に情報を散らばらせるための技術方式	6章05
チャネル幅	1つの通信に用いる周波数の幅。広いほど通信速度を上げられる	6章04
空間ストリーム数	空間中に設けられた通信ルートの数。MIMO技術により実現する	6章09

ります。IEEE 802.11nからは通信速度を飛躍的に高速化するため、**MIMO**（空間に複数の通信ルートを設けてそれらを同時並行で使用する技術）、**チャネルボンディング**（複数のチャネルをまとめて使う技術）、**フレームアグリゲーション**（複数のデータフレームをまとめて効率よく送る技術）などの新技術が導入され、それ以前の規格とは一線を画すものとなっています。

これら規格の中で、現在主流となっているのはIEEE 802.11nとIEEE 802.11acです。この両規格は高速な通信に対応するのが特長で、新たに登場するほぼすべての機器は、このどちらかに適合しており、これ以前の規格は、主に既存機器との互換性を保つために用いられます。

なお、規格上ではIEEE 802.11acと同b/a/gに互換性はありませんが、無線LAN機器の多くが、古い規格の機器とも通信できるよう設計されており、例えばIEEE 802.11ac対応の子機であってもIEEE 802.11g対応の親機と接続でき、IEEE 802.11ac対応の親機であってもIEEE 802.11g対応の子機と接続できるのが一般的です。

無線LANの規格名が与えられた背景

無線LANに関する規格は、その多くが「IEEE 802.11○○」の形をしています。この名前に含まれるIEEE（読み方：アイ・トリプル・イー）は、一般に「米国電気電子学会」と称される、米国に本部を置く電気電子技術分野の学会の名称です。そこに置かれたIEEE 802委員会ではLAN（Local Area Network）やMAN（Metropolitan Area Network）の標準化を行っており、分野ごとに設けられたワーキンググループには**表6-4**のような名称が与えられています。ワーキンググループの中には細分化した技術仕様を検討するタスクグループがあり、それぞれにはアルファベット1～2文字の記号が付与されています（**表6-5**）。

これらのタスクグループで決められた規格には、**「IEEE 802.11」+タスクグループ名**の形で名称が与えられます。そのため、無線LANの規格の多くがIEEE

802.11○○といった形式になっているわけです。例えばIEEE 802.11acという規格は、IEEE 802.11ワーキンググループのタスクグループacで検討して制定された規格です。

表6-4 ワーキンググループの例

ワーキンググループ名	取り扱う分野
IEEE 802.1	高位レベル・レイヤ・インタフェース
IEEE 802.3	イーサネット
IEEE 802.11	無線LAN
IEEE 802.15	無線個人用ネットワーク
IEEE 802.16	広帯域無線アクセス

表6-5 タスクグループの例

タスクグループ名	取り扱う分野
IEEE 802.11a	伝送規格（5GHz帯、54Mbps）
IEEE 802.11b	伝送規格（2.4GHz帯、11Mbps/22Mbps）
IEEE 802.11g	伝送規格（2.4GHz帯、54Mbps）
IEEE 802.11i	セキュリティ規格（WPA2）
IEEE 802.11n	伝送規格（2.4GHz帯/5GHz帯、600Mbps）
IEEE 802.11ac	伝送規格（5GHz帯、6.93Gbps）
IEEE 802.11ad	伝送規格（60GHz帯、6.8Gbps）

使用中のPCで伝送規格を確認してみよう

使用中のコンピュータの無線LANが、親機との通信に、どの伝送規格を使っているかを確認してみましょう。

・Windows 10での手順

1. コンピュータの無線LANを有効にした後、無線LAN親機に接続して、無線LANで通信を利用できる状態にする
2. スタートボタン→［Windows システムツール］→［コマンドプロンプト］をクリックしてコマンドプロンプトを開く
3. コマンドプロンプトで次のコマンドを入力する

```
netsh wlan show interface
```

4. 結果表示の［無線の種類］から伝送規格が読み取れる

※その他、［チャネル］から使用チャネル、［認証］［暗号］から暗号化方式、［受信速度］［送信速度］から送受信速度がわかる

```
C:¥Users¥irohani hohetou>netsh wlan show interface

システムに 1 インターフェイスがあります:

    名前              : Wi-Fi
    説明              : AtermWL450NU-AG(PA-WL450NU/AG)Wireless Network Adapter
    GUID              : 9a225ecb-0384-4bd9-ad19-************
    物理アドレス      : 1c:b1:7f:**:**:**
    状態              : 接続されました
    SSID              : G*********
    BSSID             : c2:25:a2:**:**:**
    ネットワークの種類 : インフラストラクチャ
    無線の種類        : 802.11n
    認証              : WPA2-パーソナル
    暗号              : CCMP
    接続モード        : プロファイル
    チャネル          : 11
    受信速度 (Mbps)   : 144
    送信速度 (Mbps)   : 144
    シグナル          : 100%
    プロファイル      : G*********

    ホストされたネットワークの状態: 利用不可
```

・macOS での手順

1 コンピュータの無線 LAN を有効にした後、無線 LAN 親機に接続して、無線 LAN で通信を利用できる状態にする

2 アップルメニュー→［この Mac について］→［システムレポート］→左ツリーの［ネットワーク］配下にある［Wi-Fi］を開く

3 ［現在のネットワークの情報］の中の［PHY モード］から伝送規格が読み取れる

```
AirDrop:                    対応
AirDropチャンネル:          44
自動ロック解除:             対応
状況:                       接続済み
現在のネットワークの情報:
  G
    PHYモード:              802.11n
    BSSID:                  c2:25:a2:
    チャンネル:             11
    国別コード:             X3
    ネットワークのタイプ:   インフラストラクチャ
    セキュリティ:           WPA2パーソナル
    シグナル/ノイズ:        -54 dBm / -95 dBm
    転送レート:             145
    MCSインデックス:        15
その他のローカルWi-Fiネットワーク:
```

※その他、［チャンネル］から使用チャネル、［セキュリティ］から暗号化方式の一部がわかる

COLUMN 「802」という名前の由来

LAN/MAN の標準化を行う委員会がなぜ「802」委員会なのでしょうか。意外にも、この名前は委員会を設立した年月の 1980 年 2 月に由来します。また、タスクグループ名は、a から順に z まで与えられ、その後は aa、ab の順に与えられていますが、l（エル）、o（オー）、q（キュー）など数字と間違いやすい文字やほかの規格と紛らわしい名前になるものはスキップされるということです。

CHAPTER6
Wireless LAN Basics

04 チャネル番号とチャネル幅

同じ周波数の電波は通信を妨害し合う

電波を使う通信では、**同じ周波数で複数の電波を同時に送信すると、それらが混信して相互に通信を妨害し、どちらの通信もできなくなってしまう**ことがあります。この状況を防ぐため、互いに電波が届く範囲にいる無線機器は、それぞれ少しずつ異なる周波数を使って、同時に通信しても互いに妨害を与えないようにしています。

テレビやラジオの放送局を例に考えるとわかりやすいでしょう。ある地域で複数の放送局が同時に放送しても互いに妨害し合わないのは、それぞれが違う周波数を使っているからです（**図6-5**）。

また、お互いの電波が届く範囲を外れれば、同じ周波数を同時に利用しても混信の心配を考える必要はなくなります。物理的に電波が届かないところ同士では、

図6-5 放送局の通信が混信しない仕組み

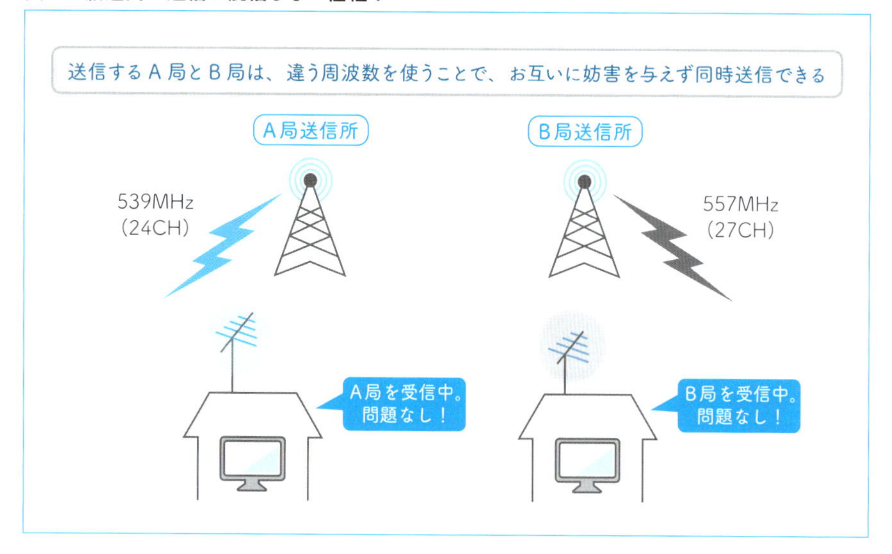

図6-6 同じ周波数であっても、互いの電波が届かなければ問題ない

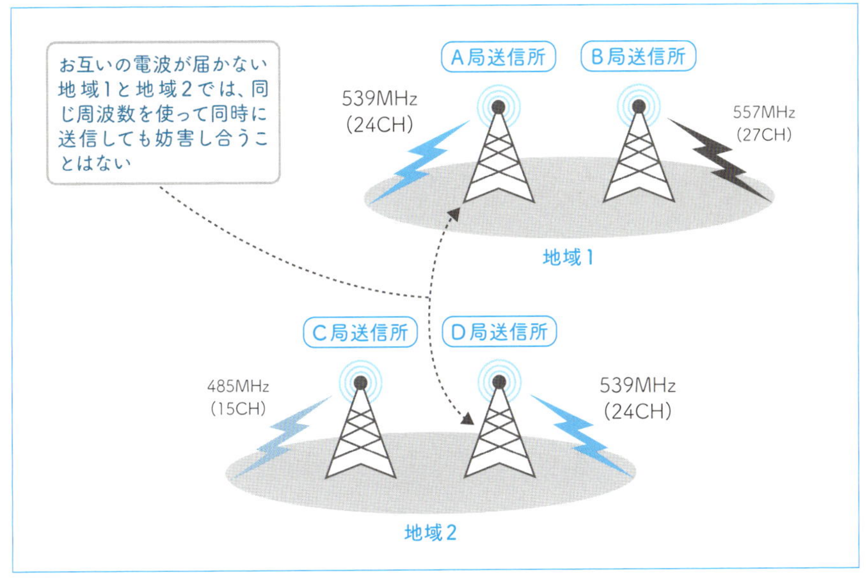

同じ周波数を同時に利用しても影響を与え合わないからです。

例えば、東京にある放送局同士は、それぞれ違う周波数を使う必要がありますが、互いの電波が届かない東京と大阪では、同じ周波数を使う放送局があっても、妨害を及ぼし合うことはありません（**図6-6**）。

日本をはじめとする世界の多くの国では、その国の**政府が周波数の利用計画を定めています。**「○○の用途には○○.○○GHz～○○.○○GHzを使用する」といった形で、一定の幅をもって使途が定められ、規制を行っています。

電波を使う機器は、この幅の中で、それぞれの使用する周波数が重ならないよう少しずつずらし、相互に妨害を与えないようにして電波を利用します。この考え方は無線LANでも同様で、効率よく安定した通信を行うには、使用できる周波数の範囲の中で、お互いに重ならないように、それぞれが少しずつ異なる周波数を使います。

無線LANで用いられるチャネル

現在、無線LANに用いられる主な周波数帯は、**2.4GHz帯（2.4～2.5GHz）と5GHz帯（5.15～5.35GHz、5.47～5.725GHz）**の2つです。今後は60GHz帯（57～66GHz）の利用が進むとみられています。

電波に情報を乗せて送る際には、使用する電波の周波数を中心とした前後一定幅の周波数帯域を使います。近隣で同時に電波を発する機器同士が、互いに妨害を与えずに通信を行うために、使用する帯域の主要な成分を含む部分が重ならない程度に周波数をずらします。

この間隔を適切に維持するため、**無線LANで使用する周波数帯の中は、一定の周波数の幅でチャネルが設定されています。**各機器は、このチャネルを単位として、使用する周波数を決めます。

・2.4GHz帯

2.4GHz帯では、2.412GHzから5MHz間隔でチャネルが設定されていて、周波数の低いほうから順に1～13chと呼ばれています。また、802.11b用として日本独自の14chも設定されています。このチャネルは、ほかと違い周波数が少し離れています（**図6-7**）。

図6-7 2.4GHz帯のチャネル配置

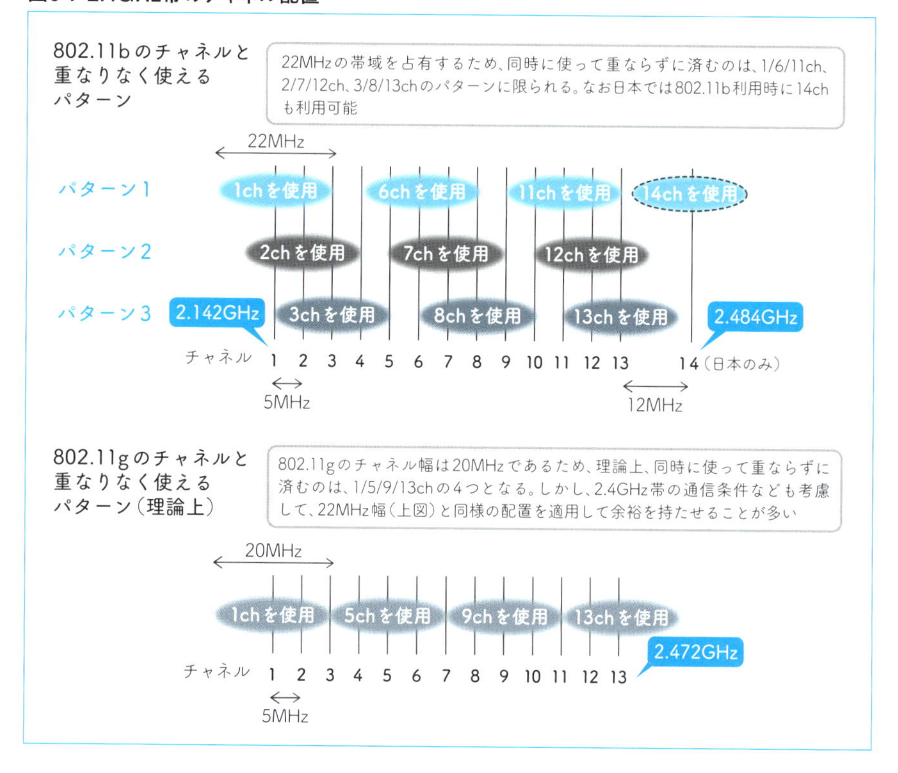

伝送規格の802.11bでは、通信に22MHzの周波数の幅（帯域）を使用します。つまり上記のチャネルを5つ占有する計算になります。そのため、近隣の機器同士が互いに周波数が重ならずに利用しようとすると、1/6/11ch、2/7/12ch、3/8/13chなど、3つのチャネルしか同時に使うことができません（日本では、これに加えて14chも利用可能）。

802.11gについては使用する帯域を20MHzと定めており、計算上は、1/5/9/13chの4つのチャネルが周波数の重複なしに利用できます。ただし、2.4GHz帯の通信条件などを考慮して、802.11bと同じ形での配置が推奨されることが多いようです。

以上のことから、2.4GHz帯では、互いの電波が届く範囲で、それぞれの周波数が重ならず（＝妨害を与え合わず）に同時利用できるチャネルの数は、かなり少なく、混雑しているといわれています*1。

図6-8 5GHz帯のチャネル配置

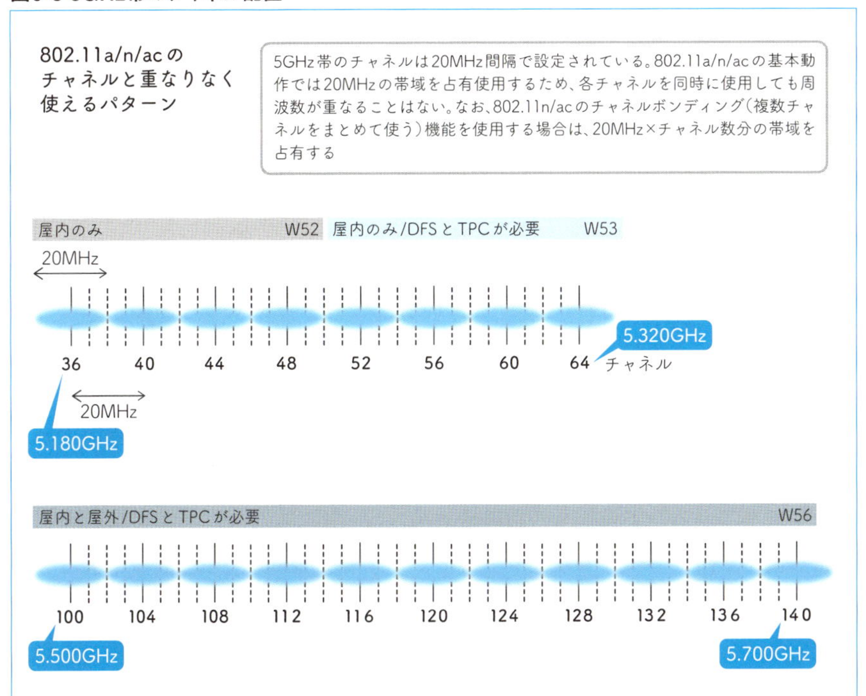

＊1 ― 2.4GHz帯は電子レンジやBluetoothでも使っており、無線LAN以外の機器が発する電波による妨害を受けることもあります。

・5GHz帯

5GHz帯は使用できる周波数の幅が2.4GHz帯より広く取られており、20MHzの幅を持つチャネルが19個設定されています。20MHzの帯域を必要とする伝送方式であれば、すべてのチャネルは周波数が重なることなく同時に利用できます。

この5GHz帯は、当初、日本独自の周波数（J52: 34/38/42/46ch）が用いられていましたが、2005年5月の法改正で、10MHz上へずれた国際標準の周波数（**W52**）へと変更され、同時に4つのチャネルが追加されました（**W53**）。さらに2007年1月の法改正において、新たな11チャネル（**W56**）が追加されて、現在の形になっています（**図6-8**）。

新たに追加された、W53とW56は気象レーダーなどでも使用する周波数であることから、それらの電波を検出したときには、利用する周波数を別のものに切り替える機能（DFS機能）や送信出力を自動調整する機能（TPC機能）が義務付けられています。さらに切り替え先の周波数が空いているかどうか1分間確認することも求められているため、周波数を変更したときには、1分間、通信できない状態が発生することになります。また、**屋外で利用できるのはW56に限られ、W52とW53は屋内での利用に限定される**点にも注意が必要です。

60GHz帯については、非常に広い周波数の幅が確保されており、その中に2.16GHzもの幅を持つチャネルが、日本では4つ（1/2/3/4ch）用いられます。

通信容量はチャネル幅に比例する

通信に使用するチャネル幅は、その電波を使って送ることができる情報量と深い関係があり、チャネル幅を広く取ると通信容量（1秒間に送れるビット数）が増えることが、シャノン＝ハートレーの定理により示されています。

この定理は**図6-9**の式で表されます。この式から、信号と雑音の割合（S/N）が同じであるなら、通信容量の論理的な限界は、使用する帯域の幅（＝チャネル幅）に比例することが読み取れます*2。

図6-9 シャノン=ハートレーの定理

$$C = B \log_2 (1 + S/N)$$

C：通信容量［ビット/秒］
B：帯域幅［Hz］
S：信号総電力
N：雑音総電力

＊2 ―なお、この式が表しているのは理論的な限界であって、実際の機器がこの通信容量を実現できているわけではありません。

チャネルの利用状況を確認してみる

無線LANのチャネル利用状況を確認するアプリは有料／無料で各種のものがあります。これらのうち「WiFi Analyzer」は、Windows 10のアプリストア（Microsoft Store）から無料ダウンロードできて、手軽に使えるアプリです。

このアプリを起動して［ネットワーク］アイコンをクリックすると、その場所で受信可能な無線LANネットワーク名（SSID）、使用チャネル、信号強度の一覧を表示します。**図6-10**は、いくつものSSIDを受信しているときの表示例です。

［解析］アイコンをクリックすると、2.4GHz帯のチャネル使用状況をビジュアルに表示します。**図6-11**を見ると、近隣の無線LANが使用するのは、1/3/8/10/11の各チャネルで、このうち1chと3ch、8chと10chと11chは、相互に一定の妨害を及ぼし合っていると推測されます。

画面下の［5GHz］アイコンをクリックすると、同様に5GHz帯のチャネル使用状況を表示します。**図6-12**では、2つの無線LANがそれぞれ36chと52chを使用して、お互いに妨害なく運用していることが見て取れます。

図6-10 WiFi Analyzerで［ネットワーク］アイコンをクリックした画面

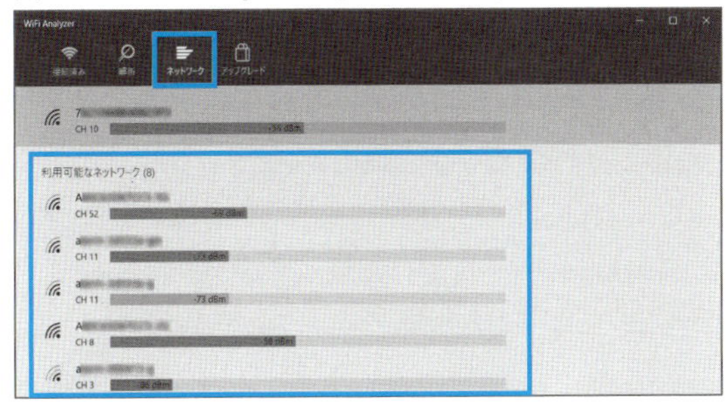

図6-11 ［解析］アイコンをクリックした画面

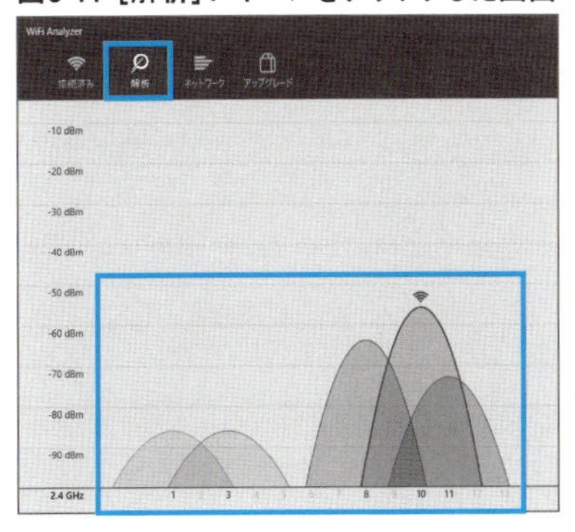

図6-12 画面下部の［5GHz］をクリックした画面

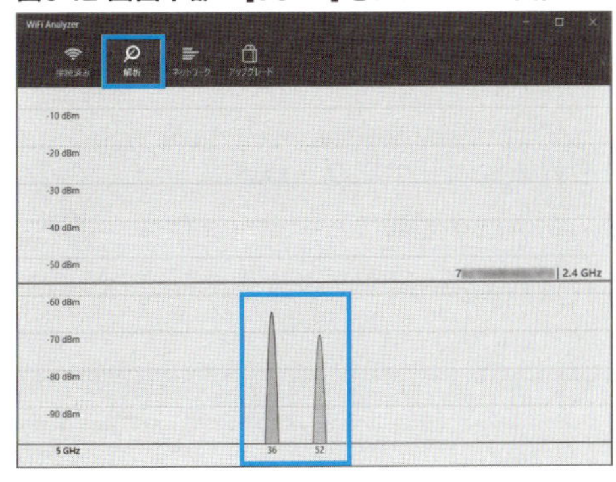

CHAPTER6
Wireless
LAN
Basics

変調の仕組みと変調方式

変調と復調

電波を使用する通信では、**変調**（電波に情報を乗せる処理）と**復調**（電波に乗せた情報を取り出す処理）がとても重要な役割を果たします（**図6-13**）。

変調や復調をすることにより、情報の伝達は、周波数ごとに異なる電波の特性に従って行われるようになります。その結果、遠くまで伝えられる、安定した通信状態が得られる、大量の情報が送れる、送受信機器やアンテナを作りやすくなる*1など、乗せる電波の特性を利用した、目的に応じた通信が可能になります。

図6-13 変調の概念

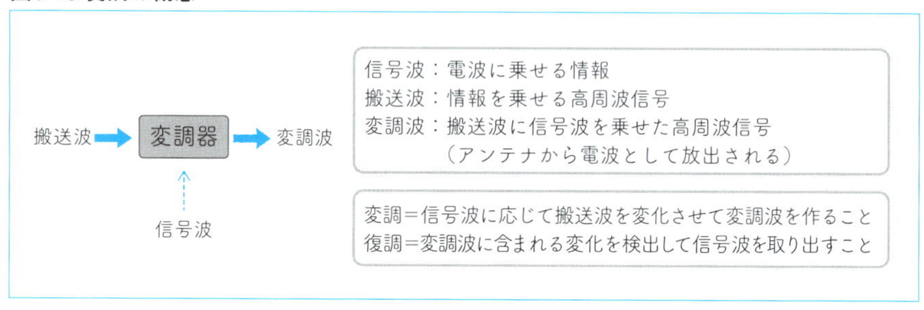

さまざまな変調方式

変調は、アナログ変調とデジタル変調の2つに大きく分けられます。

・代表的なアナログ変調方式

アナログ変調は、アナログ信号（連続して変化する信号）を電波に乗せるための方式で、AMラジオ放送やFMラジオ放送、航空無線などに使われます。アナ

＊**1** 一例えば、3kHzの音（人間の可聴範囲は20Hz～20kHz）を変調せずそのまま電波にすると、50kmもの長大なアンテナが必要です。しかし、変調によって80MHz程度（FMラジオと同じ）の電波に乗せると、1.9m程度のアンテナで済むことになります。

図6-14 アナログ変調の種類

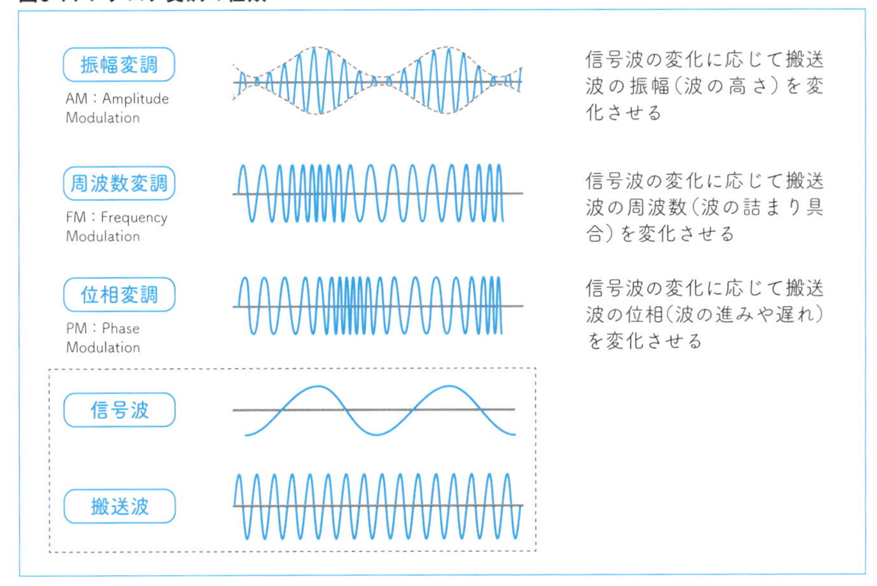

ログ変調には、**図6-14**の3種類があります。これらは、乗せる情報に応じて、電波の何を変化させるかに違いがあります。

振幅変調は、送受信機の回路が簡単で済み、同じ周波数で同時送信しても混信はするが両方を聞き取れるなどの長所がある反面、雑音の影響を受けやすいという短所があります。簡単な受信機で聴取できるAMラジオ放送や、複数機が同時に送信しても内容を聞き取れる必要のある航空無線などに使われています。

周波数変調は、雑音や混信の影響を受けにくく、音質がよいといった長所がある反面、送受信機の回路がやや複雑で、振幅変調より広い帯域幅を必要とするなどの短所があります。FMラジオ放送で使われているほか、地デジになる前のテレビで使われていました。

位相変調は、技術的に周波数変調と近い関係にあり（信号波を積分してから位相変調をすると周波数変調したのと同等になる）、業務無線やアマチュア無線などで、安定した周波数変調波を作るために用いられます（間接FM方式）。

・代表的なデジタル変調方式

デジタル変調は、デジタル信号（0と1のビット）を電波に乗せるための方式で、スマートフォンや無線LANなどで使われています。デジタル変調方式も、0と1

図6-15 デジタル変調の種類

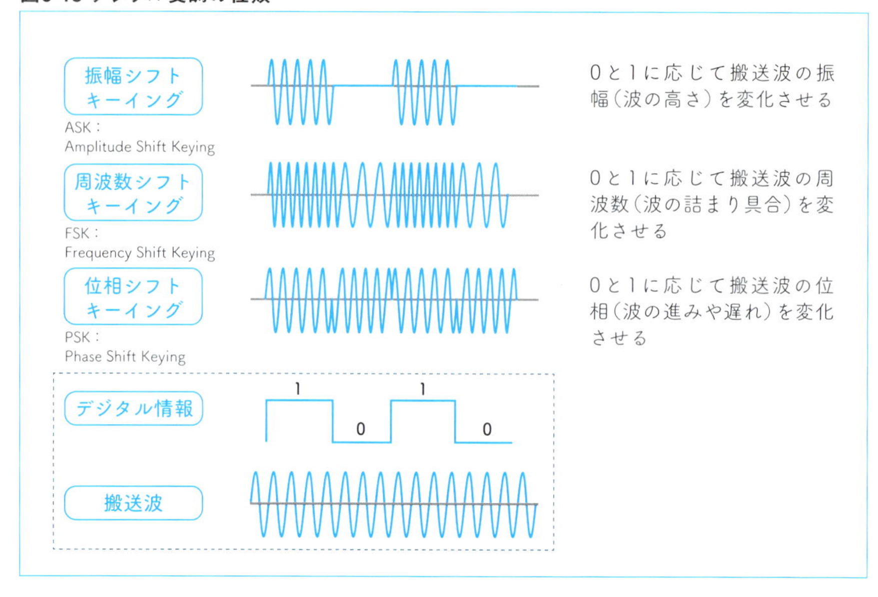

のデジタル情報に応じて、電波の何を変化させるかによって**図6-15**の3つの種類があり、その特徴は対応するアナログ変調とよく似ています。

振幅シフトキーイング（ASK）は、振幅変調と同じく、単純な回路で済む代わりに、雑音などの影響を受けやすいのが弱点です。ETCやRFIDで使われています。

周波数シフトキーイング（FSK）は、周波数変調と同じく、雑音などの影響を受けにくい反面、回路はやや複雑になります。周波数シフトキーイングの一種であるGFSK（Gaussian FSK）はBluetoothで使われています。

位相シフトキーイング（PSK）は、位相変調と同じく、雑音などの影響を受けにくい反面、回路がやや複雑になるのが弱点です。位相シフトキーイングの一種であるBPSK（後述）やQPSK（後述）が古い無線LANで、またPSKとASKを組み合わせたようなQAM（後述）が現行の無線LANで使われています。

多値変調

デジタル変調においては、変調波の1つのパターン（シンボル）で複数のビットを表す「多値変調」が用いられます。例えば、PSKでの位相のずれを、0度、90度、180度、270度の4つに設定し、それぞれに2進数で00、01、10、11の値を割り当てます。そうすると、変調波の1つのパターンで2ビットの情報を表せるようになります。つまり電波に乗せる情報量が大きく増えます。

PSKのうち、2種類の位相のずれを使い（例：0度と180度）、変調波の1つのずれパターンで0または1のいずれか（＝1ビットの情報）を表すものを、BPSK（Binary PSK）と呼びます。また、4種類の位相のずれを使い、変調波の1つのずれパターンで00、01、10、11の4値（＝2ビットの情報）を表すものをQPSK（Quadrature PSK）と呼びます（**図6-16**）*2。

PSKよりもさらに多くの情報を扱える変調方式にQAM（Quadrature Amplitude Modulation）があります。QAMでは、位相のずれのほかに波の高さ（振幅の変化）を組み合わせて情報を表します。例えば、先ほどの4種類の位相のずれに、4つの波の高さを組み合わせると、16パターン（変調波の1つのパターンで4ビットの情報を表すこと）ができます（**図6-17**）*3。

図6-16 位相のずれと情報の対応の例（QPSK）

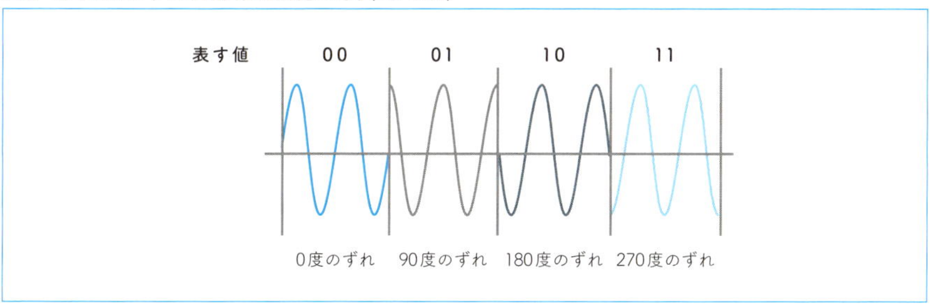

図6-17 QAMでより多くの情報を扱うイメージ

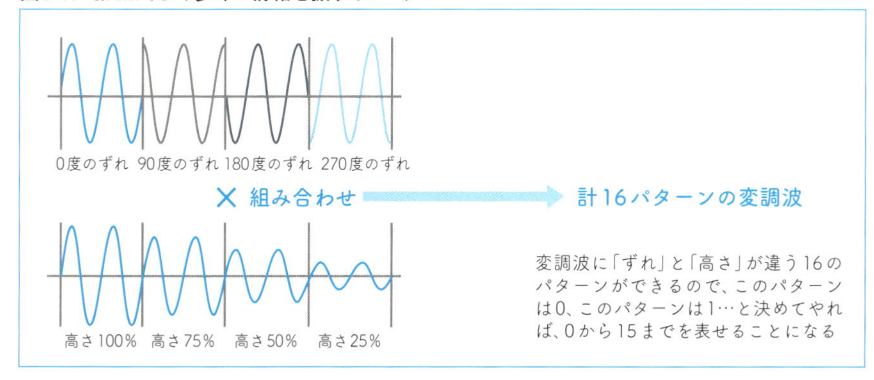

＊**2**—このような位相のずれ幅をさらに細かく設定すれば、変調波の1つのずれパターンで表せるビット数が増えて通信速度が上がりますが、一方、エラーも増えてしまい、また通信距離は短くなります。

＊**3**—QAMには、位相と振幅の組み合わせパターン数によって、16QAM（16値、4ビット）、64QAM（64値、6ビット）、256QAM（256値、8ビット）などがあります。

1次変調と2次変調

ここまで説明した「搬送波へ情報を乗せて変調波を作り出す」ための変調は、電波に情報を乗せようとすると必ず行わなければならない基本的なもので、**1次変調**と呼ばれます。これに対し、1次変調で生成した変調波をさらに操作して、電波の利用効率、耐妨害性、秘匿性の向上など、より高度な電波利用を目的とした変調も行われ、こちらは**2次変調**と呼ばれます。

無線LANで用いられる代表的な2次変調には、直交周波数分割多重変調やスペクトラム拡散があります。**直交周波数分割多重変調（OFDM：Orthogonal Frequency Division Multiplexing）**は、お互いに影響を与えない周波数（直交周波数）の搬送波を使った変調波を詰めて並べてやり、それらを同時に使って通信することで、電波の利用効率を高め、通信速度を高速化する技術です。個々の変調波の1次変調方式に制限はなく、BPSK、QPSK、QAMなどが使われます。無線LANやスマートフォンなどで用いられています（**図6-18**）。

スペクトラム拡散（DSSS：Direct Sequence Spread Spectrum、FHSS：Frequency Hopping Spread Spectrum）は、1次変調で得られた変調波の帯域幅を極端に広げることで、同じ周波数を使う機器同士の妨害を減らし、また、盗聴されにくくする技術です。同じ周波数を複数機器で同時利用しても妨害が少ない性質が注目され、以前は、無線LANやスマートフォンなどでも用いられていましたが、通信速度の高速化に限界があることから、これらの機器はOFDMに移行しました。最近の利用例としては、GPS、Bluetooth、レーダーなどがあります。

図6-18 OFDMのイメージ

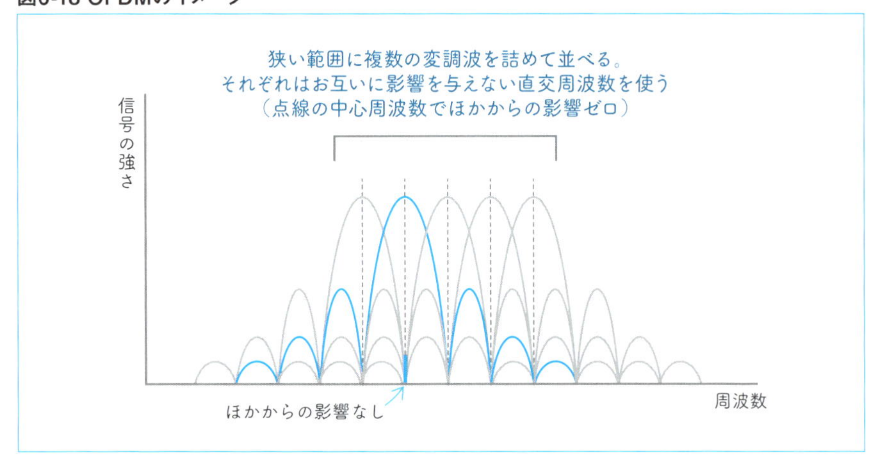

CHAPTER6
Wireless LAN Basics

無線LANの接続手順

無線LANの接続動作

無線LANの動作モードには、**インフラストラクチャモード**（各端末がアクセスポイントを介して通信する）と**アドホックモード**（端末同士が直接通信する）の2種類があります。昨今では、アドホックモードが使われることはほとんどなく、スマートフォンなどのテザリングでもインフラストラクチャモードが使われることから、ここでは主にインフラストラクチャモードについて説明します。

インフラストラクチャモードにおいて、ネットワークを利用する端末（以下STA：Station）の接続は、**図6-19**のステップで行われます。

図6-19 端末（STA）が接続する手順

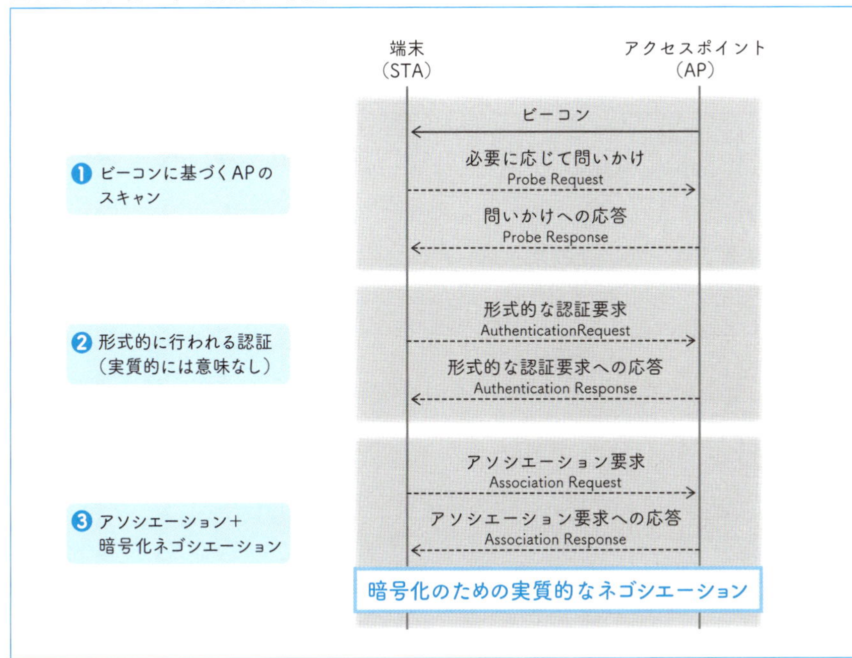

ビーコンに基づくアクセスポイントのスキャン

STAが最初に行うことは、その場所で受信できるアクセスポイント（以下AP）からの電波を探し出すことです。通常APは約100ミリ秒間隔で**ビーコン**と呼ばれる情報を電波で送出していて、そこには、そのAPに関する、SSID、BSSID、チャネル、ビーコン送信間隔、サポートするビットレート（通信速度）、セキュリティ情報などが入っています。STAは、受信したビーコンを見て、自身が接続しようとするSSIDか、通信速度や暗号方式が一致するかなどを判断できます（**図6-20**）。セキュリティ向上などを意図してSSIDが入らないビーコンを送出することもあり、これはステルスモードと呼ばれます*1。

図6-20 アクセスポイント（AP）の存在をアナウンスするビーコン

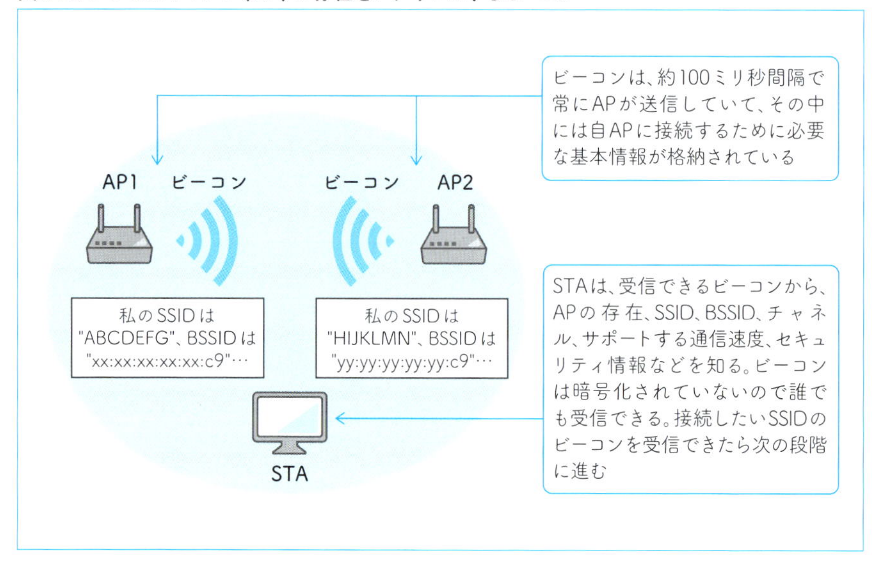

ビーコンは各APが自ら使用しているチャネル（周波数）で送信されます。STAは、自分のいる場所で受信できるAPからの電波をくまなく探そうとして、無線LANで利用可能なすべてのチャネルを順次巡回してビーコンが受信できるかどうか確認していきます。このような動作を**スキャン**と呼びます。スキャンによってSTAは受信できるAPの一覧を作成します（**図6-21**）。

＊**1** —ステルスモードでセキュリティが向上するかどうかについては議論があり、近年では、MACアドレスによる接続制限と並んで、セキュリティ向上にはあまり効果がないとされることが多いようです。

図6-21 STAはチャネルを1つずつスキャンして受信可能なAPの一覧を作る

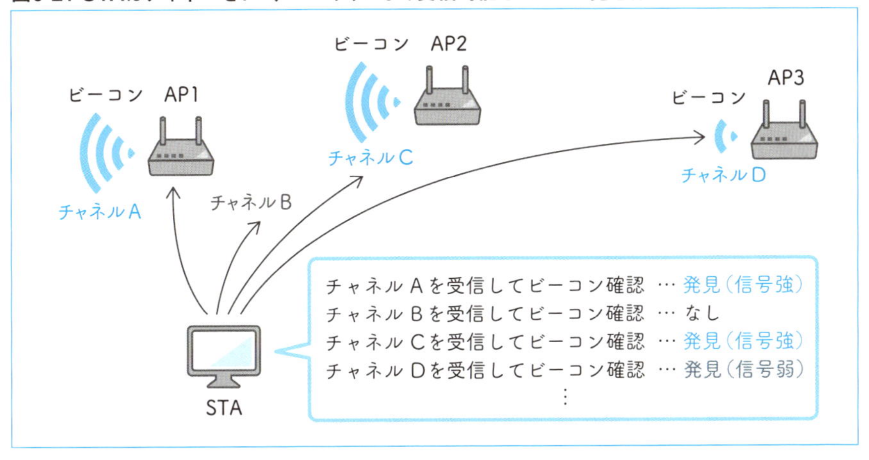

スキャンには、このように受信できる電波を探し出すパッシブスキャンのほか、STAが積極的にAPに問いかけてAPの存在を見つけ出すアクティブスキャンがあります。アクティブスキャンでは、STAは**Probe Request**と呼ばれるSSIDを含む呼びかけを電波で送出し、指定されたSSIDのAPはビーコンに類似した**Probe Response**を送り返します。アクティブスキャンを使うと、ビーコンを受信できない場合や、ビーコンの受信まで待てない場合、ステルスモードのAPの場合などにも、APの存在を確認できます。

形式的に行われる認証

パッシブスキャンあるいはアクティブスキャンで接続先のAPを見つけたら、次に**認証**の段階に入ります。

認証では、オープン認証と共有鍵認証の2種類が定義されていますが、共有鍵認証には技術的な欠陥があり脆弱なため、通常、オープン認証（要求すれば必ず許可される認証）が行われます。したがって、この認証に実質的な意味はなく、802.11の古い仕様と互換性を持たせるため形式的に行われます。WPA2などの認証は、次のアソシエーションの後に別途行います。

アソシエーション

認証に続いて、APとSTAの間では、使用するビットレートなどに関する合意を取り交わします。この段階を**アソシエーション**と呼びます。アソシエーションに続いて行われるセキュリティ方式に関する合意については、用いる方式（WPA2-パーソナル（PSKを使用)、WPA2-エンタープライズ（IEEE 802.1Xを使用））によって手順が変わります。WPA2-パーソナルの場合、次のような手順（**図6-22**）で必要な鍵を共有した後、APとSTAはこれらの鍵を使って暗号化された通信を開始します。

・WPA2-パーソナル（小規模な無線LANで用いられる）の場合

1. APとSTAはあらかじめ共有しているパスフレーズから決められた手順でPMK（Pairwise Master Key）を作る
2. 4ウェイハンドシェイクによってMACアドレスと乱数を交換し、それらとPMKを基にしてPTK（Pairwise Transient Key）を生成して共有する
3. PTKに含まれる情報の一部から2ウェイハンドシェイクを行いブロードキャスト／マルチキャスト用の鍵であるGTK（Group Transient Key）を共有する。また、PTKに含まれる情報の一部からユニキャスト用の暗号鍵を生成する

図6-22 WPA2-パーソナルでの暗号鍵の生成イメージ

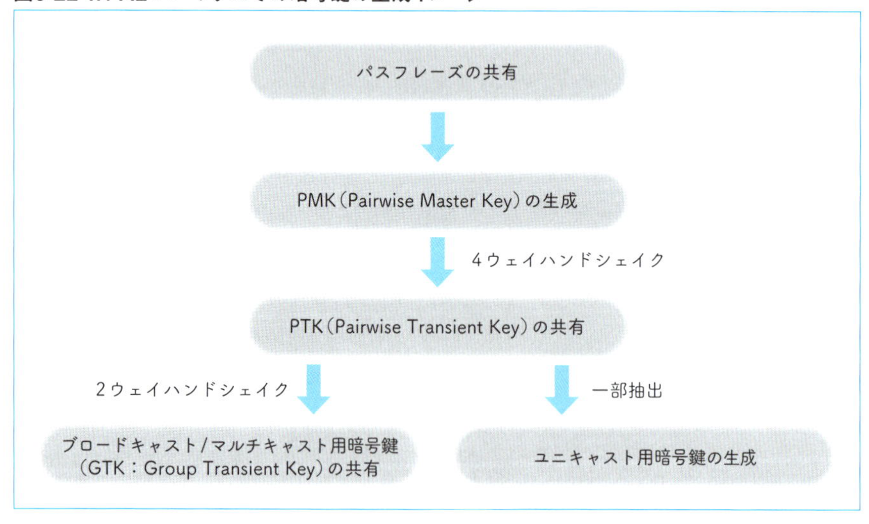

CHAPTER6
Wireless LAN Basics

07 SSIDとローミング

SSIDとは

電波を用いる無線LANでは、ケーブルなどで物理的に接続するという概念がありません。しかしユーザーにとって「どこに接続するか」は大きな意味があり、もちろん無線LANも、何らかの方法で接続先を指定する必要があります。

現在の主流であるIEEE 802.11シリーズの無線LANでは、ケーブルを物理的に接続する代わりに、**SSID（Service Set ID）による接続先の指定**を行います。SSIDはネットワーク名とも呼ばれ、人間にとってわかりやすい文字による名前が用いられます。PCやスマートフォンでは、電波を受信しているSSIDのリストから接続したいものを1つを選んで接続したり、別のSSIDに接続し直したり、接続中のSSIDから切断したりすることができます。

昨今の家庭用無線LAN親機は、1台の機器から複数のSSIDを発するものがほとんどです。周波数帯（2.4GHz帯、5GHz帯）や暗号化プロトコル（WEP、WPA2）の違いなどにより、異なるSSIDが与えられます。例えば、2.4GHz帯のWPA2はxxxxxxxx-g、5GHz帯のWPA2はxxxxxxxx-a、2.4GHz帯のWEP（ゲーム機専用）はxxxxxxxx-gw、5GHz帯のWEP（ゲーム機専用）はxxxxxxxx-aw、といったSSIDが初期値で割り当てられます（**図6-23**）。

図6-23 1台の無線LAN親機から複数のSSIDを発する例

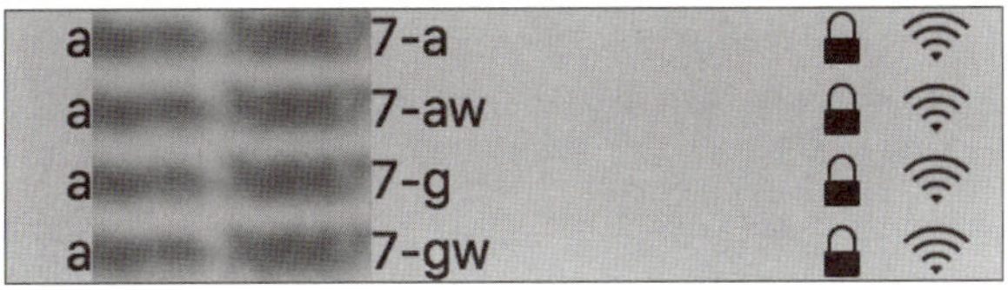

a 7-a
a 7-aw
a 7-g
a 7-gw

無線LANを構成する要素

無線LANの構成モデルでは、1つの無線アクセスポイント（以下AP）と、それに接続する1台以上の端末（以下STA：Station）を合わせて、**BSS（Basic Service Set）**と呼びます（**図6-24**）。BSSに含まれるSTA同士は同じネットワークの端末として通信ができます。これは典型的な無線LANの最小構成です。

BSS同士をイーサネットなどのネットワークで接続して、無線LANの規模を拡張したものを**ESS（Extended Service Set）**と呼びます。ESS内にあるSTA同士もまた同じネットワークの端末として通信ができます。

無線LANは、1つのBSSだけで構成することも、複数のBSSを接続したESSで構成することもできます。前者の典型例は家庭用の無線LAN親機で、後者は企業のオフィスなどで用いられます。

図6-24 BSSとESS

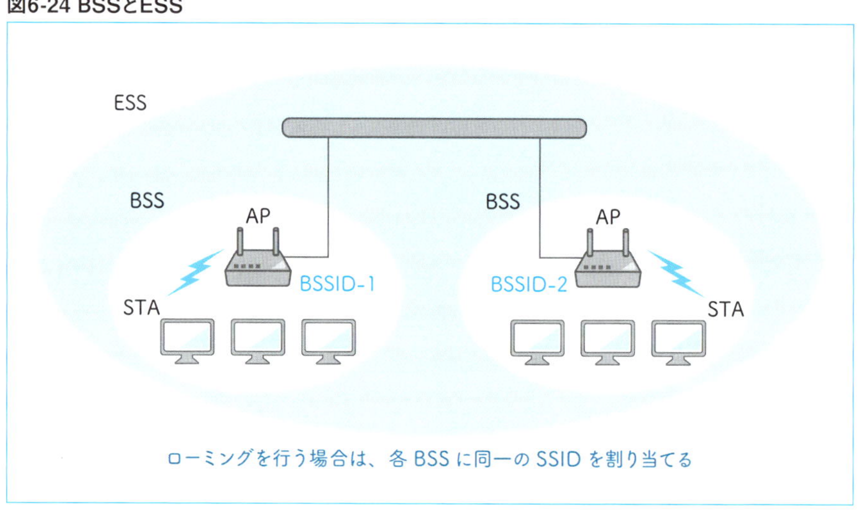

ローミング

ESSでは、そこに含まれるBSSにすべて同じSSIDを与えることができます。こうすることで、見かけ上、広い範囲で接続可能なSSIDを実現できます。あるAPの接続エリアから別のAPの接続エリアに移動した端末は、自動的に接続先APが切り替わりますが、通信はそのまま継続されます。そのため利用者は接続先のAPが切り替わったことを意識する必要がありません。このような動作を**ローミング**と呼びます。

図6-25 BSSIDの割り当て

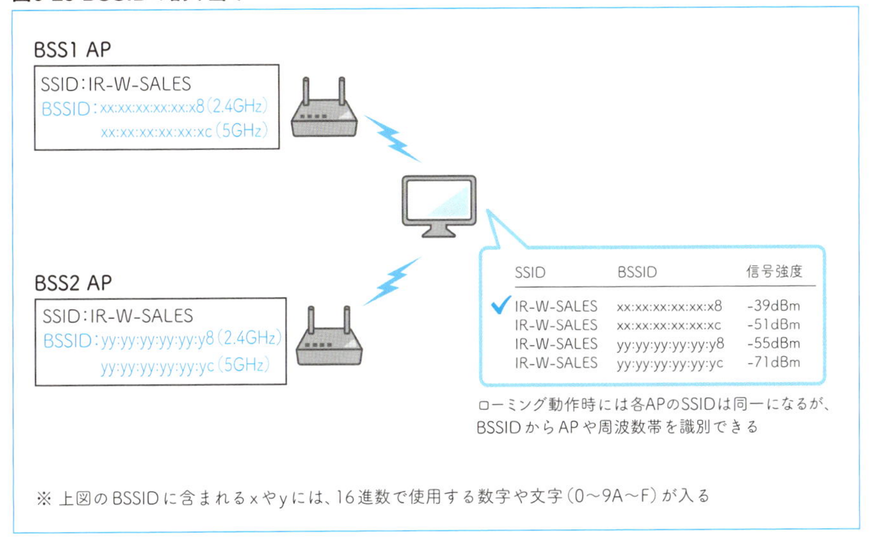

ローミングを行う場合、システム内部においては、それぞれのAPを識別できる必要があります。その識別には**BSSID（Basic Service Set ID）**が用いられます。BSSIDは各APのMACアドレスを基に作られ、複数の周波数帯を使っている場合はそれぞれが異なるBSSIDを持ちます（**図6-25**）。ローミングを行っているとき、システムはこのBSSIDによって接続先のAPを判別します。

COLUMN　アドホックモードでの動作

アドホックモードでは、対向するSTA同士でIBSS（Independent Basic Service Set）を構成します。この場合、最初にアドホックモードで動作を始めたSTAがIBSSを生成し、各STAが持ち回りでその情報をアナウンスします。なお、このときのBSSIDに相当するものは、機器のMACアドレスからは作られず、MACアドレスの所定のビットに決められた値を与え（I/Gビット=0：individual、U/Lビット=1：local）、残り部分にランダムな値が設定されます。

BSSIDを確認する

・Windows 10 での手順

1 コマンドプロンプトを開いて次のコマンドを入力

```
netsh wlan show networks mode=BSSID ↵
```

2 そのときに受信しているSSID、BSSID、暗号化プロトコル、暗号アルゴリズム、信号強度、チャネルなどが表示される（**図6-26**）

・macOS での手順

1 ターミナルを開いて次のコマンドを入力

```
/System/Library/PrivateFrameworks/Apple80211.framework/Versions/
A/Resources/airport -s ↵
```

2 そのときに受信しているSSID、BSSID、暗号化プロトコルなどが表示される

図6-26 コマンド実行により表示される内容

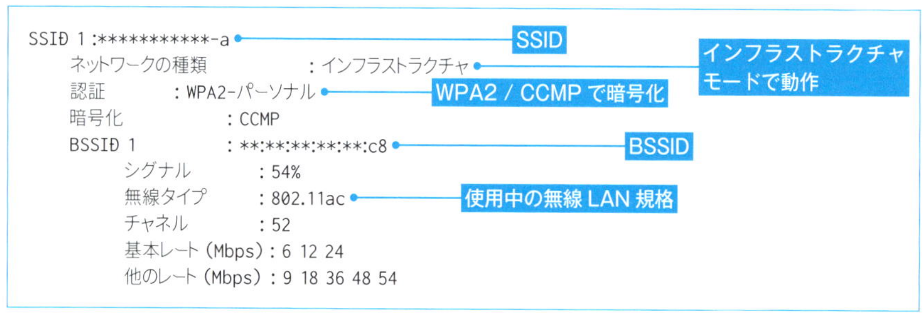

※ ＊は伏せ字を表す

CHAPTER6
Wireless LAN Basics

CSMA/CAと通信効率

電波の共有と半二重通信

電波を使った通信では、お互いに電波が届く範囲にいる各機器は基本的に、同じ周波数で同時に電波を送信することができません（MIMOを除く）。正確には、送信そのものはできますが、両方が混信してしまい、どちらも適切に受信できなくなってしまって通信が成り立ちません。そのため、**ある瞬間に電波を送信するのは1台の機器になるよう、うまくコーディネートされる必要があります。**

無線LANでは、通常、1台の親機とそれに接続する複数台の子機が、1つのセット（BSS）として使われますが、これらは同じ周波数の電波を共有しています。そのため、親機と通信しようとしている複数の子機が、ある同じ瞬間に電波を出すことはできません。見かけ上は同時に通信しているように見えますが、細かくみると実は、ある瞬間には子機1と親機が、ある瞬間には子機2と親機が、といった具合に、短い時間ごとにゆずり合いながら電波を使っています。

同じ理由から、自身は送信しながら同時にほかからの電波を受信するという状況も起き得ません。できるのは常に**送信か受信かのどちらか1つだけ**ということになります。このような通信方法は**半二重通信**と呼ばれます。

CSMA/CAによる送信者コーディネート

各機器がゆずり合いながら電波という媒体を共有しようとすると、誰が送信してよいのか、つまり送信者のコーディネートがとても重要になります。無線LANでは、このために**CSMA/CA（Carrier Sense Multiple Access/Collision Avoidance）**と呼ばれる手法が使われます。これはバス型のイーサネットで使われるCSMA/CD（3章01参照）とよく似た考え方ですが、電波では衝突の検出が不確実なため、より慎重ともいえる動作（衝突が起きたら対処するのではなく、衝突をなるべく回避する）をします。

送信しようとする端末は、まず、ほかの端末が電波を送信していないかどうか

図6-27 CSMA/CAの動作イメージ

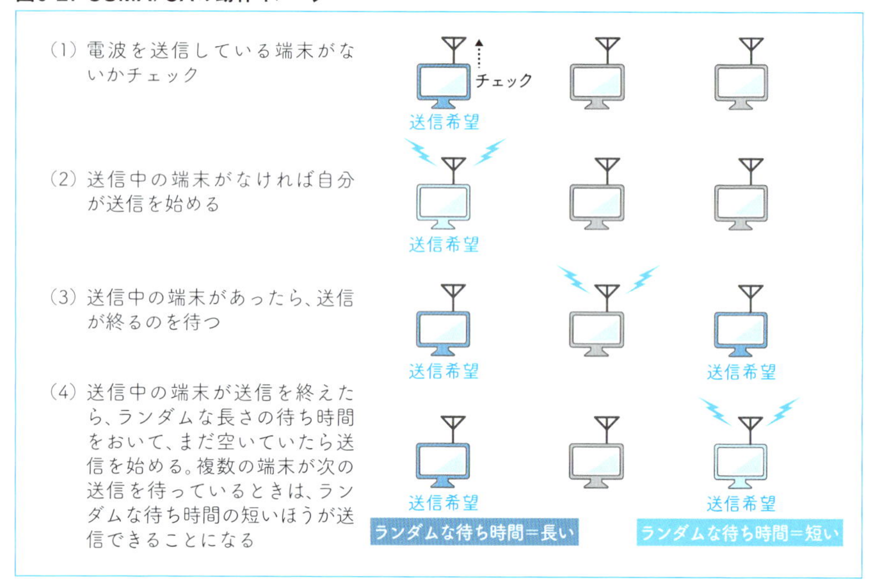

確認します。その結果、送信している端末がないことがわかれば、自身が送信を始めます。もしほかの端末が送信していたら、その送信が終わるのを待ち、そこからランダムな長さの待ち時間をおいた後、まだ送信している端末がなければ送信を始めます。こうすることによって、複数の端末が電波の送信終了を待っている状況でも、いずれかの1台が次に電波を送信できるようにします。また、たまたま長い待ち時間が続いて送信の順番が回ってこないことがないよう、待ちが続くときには待ち時間を順次短くしていきます。

CSMA/CAは、衝突の検知が難しい電波では有効な方法ですが、その動作原理から、ある程度の待ち時間は必ず生じてしまいます。また、子機が多くてなかなか順番が回ってこない場合や、ほかの親機からの電波などで周波数が混み合っている場合（=チャネル使用率が高い場合）には、待ち時間が延びがちです。待ち時間が長いと通信効率は下がるため、規格で謳うほどには速度が出ない、子機が増えてくると速度が低下する、といった現象が現れやすくなります。

なお、特定の子機による電波の占有などで公平に電波を利用できない状況が発生し得ることに対しては、電波を利用できる時間を各子機へ均等に割り当てることで公平な電波利用を目指す**エアタイムフェアネス機能**を無線LANアクセスポイントに搭載するなどの方法がとられます。

CHAPTER6
Wireless LAN Basics

09 通信高速化のための新技術MIMO

無線LANの新たな高速化技術 MIMO

無線LANの伝送規格において、IEEE 802.11nから導入され、無線LANの通信速度の大幅な向上に役立っている技術の1つに**MIMO（マイモ）（Multi-Input and Multi-Output）**があります*1。

MIMOは無線通信を主な対象として、その通信速度を高速化する技術です。従来、同じ空間で同じ周波数の電波を同時に使うことは、相互に通信妨害を引き起こすことから避けられてきました（6章04参照）。MIMOは、この常識を最新のデジタル信号処理技術を駆使して覆し、相互の通信妨害を引き起こすことなく、同じ空間で同じ周波数の電波を同時に利用することを可能にしました。この結果、通信速度を劇的に向上させることができるようになりました*2。

空間分割多重

MIMOで大きな役割を果たしているのが、**空間分割多重**と呼ばれる技術です。これまで、**図6-28**のように2つの送信機（T1、T2）と2つの受信機（R1、R2）があるとき、T1とT2から同じ周波数で同時に電波を送信すると、R1とR2には電波が混ざって届き、お互いに妨害し合って通信できなくなっていました。

この状態を詳しく観察すると、T1から届く電波とT2から届く電波には、わずかながら違いがあり、R1とR2でも、それぞれの受信状態には違いがあります。これらの違いは、マルチパスやフェージング（後述のコラム参照）など、送信機と受信機の間の空間での、電波の伝わり方の微妙な違いにより生じるものです。

このような違いを生むマルチパスやフェージングは、従来、通信を妨げる要素

*1 — MIMO（Multi-Input and Multi-Output）という名前は、電波を伝える空間（伝送路）を中心に置き考えたとき、それが複数の入力と複数の出力を持つことから名付けられました。
*2 —この MIMO 技術は、無線 LAN に限らず、LTE や WiMAX など携帯電話サービスでも幅広く利用されています。

でしかありませんでした。しかし、これらにより生じる伝搬状態の違いを積極的に利用して相互の影響を除去し、1つの周波数を使って、同時に複数の通信を可能にしたものが、空間分割多重です。

図6-29でいうと、R1で受信した電波からT2の影響をデジタル処理により差し引き、また、R2で受信した電波からT1の影響を差し引くことで、T1-R1とT2-R2の2つの通信路を同時に利用できるようになります。これが空間分割多重の基本的なアイディアです。このとき、同時に利用できる通信路のことを**ストリーム**と呼びます。

この結果、これまで1つの通信路しかなかったところで、ストリームの数だけ

図6-28 従来の考え方

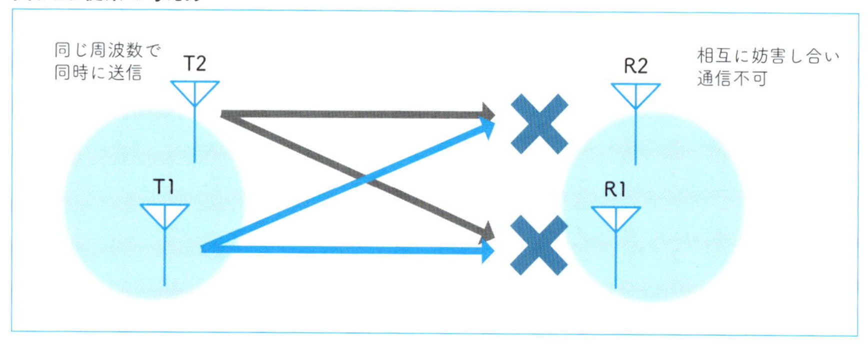

図6-29 MIMOの考え方

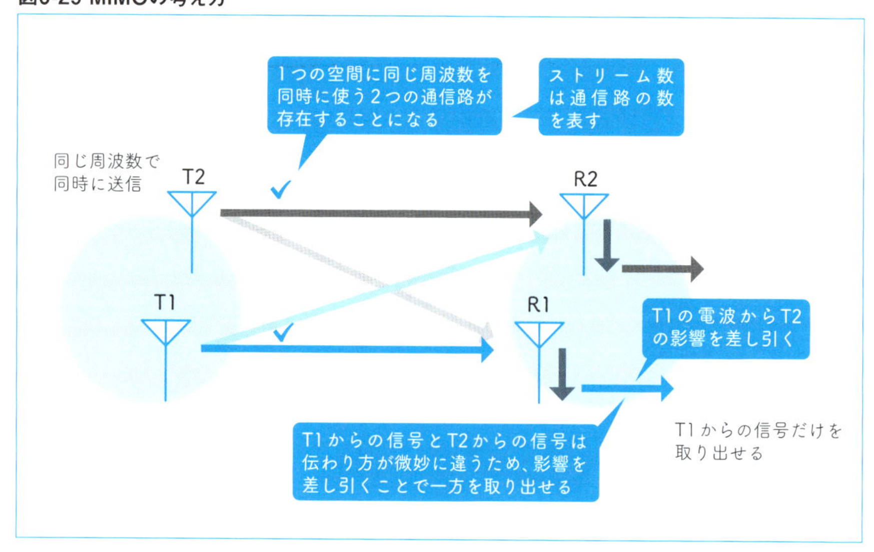

通信路を同時に利用できるようになりました。それらを束にして使うと、単純計算で「ストリーム数」倍（**図6-29**の例では2倍）、通信を高速化できることになります。このようなストリームは、802.11nで最大4本まで、802.11acでは最大8本まで用いることができます[3]。

COLUMN　マルチパスとフェージング

送信機から受信機へと電波が届くルートは、1つとは限りません。例えば、下の図のように、直接届くルートのほかに、壁や天井や床などを反射して届くほかのルートが存在し得ます。このように複数のルートを経る電波の伝搬をマルチパスと呼びます。マルチパスが存在すると、受信機にはわずかに遅れた複数の電波が届くことになり、それらが干渉し合って受信する信号強度が時間的にゆらぐことがあります。これをフェージングといいます。フェージングは電波の受信状態を不安定にする原因になり、その程度は送信機と受信機の位置関係などによって変わります。

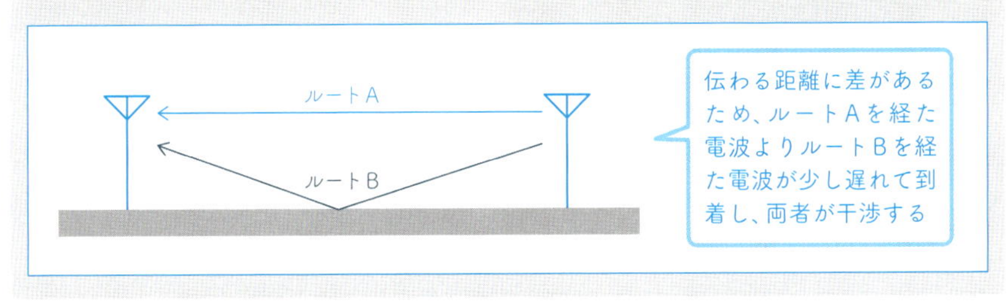

ビームフォーミングとダイバーシティコーディング

MIMOでは、送信や受信に用いる複数のアンテナを利用して、特定の方向に電波を強く放出する／限りなく弱く放出する、特定の方向からの電波を強くとらえる／限りなく弱くとらえる、といった制御も行われます。これを**ビームフォーミング**と呼びます。

ビームフォーミングは電波同士が干渉する性質を利用します。干渉とは、2つ以上の波の山同士が重なれば強め合い、山と谷が重なれば打ち消し合う性質のことです。電波もこの性質を持っています。そこで、送信機では各アンテナに供給する信号の位相（波の遅れや進み）や電力を、受信機では各アンテナで受信した信号の位相や信号強度を変化させ、電気的に電波が強く送信される方向や電波を強く受信する方向を作り出します。

＊3 ―送信機と受信機で対応するストリーム数が異なるときは、いずれか少ないほうの数のストリームが用いられます。

ビームフォーミングを用いることで、通信している相手に届く電波を強めて通信状態を安定させたり、逆に、通信していない相手に届く電波を弱めて無用な妨害を減らしたりすることができます。

また、送信機あるいは受信機に設けられた複数のアンテナを利用して、より受信状態のよい状況を作り出す技術を**ダイバーシティ**と呼びますが、必要に応じて、送信情報に時空間ブロック符号（STBC）と呼ばれる特殊な符号化を適用する「ダイバーシティコーディング」による送信ダイバーシティも利用されます。

SU-MIMOとMU-MIMO

基本的なMIMOの考え方では、空間分割多重で得られる複数ストリームは束ねられ、ある機器1から別の機器2へ高速に情報を伝えるために用いられます。

この考え方を拡張して、ストリームの一部を機器1から機器2の通信に使用し、残るストリームを機器1から機器3の通信に使用することで、1つの周波数で、ある1つの機器から複数の機器へ同時に情報を送る方式が開発されました。これは**MU-MIMO（Multi User MIMO）**と呼ばれ、802.11ac Wave2から規格の定義に含まれています。MU-MIMOと区別するために、従来のMIMOは**SU-MIMO（Single User MIMO）**とも呼ばれます。

SU-MIMOでは、使用するアンテナの間隔が狭すぎると、伝搬状態の違いがはっきり現れず、信号の分離がしにくくなります。そのため、小型PCや携帯端末では対応ストリーム数が1つになるのが一般的です。

このような少ストリーム端末が複数あり、それぞれが親機などの多ストリーム機器と通信する場合、SU-MIMOでは親機のストリームの一部を遊ばせたままで、1つのストリームを複数端末で共有することになるため、端末数が増えるとそれぞれの通信速度は遅くなってしまいます。

このようなときにMU-MIMOを用いると、親機の空いているストリームをほかの少ストリーム端末で利用できるため、1つのストリームを共有する端末の数は減らすことができます。その結果、端末が多い環境でも通信速度が低下しにくいネットワークを作ることができます（**図6-30**）。

図6-30 MU-MIMOのイメージ

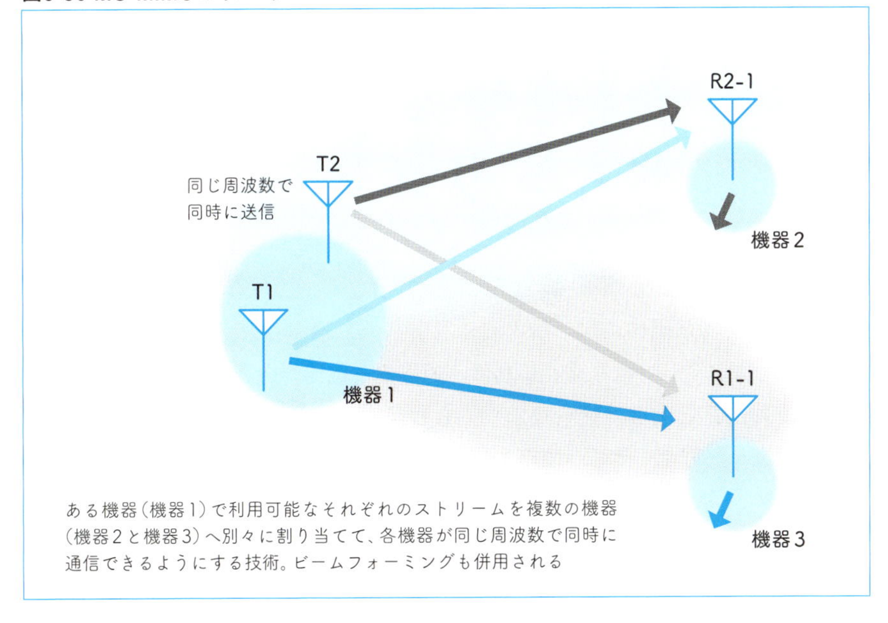

ある機器（機器1）で利用可能なそれぞれのストリームを複数の機器（機器2と機器3）へ別々に割り当てて、各機器が同じ周波数で同時に通信できるようにする技術。ビームフォーミングも併用される

使われているストリーム数を確認する（802.11nのみ）

・macOSでの手順

1. 無線LANの接続状態を表示（6章03の手順参照）し、その中から［MCSインデックス］の値を読み取る（右の例ではMCSインデックスは15）
2. ブラウザでhttp://mcsindex.com/を開き、HT MCS Index欄に手順1で得たMCSインデックス値が含まれる行を探し、Spatial Streams欄の値を読み取る。この値がストリーム数を表しており、例えばMCSインデックスが15ならストリーム数は2となる

AirDrop:	対応
AirDropチャンネル:	44
自動ロック解除:	対応
状況:	接続済み
現在のネットワークの情報:	
PHYモード:	802.11n
BSSID:	c2:25:a2:
チャンネル:	11
国別コード:	X3
ネットワークのタイプ:	インフラストラクチャ
セキュリティ:	WPA2パーソナル
シグナル/ノイズ:	-54dBm/-95dBm
転送レート:	145
MCSインデックス:	15
その他のローカルWi-Fiネットワーク:	

CHAPTER6
Wireless LAN Basics

10 無線LANのセキュリティ

通信の安全性を左右するセキュリティ

無線LANが通信媒体に用いる電波は四方八方に飛ぶ性質があり、かつ、その電波は誰もが送受信できます。これは、通信する機器同士をケーブルで物理的につなぐ有線LANと大きく違う点です。**もし何も対策を講じなければ、無線LANでは第三者が許可なくそこへ接続することや、通信内容を傍受することができてしまいます。**

このような無断侵入や盗聴、改ざんを防ぐために、無線LANでは、**認証**（接続できる機器を限定する）と**暗号化**（盗聴されても内容がわからないよう、また、改ざんされにくくする）の仕組みが重要な役割を果たします。認証や暗号化の方法にはいくつかあり、それらは伝送規格とは別の規格として規定されています。

無線LANの認証方式

無線LANの認証には、**事前共有鍵方式**と**認証サーバ方式**が使われます（**図6-31**）。

・事前共有鍵方式（PSK：Pre Shared Key）

「同じ鍵（パスワード）を設定した機器同士に限り接続できる」方式です。この方式では、**接続する各機器に同じ鍵を設定します**が、作業が比較的簡単で、接続し合う同士以外に機器を必要としないことから、家庭や小規模なオフィスでよく使われます。ただし、セキュリティ上の理由で鍵を変更したときには全機器の設定変更が必要になるため、多数の機器を用いる用途では管理が大変になり向きません。

・認証サーバ方式

「所定の認証サーバとやりとりを行って接続許可を得られたときに接続できる」

図6-31 無線LANの主な認証方式

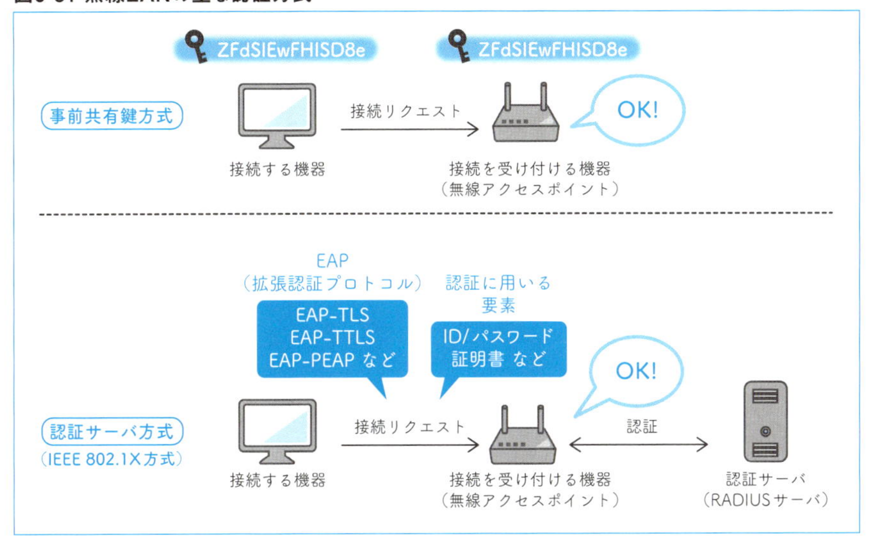

方式です。この方式は各機器に対する事前の鍵設定が不要ですが、その代わりに**利用者の認証を行う認証サーバ（RADIUSサーバ）が設置されている必要があります。**そのため、家庭や小規模なオフィスには向かず、中〜大規模なオフィスで、主に用いられます。

無線LANの暗号化方式

無線LANの暗号化については、**表6-6**に示す方式が主に使われています。

表には、WEP、WPA、WPA2といったセキュリティ規格の名称と、それに用いられる暗号化方式、暗号化アルゴリズム、完全性検証アルゴリズム、方式概要を示しています。WPAとWPA2については、オプションで利用できる暗号化をカッコ内に示しました。

このうち現時点で安全とされるものは、**WPA2**（暗号化方式にCCMPを必須として使用している）と、**WPA**（暗号化方式にオプションでCCMPを使用できる）です。WPAは、すぐにでもWPA2に移行すべきとされています。この2つ以外は脆弱性が見つかっているため、使用すべきではありません。

なお、WPAとWPA2について、認証方式として事前共有鍵を使うものには後に「-パーソナル」を付け、認証サーバを使うものは後に「-エンタープライズ」を付け、「WPA2-パーソナル」「WPA2-エンタープライズ」といった名称で呼ばれます。

また、無線LAN機器に関する説明ではWPA（TKIP）、WPA（AES）、WPA2（TKIP）、WPA2（AES）というように、セキュリティ規格の名称と併せて暗号化アルゴリズムの方式名称が使われることもあります。これは**表6-6**のオプションも含めての組み合わせを表すものです。例えばWPA（AES）ならWPAにオプションの暗号化方式CCMPを組み合わせたもの*1、WPA2（TKIP）ならWPA2にオプションの暗号化方式TKIPを組み合わせたものを指します。

表6-6 無線LANの主な暗号化方式

規格名	暗号化方式	暗号化アルゴリズム	完全性検証	説明
WEP	WEP	RC4	CRC-32	無線LANの規格であるIEEE 802.11のセキュリティ方式として1997年に登場。深刻な脆弱性が見つかり安全ではないため使うべきではない
WPA	TKIP（CCMP）	RC4（AES）	Michael（CCM）	WPA2制定までの中継ぎとして2002年に制定。WEP向け機器での利用が考慮されている。WEPより安全だが、さらに安全なWPA2が推奨される
WPA2	CCMP（TKIP）	AES（RC4）	CCM（Michael）	IEEE 802.11iとして2004年に制定。安全性の高い方式として利用が推奨されている。なお、本方式の改良版であるWPA3が2018年6月に発表され、2019年ごろから新製品への導入が始まっている

オプションとして（青字）の組み合わせも可能

使用している暗号化方式を確かめる

使用中のコンピュータの無線LANがどのような暗号化方式を使用しているか確かめてみましょう。

・Windows 10での手順

1. コンピュータの無線LANを有効にした後、無線LAN親機に接続して、無線LANで通信を利用できる状態にする
2. スタートボタン→［Windowsシステムツール］→［コマンドプロンプト］をクリックしてコマンドプロンプトを開く
3. コマンドプロンプトで次のコマンドを入力

```
netsh wlan show interface ↵
```

＊1 ―機器の説明ではCCMPの代わりにAESと書かれることが多いようです。

4 結果表示の中の［認証］から暗号化方式の名称を確認できる

※下の画面の例では「WPA2- パーソナル」となっている

```
C:¥Users¥irohani hohetou>netsh wlan show interface ↵

システムに 1 インターフェイスがあります:

    名前                   : Wi-Fi
    説明                   : AtermWL450NU-AG(PA-WL450NU/AG)Wireless Network Adapter
    GUID                   : 9a225ecb-0384-4bd9-ad19-************
    物理アドレス           : 1c:b1:7f:**:**:**
    状態                   : 接続されました
    SSID                   : G*********
    BSSID                  : c2:25:a2:**:**:**
    ネットワークの種類     : インフラストラクチャ
    無線の種類             : 802.11n
    認証                   : WPA2-パーソナル
    暗号                   : CCMP
    接続モード             : プロファイル
    チャネル               : 11
    受信速度 (Mbps)        : 144
    送信速度 (Mbps)        : 144
    シグナル               : 100%
    プロファイル           : G*********

    ホストされたネットワークの状態: 利用不可
```

・macOSでの手順

1 コンピュータの無線LANを有効にした後、無線LAN親機に接続して、無線LANで通信を利用できる状態にする

2 アップルメニュー→［このMacについて］→［システムレポート］→左ツリーの［ネットワーク］配下にある［Wi-Fi］を開く

3 ［現在のネットワークの情報］の中の［セキュリティ］から暗号化方式の名称を確認できる

※右の画面の例では「WPA2- パーソナル」となっている

```
AirDrop:                        対応
AirDropチャンネル:              44
自動ロック解除:                 対応
状況:                           接続済み
現在のネットワークの情報:
  G[blurred]:
    PHYモード:                  802.11n
    BSSID:                      c2:25:a2:[blurred]
    チャンネル:                 11
    国別コード:                 X3
    ネットワークのタイプ:       インフラストラクチャ
    セキュリティ:               WPA2パーソナル
    シグナル/ノイズ:            -54 dBm / -95 dBm
    転送レート:                 145
    MCSインデックス:            15
その他のローカルWi-Fiネットワーク:
```

CHAPTER6
Wireless
LAN
Basics

11 無線LANの利用が妨害される要因

無線通信と妨害

有線の通信と比べると、電波を利用する無線通信は、機器の設置場所や移動の自由度が高い半面、周囲からの影響を受けやすく、それによって通信が妨げられることも多くなります。そのため無線通信を行う際には、電波の特性を十分に理解して妨害を減らすようにすることが、円滑で効率的な利用につながります。

無線通信の通信状態を左右する主な要因に、信号強度、相互干渉、バックグラウンドノイズの3つがあります。一般に、信号強度は強いほど、相互干渉とバックグラウンドノイズは弱いほど、電波による通信の状態は良好になります。

信号強度

信号強度は、送信機が送信した電波を受信機で受信したときの、受信信号のレベルを意味します。信号強度を左右する要因には、送信機の送信電力、受信機の感度、送信機および受信機のアンテナ利得（感度）、送信機と受信機の距離、送信機と受信機の間にある障害物の状況、マルチパスによるフェージング（6章09のコラム参照）などが挙げられます。

このうち、送信機の送信電力は電波を利用するための免許の条件にかかわっているため、利用者が勝手に強めることはできません（6章01参照）。送受信機のアンテナも技術基準適合証明（免許不要の条件などになる）の範囲に含まれていることが多く同様です*1。受信機の感度についても、送受信機がまとめて技術基準適合証明の範囲に含まれる場合は改造できません。

受信信号強度を上げるには、次のような対策が有効と考えられます（**図6-32**）*2。

＊**1**―オプションでより利得が高い（感度がよい）アンテナが用意されている場合は、そちらに交換することで信号強度を高められる可能性があります。
＊**2**―実際の電波の伝搬は大変複雑で、単純な条件が常に成り立つわけではありません。

1）送信機と受信機の距離をなるべく近付ける（近いほど信号強度が上がる）
2）送信機と受信機の間の障害物を取り除く（通過しやすさ：木材や紙＞金属）
3）送信機と受信機の間やそれらの周辺にできるだけ自由空間を広く取る

図6-32 受信信号強度を高めるためには

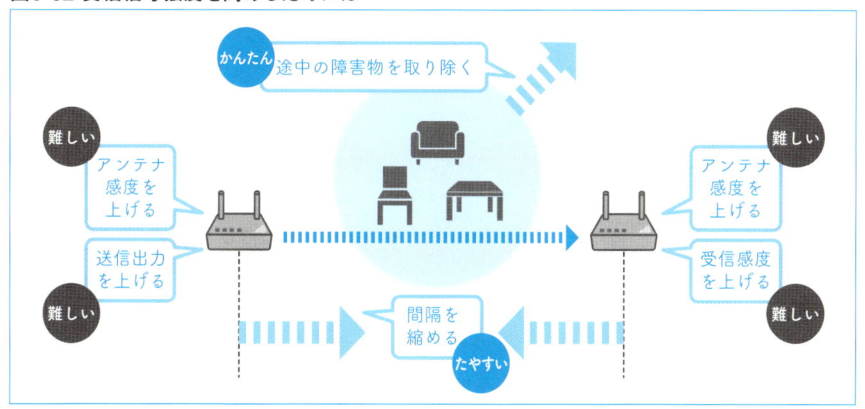

相互干渉

相互干渉は、近隣に存在して、同じ周波数を使用する機器から受ける影響です。同じ周波数で2者以上が同時に送信すると、それぞれが混信を引き起こし、通信を妨害し合います（6章04参照）。

無線LANで用いられる2.4GHz帯と5GHz帯の2つの周波数のうち、**特に混み合っているのが2.4GHz帯**です。利用可能な周波数の幅が狭いことに加え、多くの無線LAN機器が利用しているため相互干渉が起きやすく、円滑な通信を妨げる要因になっています。また、この周波数帯は**ISMバンド**（ISM=Industry Science Medical）と呼ばれ、無線LAN以外にも、電子レンジや工業用加熱装置、RFID、特定小電力無線、コードレス電話、Bluetooth、アマチュア無線などに使われています。なかでも電子レンジは出力が大きく身近に存在することから、無線LANの2.4GHz帯での通信を妨害する要因の1つとなっています。

一方、5GHz帯については、利用可能な周波数の幅が広いことから、ほかの無線LAN装置からの干渉は受けにくいとされています。しかしW53およびW56と呼ばれるチャネル（6章04参照）については、気象レーダーや航空レーダーで使用する周波数帯と重なっているため、これらとの間で相互干渉を引き起こす可能性があります。無線LAN機器には、これらとの間の干渉を検出したら速やかに別の周波数に変更する機能（DFS機能）や干渉軽減のために送信出力を自動調整する機能（TPC機能）の搭載が義務付けられています。

相互干渉を低減するには、次のような対策が有効と考えられます。

1）近隣に存在する装置とは違う周波数を使う（例：2.4 ⇒ 5GHz帯を使う）
2）ほかの装置からの距離を離す（例：電子レンジからできるだけ離れる）
3）各装置の送信電力を安定して利用できる範囲でなるべく下げる

バックグラウンドノイズ

バックグラウンドノイズは、本来の信号や相互干渉を引き起こす信号以外の、様々な要因（熱雑音、宇宙雑音、遠雷などの大気雑音、各種の人工的な信号など）で発生する不要な信号のことです。バックグラウンドノイズは場所ごとに一定のレベルを取り、そのレベルをノイズフロアと呼びます。

ノイズが通信に与える影響は、信号対雑音比（以下、SN比）によって考えます。SN比は、文字どおり「信号と雑音の電力の比」で**信号電力/雑音電力**で計算されます。このSN比が高ければ、通信はより円滑になり、逆に低ければ通信は困難になります。ここでのポイントは、雑音の大きさ単独ではなく、信号との比率によってSN比が決まるという点です。信号が十分に大きければ雑音が少しくらい大きくてもあまり影響を受けず、逆に信号が微弱であれば少しの雑音でも影響を受けることになります。*3 ある地点のバックグラウンドノイズを低減するには、例えば部屋全体をシールドするなど、あまり現実的ではない手段を取る必要があります。そのため、通常は、**バックグラウンドノイズを弱める代わりに、信号強度を十分に強める**ことによりSN比を上げる方法がとられます。

無線LANの受信信号強度を測る

通信状況を左右する要素のうち、無線LANの受信信号の強度については、コンピュータが受信している無線LAN電波の強さをSSID別に簡単な方法で測ることができます。

受信信号の強度の測定では、その値を「○○dBm」といった形で表すのが普

＊3—これはシャノン＝ハートレーの定理（6章04参照）にも現れています。同定理の式はC=B log2(1+S/N)と表され、S/Nの項（＝SN比）が含まれています。SN比の値が大きくなるにつれて通信容量Cも増えていく（通信速度が速くなる）ことが見て取れます。

通です。この値が大きいほど信号強度が強いことを意味します。**マイナスの値ならばゼロにより近いほうがより大きな値となります。**dBm（デシベルミリ）という単位は**図6-33**のような式で信号強度（電力値）を表したもので、受信信号の強さを表す値によく用いられます。無線LANに関しては、**端末での受信信号の強度が-60dBm以上**の値を取ることが、安定した通信を行うための1つの目安とされています。

図6-33 単位dBmの定義

$$X = 10 \log_{10} (P / 1mW)$$

X：[dBm]で表した電力
P：[mW]で表した電力

値の対応例

X [dBm]	P [mW]
-20	0.01
-3	0.5
0	1
3	2
20	100

・Windows 10での手順

6章04で説明したWiFi Analyzerを使うと、SSIDごとの受信信号強度を数値やグラフで確認できます。

・macOSでの手順

1 ターミナルを開いて次のコマンドを入力

```
/System/Library/PrivateFrameworks/Apple80211.framework/Versions/
A/Resources/airport -s ↵
```

2 そのときに受信しているSSID別に、受信信号の強度（RSSI欄）、使用チャネル（CHANNEL欄）、セキュリティ方式（SECURITY欄）などが表示される（**図6-33**）

※このうちRSSI欄の値から、受信信号の強度を知ることができる

図6-34 airportコマンドによる信号強度の表示例

```
            SSID  BSSID              RSSI  CHANNEL  HT  CC  SECURITY(auth/unicast/group)
A80C********-5G   a8:0c:63:**:**:**  -71   52       Y   JP  WPA(PSK/AES/AES) WPA2(PSK/AES/AES)
A80C********-2G   a8:0c:63:**:**:**  -50   9,+1     Y   --  WPA(PSK/AES/AES) WPA2(PSK/AES/AES)
 Bu**********D8   84:af:ec:**:**:**  -91   8        Y   JP  WPA2(PSK/AES/AES)
7**************   1c:b1:7f:**:**:**  -55   7        Y   JP  WPA(PSK/AES/AES) WPA2(PSK/AES/AES)
el***********a5   bc:5c:4c:**:**:**  -88   1,+1     Y   JP  WPA2(PSK/AES/AES)
```

受信信号強度[dBm]の値を表示

※ ＊は伏せ字にした部分

INDEX

INDEX

■ 本書のサポートページ
https://isbn.sbcr.jp/93804/

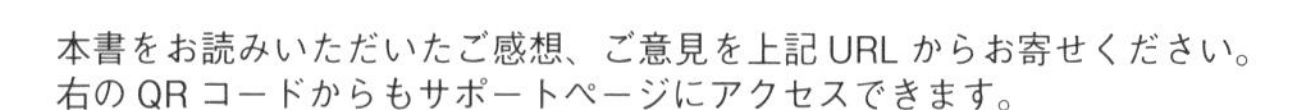
本書をお読みいただいたご感想、ご意見を上記URLからお寄せください。
右のQRコードからもサポートページにアクセスできます。

● デザイン　森 裕昌
● 制　作　BUCH+

ネットワークがよくわかる教科書

2018年9月28日　初版第1刷発行
2024年3月11日　初版第12刷発行

著　者　有限会社インタラクティブリサーチ　福永 勇二

発行者　小川 淳
発行所　SBクリエイティブ株式会社
〒105-0001　東京都港区虎ノ門2-2-1
https://www.sbcr.jp/
印　刷　株式会社シナノ

落丁本、乱丁本は小社営業部にてお取り替えいたします。
定価はカバーに記載されております。
Printed in Japan　ISBN978-4-7973-9380-4